中国城市规划设计研究院学术研究成果
中规院（北京）规划设计有限公司学术研究成果

变革与创新

中规院（北京）规划设计有限公司优秀规划设计作品集 II

中规院(北京)规划设计有限公司 编著

更新·保护·设计·实施

Regeneration
Conservation
Design
Implementation

中国建筑工业出版社

图书在版编目（CIP）数据

变革与创新：中规院（北京）规划设计有限公司优秀规划设计作品集Ⅱ / 中规院（北京）规划设计有限公司编著. —北京：中国建筑工业出版社，2021.12

ISBN 978-7-112-26875-7

Ⅰ.①变… Ⅱ.①中… Ⅲ.①城市规划—建筑设计—作品集—中国—现代 Ⅳ.①TU984.2

中国版本图书馆CIP数据核字（2021）第247046号

责任编辑：刘　丹　陆新之
版式设计：锋尚设计
责任校对：王　烨

变革与创新

中规院（北京）规划设计有限公司优秀规划设计作品集Ⅱ

中规院（北京）规划设计有限公司　编著

*

中国建筑工业出版社出版、发行（北京海淀三里河路9号）
各地新华书店、建筑书店经销
北京锋尚制版有限公司制版
北京富诚彩色印刷有限公司印刷

*

开本：965毫米×1270毫米　1/16　印张：13¾　字数：368千字
2022年3月第一版　2022年3月第一次印刷
定价：**188.00**元
ISBN 978-7-112-26875-7
（38723）

本书编委会

序 Preface

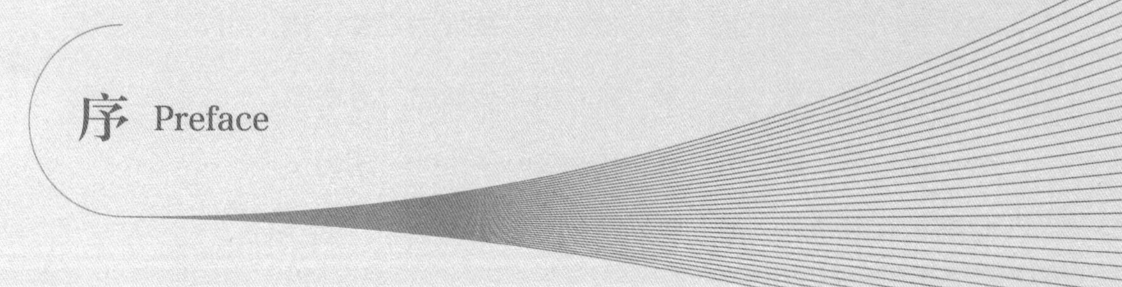

2014年，为响应国家机构改革的相关要求，中国城市规划设计研究院调派大批技术骨干创立了全资企业——中规院（北京）规划设计有限公司（以下简称“公司”）。自创立以来，公司紧密围绕国家城乡规划建设领域的重大战略部署，持续探索创新发展路径，并及时对实践经验进行总结，出版系列作品集，以期促进学术交流与分享。这一期作品集聚焦“更新”“保护”“设计”“实施”四个关键词。我认为要持续推动城乡高质量发展，提高城乡人居环境质量，提升人民群众获得感、幸福感、安全感，在城乡规划建设领域，这四个关键词非常重要。

更新。“十四五”规划建议明确提出，实施城市更新行动。从国家战略的角度看，实施城市更新行动是适应城市发展新形势、推动城市高质量发展的必然要求；是坚定实施扩大内需战略、构建新发展格局的重要路径；是推动城市开发建设方式转型、促进经济发展方式转变的有效途径；是解决城市发展中的突出问题和短板，提升人民群众获得感、幸福感、安全感的重大举措；是有效衔接国家区域协调发展战略和乡村振兴战略的关键环节。

保护。“历史文化是城市的灵魂，要像爱惜自己的生命一样保护好城市历史文化遗产。”这是习近平总书记对历史文化保护工作作出的重要论断。中共中央办公厅、国务院办公厅印发的《关于在城乡建设中加强历史文化保护传承的意见》也强调，在城乡建设中系统保护、利用、传承好历史文化遗产，对延续历史文脉、推动城乡建设高质量发展、坚定文化自信、建设社会主义文化强国具有重要意义。

设计。要让城市成为人民群众美好生活的空间载体，就必须重视城市设计。因为当人们追求美好生活的同时，对美的感知需求和认知能力就愈发重要。而设计是艺术化地处理功能问题，艺术则是对美的诠释。为此，中央城市工作会议上专门强调了运用城市设计来治乱、理序、提质，塑造城市特色风貌。

实施。上述三方面的工作，最终都要落到“实施”二字上。这就是我们常说的，做事不仅要“知彰”，即从大处着眼，还要“知微”，即从小处着手，踏踏实实狠抓落实，否则城乡规划建设工作难免陷入空中楼阁的困境。因此，要从实施的角度，立足新阶段、贯彻新理念、探索新机制、寻找新模式，并将其有效传导落地，才能不断提升城乡人居环境质量、人民生活质量，走出一条中国特色城市发展道路。

这一期作品集，聚焦上述四个关键词，内容涵盖城市更新行动与实施、历史文化保护与传承、城市设计引导与提质以及详细规划传导与管控四个方面，代表了公司自创立以来的最新实践探索，其中不少经验值得借鉴和研讨。这对于促进我国城乡规划建设领域的持续创新发展十分有益。

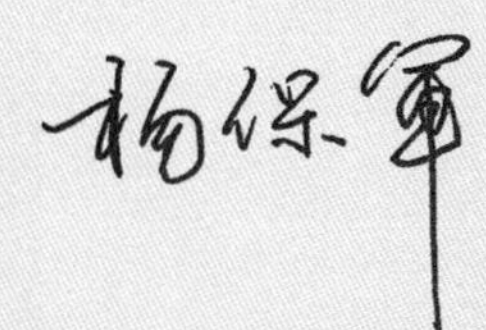

目录 Contents

序

101 Urban Design

Part Three

157 Detailed Planning

Part Four

导言

孙 彤

随着社会经济的快速发展，我国城市的发展由大规模增量建设阶段转为存量提质改造和增量结构调整并重的阶段。针对城市发展的阶段性特点，中共中央 国务院先后出台政策文件加强对城市工作的指导。2015年底，中央城市工作会议提出要加强城市设计，提倡城市修补……。2016年2月中共中央 国务院印发《关于进一步加强城市规划建设管理工作的若干意见》，要有序实施城市修补和有机更新。党的十九届五中全会通过的《中华人民共和国国民经济和社会发展第十四个五年规划和2035年远景目标纲要》明确提出实施城市更新行动。对进一步提升城市发展质量作出的重大决策部署，为“十四五”乃至今后一个时期做好城市工作指明了方向，明确了目标任务。在中央精神的指导下，由住房和城乡建设部提出并推动的“城市双修”工作得到了社会的广泛认可，已有58个城市分三批次被列为“城市双修”试点城市。2020年，住房和城乡建设部部长王蒙徽通过撰文的形式，阐明了城市更新的重要意义、目标任务和工作要求。实施城市更新行动已经成为目前城市发展阶段的重点工作内容。

中规院（北京）规划设计有限公司自成立以来一直非常关注城市发展阶段转变背景下城市更新工作的发展动态，特别是在中央出台相关政策文件后，公司将城市更新作为一个重要的工作类型，在政策要求的指导下积极开展相关项目的实践，先后完成了包括直辖市、省会城市、地级市等各类型城市的大量重要城市更新项目，并积极参与住房和城乡建设部三批次的“城市双修”试点工作，从“城市双修”第一批试点城市三亚“双修”工作的摸索路径，构建框架，总结出“用城市设计的方法，总体把握、系统梳理、突出重点”的工作思路，到第三批试点城市海口城市更新项目对此前工作的深入探讨，升级完善，梳理出“以行动纲领为引领、以系统专项为支撑、以示范项目为抓手”的工作方法。工作的重心也从初期项目的环境品质纠偏治乱，向功能提升民生完善、文脉延续文化复兴直至设计引领全面提升演进。更新项目实践层次比较丰富，从宏观到中观、微观类型均有涉及，为解决城市问题提供了梯次完整、措施连续的解决治理方案，并通过在地陪伴式服务的方式，在服务过程中把握方向，统筹工作，解决问题，保证了规划意图的完整落地实施。在城市更新规划设计的全面引领下，各型城市的重点城市更新工程完成后均受到了地方政府的好评和当地百姓的认可。此次整理的6个项目就是此间具有典型意义的一部分。

Part One

第一篇

城市更新行动与实施篇

Urban Regeneration

01 海口市城市更新行动纲要
Action Plan for Haikou Urban Regeneration

项目信息

项目类型：城市“双修”、存量规划
项目地点：海南省海口市
项目规模：海口市主城区范围，约320km^2
完成时间：2019年12月
委托单位：海口市自然资源和规划局

项目主要完成人员

项目总负责：王凯
主 管 总 工：张菁
项目负责人：胡耀文　慕野
主要参加人：张辛悦　王琛芳　刘鹏　郭嘉盛　杨硕　赵兴华
执　笔　人：张辛悦

海口市鸟瞰图
Aerial view of Haikou
图片来源：海南日报　http://haikou.hinews.cn/system/2018/11/26/031571060.shtml

项目简介

2015年在中央城市工作会议筹备期间，住房和城乡建设部提出城市“双修”的概念，并将“城市双修”工作纳入中央城市工作会议相关文件中。2017年初，考虑到省会城市面临问题的综合性与复杂性，海口市在三亚“双修”经验的基础上，采用国际通用的“城市更新”这一理念，全面启动海口城市更新工作。

《海口市城市更新行动纲要（2017～2021）》是面向实施建设、指导具体工作的行动指南。规划始终秉承全局性、系统性、综合性的技术思维，采取“系统施治、协同推进”的规划理念，构建了以“行动纲要”为引领、以“系统专项”为支撑、以“示范项目”为抓手的技术框架，重点关注“生态本底、交通网络、空间场所、优质设施、文化认同、社会善治”6个系统维度和10个“综合示范项目”的建设，因地制宜地探索出“城市双修”的海口模式（图1）。

INTRODUCTION

In 2015, at the preparatory stage of the Central Urban Work Conference, the Ministry of Housing and Urban-Rural Development proposed the concept of “City Betterment and Ecological Restoration” and incorporated it into the relevant documents of the Central Urban Work Conference. In early 2017, learning from the successful experience of Sanya, and considering the complexity of Haikou as a provincial capital city, the municipal government of Haikou adopted the internationally accepted concept of “urban regeneration” and started the urban regeneration work in Haikou in an all-round way.

The “Action Plan for Haikou Urban Regeneration” is a guide for the local government to carry out specific work during the process of urban regeneration. It adheres to an overall, systematic, and comprehensive technical mindset, adopts a planning concept of “systematic implementation and collaborative promotion”, and establishes a technical framework with the “Action Plan” as the guide, the “systematic special planning” as the support, and the “demonstration project” as the impetus.

The Action Plan focuses on the planning in six dimensions, including ecological environment, transport network, urban space, high-quality facilities, cultural identity, and urban governance, as well as the construction of ten “comprehensive demonstration projects”. On such a basis, the “Haikou Mode” of “City Betterment and Ecological Restoration” that is in line with local conditions has been explored and established.

1 项目背景

“城市双修”工作是践行十九大、落实生态文明建设、贯彻落实习总书记关于城市建设重要指示的具体所在。“城市双修”理念——“生态修复、城市修补”于2015年在中央城市工作会议筹备期间由住房和城乡建设部提出，并将“城市双修”工作纳入中央城市工作会议相关文件中。近年来，“城市双修”工作得到了社会的广泛认可，已有58个城市分3批次被列为“城市双修”试点城市。海口市于2017年7月被纳入住房和城乡建设部第三批“城市双修”试点名单。

党的十九大之后，结合国家新的发展理念，部分省、市已经将“城市双修”工作上升为“践行十九大，落实生态文明建设”的高度。海口市提出了要以城市更新工作来引领城市发展，解决不平衡不充分发展问题的目标。在此背景下，就要求“城市双修”工作必须要具有战略性、全局性、综合性和系统性的特点。为整体、系统、协同的开展相关工作，海口市组织编制《海口城市更新行动纲要（2017～2021）》（后简称为《行动纲要》），作为海口城市“双修”工作的总纲领。

2 现状问题与挑战

海口作为自由贸易港和国际旅游岛的省会城市，城市空间和经济规模在岛内首位度高、功能丰富多元，近年来在“多规合一”和“双创”工作的指引下，城市建设取得显著成效，但如何让城市更加完善美好，海口还面临着许多问题和挑战。

2.1 问题导向：城市建设存在短板，有待系统性健全完善

海口城市更新工作本着开门做规划的原则开展了问卷调查工作。问卷中海口市民集中反馈的问题包括：道路堵、停车难、生活型商业服务网点不足、市民活动空间少、就学入托远等设施供给方面的问题，也包括江河水质差、滨水空间可达性差、步行空间狭窄、景观绿化没特色、历史文化不突出、街景乱、建筑没特色等城市风貌环境方面的问题。根据这些问题，海口城市更新工作将重点锁定在健全完善水体网络、绿地网络、城市交通网络、历史文化网络和公共服务设施网络五大方面（图1）。

2.2 目标导向：发展面临挑战，战略功能节点需要能级提升

海南省作为我国唯一省级单元的特区，具有很强的独特性，一直以来在国家整体发展格局中占据重要而独特的地位。海口市作为海南省建设自贸区港的中心城市，“三区一中心”[①]的核心区，对标全球最高水平的开放形态，无论在枢纽规模、对外贸易还是创新能力等方面，均存在较明显的差距。

从2018年的统计数据可以发现，在对外枢纽建设方面，海口市的美兰机场和海口港在贸易总量、国际化程度等方面均与国际知名枢纽存在显著差距，尤其在港口吞吐量上存在量级上的差距。在对外贸易总量和国际企业数量上，无论跟国内的开放前沿城市还是国际贸易中心对比，都存在较大差距，尚未融入全球贸易体系。另外，在创新能力上海口也处于相对劣势的状态，创新土壤和创新动能的缺乏，未来会较大程度影响海口对外开放水平的提升（表1）。

① 《中共中央 国务院关于支持海南全面深化改革开放的指导意见》将海南省的战略定位确定为“三区一中心”，暨深化改革开放试验区、国家生态文明试验区、国家重大战略服务保障区、国际旅游消费中心。

■您认为哪条路的街景最能反映海口城市风貌：

滨海大道 69%
国兴大道 9%
海府路 9%
滨江路
其他
长海大道

海口市民对滨海道路的关注远高于其他道路，应重点考虑如何彰显海口椰风海韵的气质。城市中心区的主干道则应考虑突出现代城市的气质。

■在市中心您最喜爱到哪条商业街购物：（多选）

国贸片区作为90年代建设的传统商圈，依旧是受市民欢迎的商业中心，未来如何实现业态提升、环境改善、景观优化应该是需要考虑的重点。

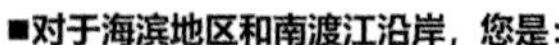

■对于海滨地区和南渡江沿岸，您是：

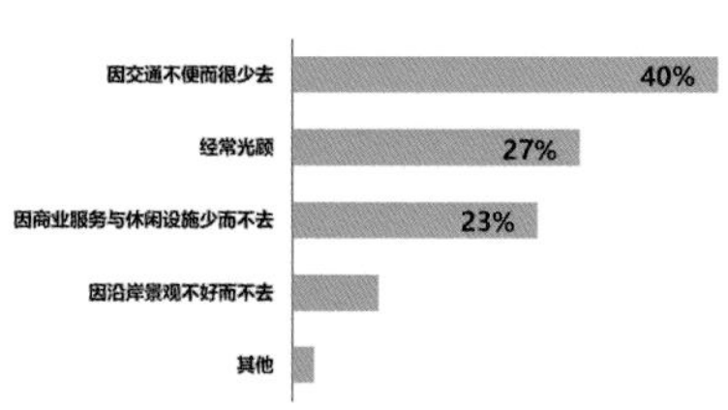

滨江滨海地区应该是海口景观条件最优秀的地段，但目前交通设施和服务设施的缺乏导致滨水地区的又是没能得到全面的展现

■您认为造成目前市区内江河沿岸一些河段景观欠佳的主要原因是：（多选）

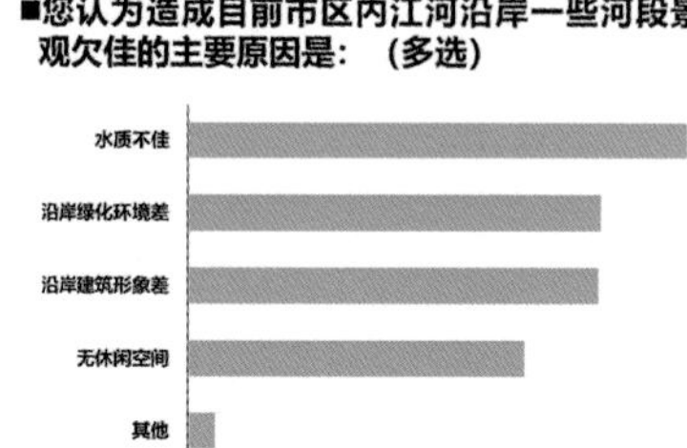

海口城市滨水地区缺乏近人尺度的精细化设计，在水环境、景观绿化、建筑风貌、开敞空间等多个方面都有待优化提升。

图1 《海口城市更新问卷调查》部分关键问题的反馈
Fig.1 Some key questions and responses in "Questionnaire of Haikou Urban Regeneration"

另外，在区域层面，目前无论是与粤港澳大湾区还是与环北部湾经济区，都存在协同发展不充分、区域发展不平衡的问题。海口市与区域内的广州、珠海、南宁等城市在城市规模、经济体量、产业结构、对外服务能力和城市建设水平等方面都存在较大的差距（表2）。

海口市与全球开放前沿城市发展基础数据比较 表1
Comparison on development status between Haikou and other internationally coastal open cities Tab.1

指标内容		海口指标（2018年）	对标城市、港口指标（2018年）
枢纽规模	机场客运吞吐量（万）	2412	7470（香港） 7450（上海）
	航线数量（条） 国际、地区、国内总和	303	908（上海）
	国际航线占比（%）	12	76（香港） 42（迈阿密）
	港口吞吐量（万TEU）	140.2（秀英港）	3090（新加坡港） 1943（釜山港）
对外贸易	进出口总额与GDP比值（%）	22.58	333.9（香港）
	500强企业总部个数	2	8（香港） 7（深圳）
创新能力	万人发明专利授权量	8.5	10.5（杭州） 89.78（深圳）
	省级科技孵化器机构数量	4	138（杭州）
	高新技术企业数量	270	3919（杭州） 14400（深圳）

粤港澳琼及环北部湾区域城市发展基础数据比较　　表2

Comparison on development status between Haikou and other big cities in the region　　Tab.2

指标内容	海口	广州	珠海	南宁
地区生产总值（亿元）	1390.48	18100.41	2564.73	4118.83
GDP 增速	7.5%	8.4%	9.2%	8.0%
三次产业比重	4.6：18.1：77.3	1.26：31.97：66.77		9.8：38.8：51.4
财政收入（亿元）	388.48	5116	—	687.98
公共预算收入（亿元）	125.37	1349.09	314.35	332.15
公共预算支出（亿元）	198.5	1728.15	493.61	646.31
常住人口（万人）	227.21	1350.11	167.53（2016 年末）	706.22（2016 年末）
港口货运吞吐量（万 t）	10036	51992.31	13000（仅珠海港）	1381.2（仅南宁港）

为全方位落实国家战略部署，充分实现区域内部城市间的协同发展，满足人民美好生活的需求，海口市需要紧抓与区域链接的几个关键战略空间和枢纽节点，聚焦“一江两岸、东西双港”区域，构筑“海澄文定”充分融合的一体化发展新格局，编织南北均衡发展新体系，整体提升海口市在粤港澳大湾区和环北部湾经济区的竞争力。

3 规划主要内容

3.1 总体目标

海口城市更新工作全面贯彻落实党的十九大关于经济、政治、文化、社会、生态建设方面提出的重大战略、重大举措，通过开展城市更新工作，力图解决海口：①国际化程度不够的问题，包括作为对外开放前沿在高品质高标准服务设施上的缺项、作为国际旅游城市在整体风貌环境及精细化设计上的短板，以及随之带来的对国际化人才吸引力不足的问题；②区域发展不平衡，城乡发展不平衡，生态、经济、民生、文化、社会治理等各要素发展不平衡的问题；③自然资源保护力度欠缺、城市环境改善滞后、居民健康危机严峻、社会公平公正有待提升等一系列发展不充分的问题。

海口市以推进公共产品供给侧结构性改革为主线，通过城市更新提升城市品质、布局城市功能设施、完善公共服务设施，从而吸引全球范围的高水平人才；通过城市更新实现自贸港语境下的城市转型发展，优化城市产业结构，提升城市国际化水平和开放程度，在区域层面提升城市综合竞争力；坚持生态优先，通过城市更新修复城市生态环境、改善城市环境面貌，提供更多优质生态产品，满足人民日益增长的优美生态环境需要——建设“三区一中心”的核心区，塑造国际化滨江滨海花园城市，扛起谱写美丽中国海南篇章的省会担当。

3.2 总体结构

规划结合问题导向和目标导向的分析，紧扣

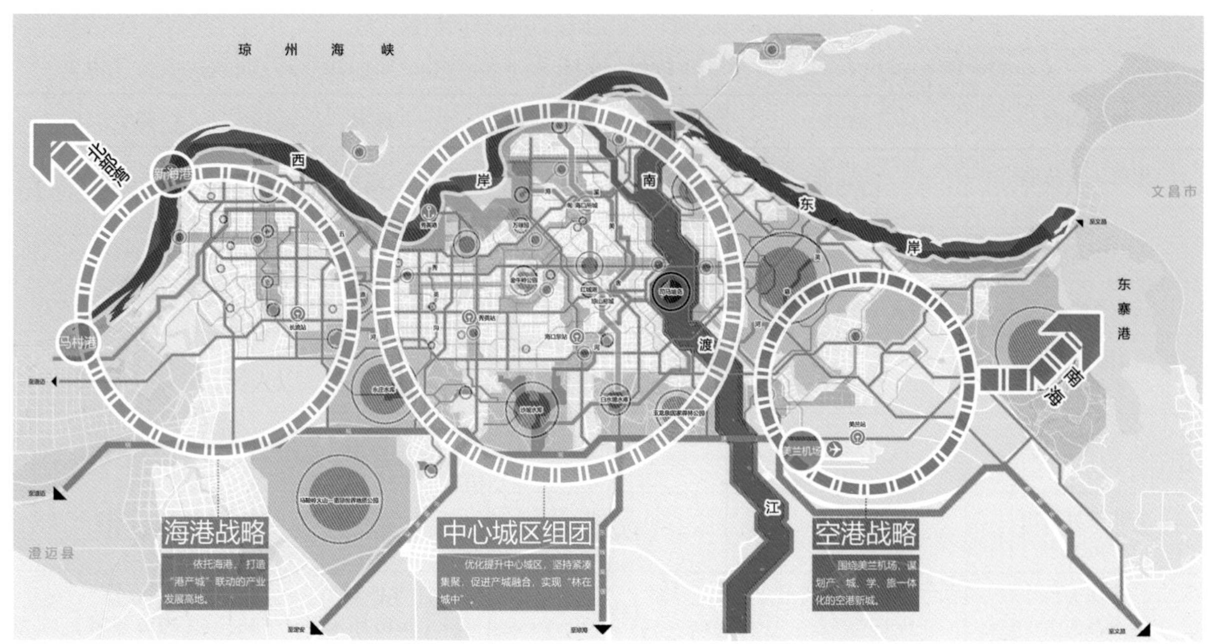

图2 海口城市更新总体结构

Fig.2 Overall structure of Haikou Urban Regeneration

系统性完善城市建设短板和着重提升战略枢纽能级两大核心任务，确定海口城市更新“一江两岸五网络，东西双港两融合”的总体结构，形成城市更新工作部署的“一张蓝图”（图2）。

3.3 六个维度的系统施治

《行动纲要》围绕水体网络、绿地网络、城市交通网络、历史文化网络和公共服务设施网络五大系统，在统筹考虑海口市属职能部门职责分工的基础上，进一步增加了城市治理的研究视角，从6个维度出发，系统布局海口城市更新的工作思路和任务。

一是重整生态本底。规划采取“营林复绿、治水通海、增园宜人、连荫兴游、见花弘文、海绵建设”等措施，健全花园城市生态格局，提升花园城市宜居品质，展现花园城市旅游形象。构建“一带三心，两脉两区，六廊五点”的蓝绿生态网络，规划10条特色绿道，总长度192km，并针对流域廊道、生态绿地等要素提出相应的城市更新管控要求。

二是重织交通网络。规划强调“织梦”与“救急”相结合，近期以交通缓堵为抓手，打通断头路、织补城市路网系统。远期重点强化重大交通枢纽功能、优化城市快速路网系统，稳步推动以绿色交通为主导的交通发展模式转型。

三是重塑空间场所。规划构建“拥海望山、城园相嵌、轴引簇生、多廊聚心”的城市格局。并针对城市滨海空间、公共空间、棚户区改造空间分别提出设计及管控原则，打造“腹地舒缓、滨海灵动”的空间形态。

四是重构优质设施。构建15分钟便民生活圈，建立市级—区级—居住区级的三级公共服务设施体系，全面提升城市公共服务水平。

五是重铸文化认同。采取保护文化遗产、发展文化旅游、塑造特色风貌等措施，构建“双城辉映、五脉共荣、古今交融、兼收并蓄”的“海岛文化之城”。

六是重理社会善治。把公众参与、专家论证、风险评估等确定为城市重大决策的法定程序，建设开放包容的现代化治理城市。

4 规划特色与亮点

4.1 坚持“民声”导向，保障项目实施的可持续性

在工作伊始，规划就明确了“以人民为中心”的出发点。结合社会调查结果，提取反映市民归属感、认同感的“海口印象”特色要素，将老百姓最关心的地段，纳入城市更新的工作范围。

规划综合大数据抓取、12345政府服务便民热线信息，剖析市民痛点和城市问题，反馈到规划技术方案中。同时，借助城市更新公共参与平台，策划推广相关学术活动和市民活动，形成良好的舆论氛围和强大的社会力量，共同推进海口城市更新工作的实施落实（图3）。

4.2 探索“海口模式”，突出“城市双修”工作的综合性与系统性

针对新时期“城市双修”工作的目标要求以及海口市建设国际化滨江滨海花园城市的总体定位，项目组提出了“先布棋盘、再落子”的海口城市双修工作总体框架。在海口市建设国际化滨江滨海花园城市的总体定位的指引下，《行动纲要》因地制宜地提出了“系统施治、整体提升；项目带动、内外兼修；近远结合、久久为功”的“城市双修”工作的“海口模式”。

在技术层面，所谓棋盘就是以“行动纲要”为引领，按照新时代要求，以人民为中心，制定城市更新工作的总目标、总结构、总布局。以“系统专项”为支撑，关注生态、交通、空间、设施、文化、社会6个维度的协同推进和整体提升。最后，以“示范项目”为棋子，在项目设计上摒弃传统单一要素的整治，从系统性整体提升的角度出发，实现对城市重要片区多维度、全要素的综合提升（图4）。

在《行动纲要》的指引下，结合城市更新的6个维度，筛选识别出海口城市更新的重点区域和关键战略节点，以问题的紧迫性、市民关注的重要性、系统提升的完善性、示范效应的带动性为导向，有针对性的策划生成了涵盖生态、生活、文化、活力的10个重点综合示范项目。另外，充分

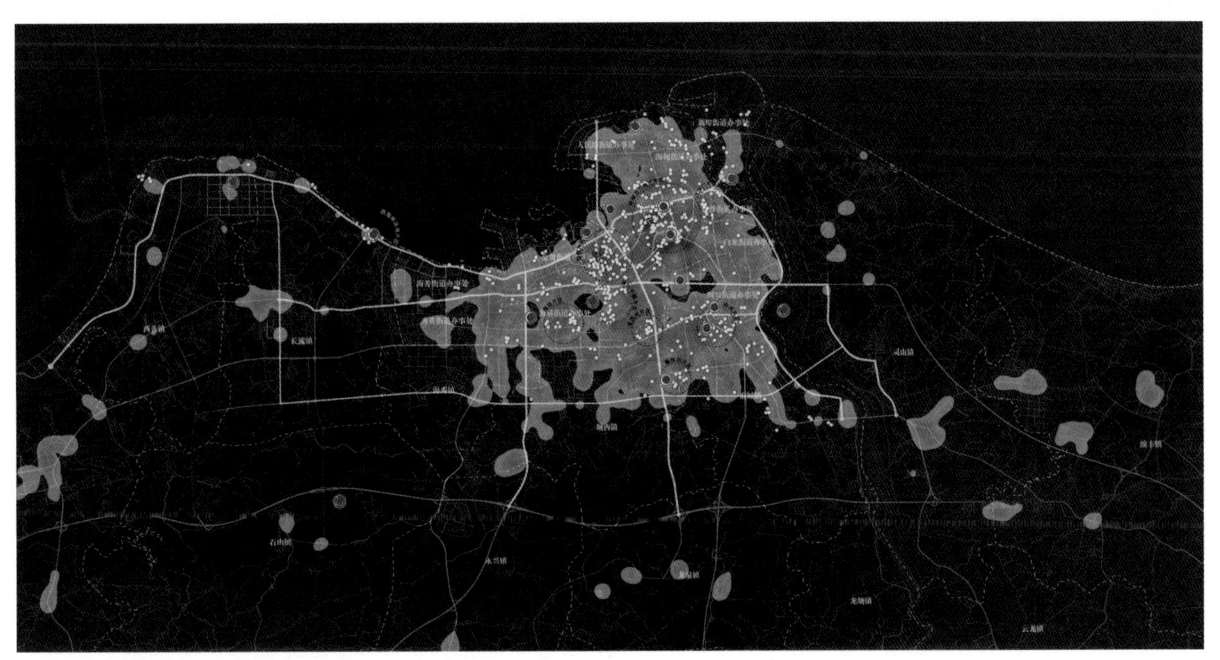

图3 海口城市更新“民声导向分析图”
Fig.3 “Analysis of the Voice of the Public” in Haikou Urban Regeneration

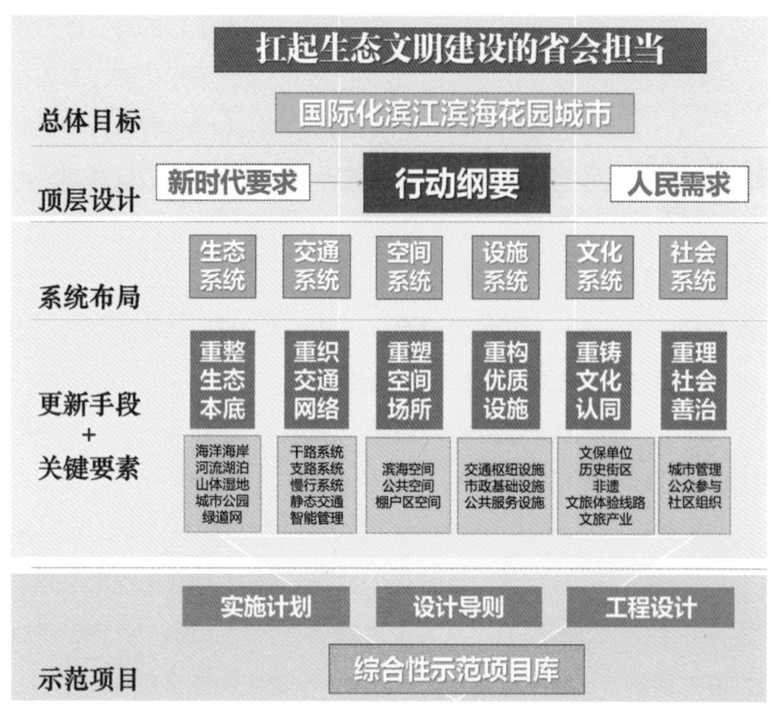

图4 海口城市更新技术路线及内容体系
Fig.4 Technical route and content system of Haikou Urban Regeneration

图5 海口城市更新综合示范项目
Fig.5 Demonstration projects of Haikou Urban Regeneration

对接海口市发改委，按照“建省30周年”“改革开放40年”和“建国70周年”3个时间节点，重点推进10个综合示范项目和118个城市更新重点项目的建设（图5）。

4.3 不仅是一本规划，更是一本推进城市工作的行动手册

《海口城市更新行动纲要（2017~2021）》是一本帮助全海口市上下统一认识，全面统筹海口城市“双修”工作的纲领性文件。

在工作组织层面，棋盘就是工作的组织构架。在《行动纲要》的指导下，海口市委市政府于2017年2月正式成立城市更新领导小组，由市委书记任组长，下设9个工作组（图6）。在规划层面，《行动纲要》将工作任务和建设目标落实到工作组，指导责任部门有的放矢、深化细化城市更新工作。在项目层面，《行动纲要》协同相关职能部门、专家和实施主体，提出项目规划建设指导意见

城市更新领导小组

组长：市委书记

常务副组长：市长

工作组	组长	责任单位
规划统筹组	常务副市长	**牵头单位：市规划局** 配合单位：市发改委、市国土资源局、市政市容委、市房屋征收局、市交通联席办、市交通港航局、市园林局、市水务局、市文体局、海口市规划设计研究院
交通优化组	分管副市长	**牵头单位：市规划局** 配合单位：市交通联席办、市交通港航局、市公安局交警支队、市市政管理局、市住建局、市棚改办、港航集团、粤海铁路公司、美兰机场、市“双创”指挥部
棚户区改造组	常务副市长 分管副市长	**牵头单位：市房屋征收局（棚改办）** 配合单位：各区政府、市规划局、市国土资源局、市城管执法局
水体治理组	常务副市长 分管市长	**牵头单位：市市政市容委（市治水办）** 配合单位：各区政府、市生态环保局、市水务局、市园林局、市环卫局、市市政管理局、市规划局、市海洋渔业局
增绿护蓝组	分管副市长	**牵头单位：市市政市容委** 配合单位：各区政府、市林业局、市园林管理局、市水务局、市规划局、市国土资源局、市海洋渔业局、市湿地办
文化复兴组	分管副市长	**牵头单位：市文体局** 配合单位：各区政府、市规划局、市旅发委、市民政局（地名办）、海口骑楼老街投资开发有限公司、海口旅游文化投资旅控股集团有限公司、市档案局、市史志办
土地修复组	分管副市长	**牵头单位：市国土资源局** 配合单位：各区政府、市发改委、市规划局、市生态环保局、市住建局、市林业局、市市政市容委、市财政局、市海洋渔业局、市地税局
品质提升组	常务副市长 分管副市长	**牵头单位：市市政市容委** 配合单位：各区政府、市规划局、市公安局交警支队、市市政管理局、市园林管理局
项目统筹组	常务副市长	**牵头单位：市发改委** 配合单位：各成员单位

图6 海口城市更新工作组织模式

Fig.6 Organization structure of Haikou Urban Regeneration

或项目施工建设方案。

在规划设计方面，海口市采取了“专家顾问团+技术总统筹”的模式。聘请了孙安军理事长作为海口城市更新工作的总顾问，成员包括崔愷院士、王凯院长等国内著名专家学者帮助海口出谋划策。同时通过与中国城市规划研究院（后简称“中规院”）签署合作协议，以技术总统筹的模式开展“双修”规划设计工作。

5 后记

5.1 实施成效

海口城市更新建设实施项目于2017年6月正式启动，取得了明显成效。57个首批示范项目中，三角池片区（一期）综合整治、五源河文体中心体育场、城市景观亮化工程（一期）、市民游客中心等16个项目已完工，海瑞墓修缮及改扩建工程、椰海大道延长线等18个项目正在建设中。

在生态修复方面，完成美舍河两岸环境综合治理项目，采用“控源截污、内源治理、生态修复、景观提升”的多元系统水环境提升战略，实现“水清、岸绿、景美、民乐”的综合治理目标。特别是美舍河湿地公园凤翔段，在3.5万m^2的垃圾堆填场上建成全国最大、具有八级净水功能的1.4万m^2梯田湿地，首次成功在国内城市内河种植红树林（图7）。

西海岸带状公园景观提升工程，坚持“还海于民、还蓝于民、还绿于民”，按照“透绿见蓝”“透光见海”要求，通过堤岸改造、滨海绿道建设、服务设施配套等一系列综合举措，提升滨海公共空间景观品质（图8）。

在城市修补方面，以三角池综合整治项目为示范，从空间织补、市容整治、环境提升三方面入手，整理建筑风貌、规范交通秩序、提升景观设施、重现记忆场景，做到内外兼修，让旧城区换发新活力。三角池片区现已全面完工向市民开放，极大地提升了城市颜值，增强了市民的幸福感和获得感（图9）。

图7　美舍河凤翔公园综合治理成效

Fig.7　Restoration result of Fengxiang Wetland Park along the Meishe River

图8　西海岸公园带修复及综合整治成效

Fig.8　Restoration result of the West Coast Park

图9　三角池综合环境整治成效
Fig.9　Environmental improvement result of Sanjiaochi Area

5.2 思考与认识

“城市双修”就其规划设计内容本身而言并非全新的领域，国内外有许多先进的理念和成功的经验可以借鉴。但目前我国开展的“城市双修”工作，涉及内容的横向广度与纵向深度，使得规划内容变得异常庞杂，急需在组织模式、理念方法和适宜技术等方面进行探索，形成经验。

在开展规划编制和指导实施的过程中，针对海口城市更新工作组织的特点，在中规院内部相应地成立了以院领导为总负责、总协调，以北京公司和城市设计所为协调单位，以各个专业所为支撑的规划团队协同构架，各专业成员共80多位。

在具体工作中，协同内容主要分为4个方面，第一是院领导牵头，定期组织项目组全体会议，对工作进度进行审查，确定工作任务、工作重点、技术质量把关、对重点难点问题给予支持帮助；第二是城市设计所牵头，定期组织工作交圈会议，明确时间节点、细化工作任务、协调各专项间的相关工作内容、协调政府各部门与专项组相关工作、讨论汇报流程等；第三是院领导牵头，部署海口市政府交办的相关研究工作，主要解决一些临时性、重要性、急迫性事务，讨论制定解决方案；第四是专项组之间密切沟通配合，根据项目需要随时开展，保证各专项规划的协调统一。

总体来看，城市更新工作内容、工作组织、规划设计、项目建设没有固定模式，必须结合实际，因地制宜地进行模式选取。但无论模式如何选取，都应该具有全局性、系统性及综合性思维，“系统施治、协同推进”的理念及模式应当成为贯穿城市更新工作全过程的一条主线。同时，强大的规划设计技术团队是双修工作高效有序的基本保障。规划设计团队内部组织协调模式应当是“纵向清晰、横向密切”，这样才能保障规划的一致性、有效性和应变性。

02 包头“城市双修”综合规划

Integrated Planning of City Betterment and Ecological Restoration of Baotou

项目信息

项目类型：“城市双修”、城市更新
项目地点：内蒙古自治区包头市
项目规模：包头市市辖区1901km^2
完成时间：2018年11月
获奖情况：中国城市规划协会2019年度优秀城市规划设计奖表扬奖、内蒙古自治区城乡规划编制优秀成果一等奖。
委托单位：包头市规划局

项目主要完成人员

中规院（北京）规划设计有限公司
项目负责人：李壮　董志海
主要参加人：王玉圳　谢骞　王迪　肖瑶
包头市规划设计研究院
项目负责人：王亚楠
主要参加人：王泽琪　赵军　任丽莎　刘海波　白俊峰　王雪　蒋杰媛　李建军
执 笔 人：李壮　王佳文　李铭　董志海　王玉圳　王迪　谢骞

生态修复后的城市公园
City park after ecological remediation

项目简介

2017年包头市列入国家第三批“城市双修”试点城市，新要求下为确保各类城市建设和环境品质提升工作能够更精准、更系统，包头市启动“城市双修”综合规划。项目组面向具体实施和操作，通过“分析问题—制订方案—项目推进—评估完善”的总体思路，以驻场形式提供全流程、综合性技术咨询服务。

INTRODUCTION

In 2017, Baotou City was included in the third batch of national pilot cities of “City Betterment and Ecological Restoration”. Under the new requirements, in order to make the work of urban construction and environmental improvement more targeted and systematic, the municipal government of Baotou carried out the integrated planning for City Betterment and Ecological Restoration. Oriented at specific implementation and operation, the project team followed the general idea of “analyzing problems – formulating plans – implementing projects – evaluation and improvement”, and provided on-site comprehensive technical consulting services in the entire process.

1 项目背景

包头市多年来高度重视高标准推进城市功能完善和生态绿化工作，城市环境品质提升得到广大市民的高度认可，获评联合国人居奖、“国家园林城市”“国家卫生城市”“中国最具幸福感城市”等，尤其是成功五次蝉联“全国文明城市”称号。

近年来市民在公共空间、公共服务、基础设施、生态环境等方面提出诸多更高诉求，市委、市政府每年的重大项目库丰富而多样，但在制定近3年工作计划时却面临重点不突出、成效不明显、系统性不强等问题，借助2017年7月包头市成功入列国家第三批“城市双修”试点城市，全市结合新的政策要求系统性整合各类城市建设和环境品质提升工作，提出以规划统领城市当前正在实施和未来计划实施的各类“城市双修”具体工作。在此背景下全面启动开展“城市双修”综合规划。

2 研究思路

规划突出两条主线：第一，“城市双修”必须解决城市的问题、市民的问题，必须突出问题导向，从问题出发研究与制定整个规划的技术思路和工作框架；第二，“城市双修”必须建立系统性和整体性工作思维，规划搭建从问题、目标、理念、系统、行动方案、重点工程、重点地区到既有工作梳理、既定工作优化、计划实施项目的全过程、全流程、全要素工作框架，并伴随工作推进时时动态评估调整完善（图1）。

1）分析问题阶段。通过现场调研、多方座谈、问卷调查等手段，对包头生态环境保护和城市功能完善方面存在的问题进行了系统梳理总结，并以此

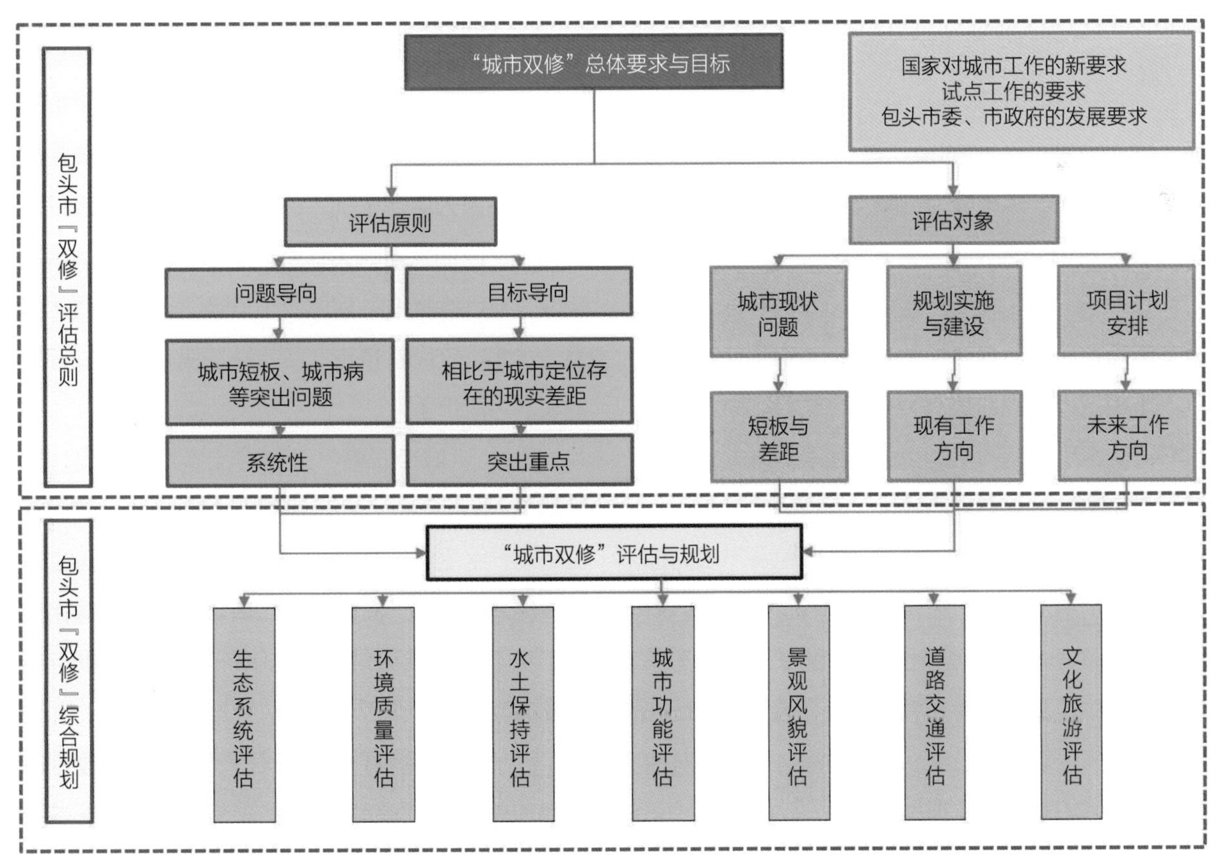

图1　工作技术框架
Fig.1　Technical working framework

为基础编制了《包头市“城市双修”实施评估报告》。

2）制订方案阶段。在分析问题的基础上，编制了《包头市生态修复城市修补工作方案》（以下简称《工作方案》），成立了以市长为组长的“城市双修”工作领导小组。将“城市双修”工作细化为青山绿水、蓝天护卫、水土保持、功能完善、景观提升、交通改善、文旅融合七大行动。

3）项目推进阶段。按照《工作方案》，从总体规划方面、生态修复方面、城市修补方面共编制了25项规划，坚持以顶层设计主导重点项目的落地。并以此为基础编制了《“城市双修”三年行动计划》，以重点项目为抓手，梳理目前正在实施或待实施的工程项目，针对重点地区策划一批继续整治的工程项目，指导开展具体项目方案设计，优先形成一批高质、高效示范工程，推动“城市双修”工作有序展开。

4）评估完善阶段。对“城市双修”实施情况进行长期跟踪和年度动态评估，对城市建设发展中出现的新问题、新情况进行定期判别，对“城市双修”重点工作方向进行了完善，并对项目库进行了持续地动态更新和维护，为持续深化“城市双修”工作建立了一套长效工作机制。

3 主要内容

3.1 系统性评估与实施行动

通过全方位的现状评估工作，结合市民问卷中人民群众聚焦的核心领域，深入研究了当前包头市城市功能与生态环境的主要问题、工作重点和方向，同时为了与政府的部门事权相匹配，以确保“城市双修”工作的操作性，规划建立山水生态、环境品质、水土保持、城市服务功能、城市景观品质、城市交通体系、文化旅游体系7个方面的工作子系统，从以上7个角度进行现状问题分析、已实施项目评估、既有规划评估、重点工作方向指引、重点工程与项目指引，并提出了青山绿水、蓝天护卫、水土保持、功能完善、景观提升、交通改善、文旅融合七大“城市双修”工作子系统指引。

在七大子系统下，规划基于当前包头市最为迫切、最为突出的问题，结合当前政府工作重点，提出大青山生态修复、河流生态修复与滨河空间建设、居民生活及服务补短板、绿色交通与基础设施建设、城市景观提升五大示范性工程，并形成对相关工作领域的实施操作指引。

以“城市双修”规划为统领，“十三五”期间合计计划实施生态修复项目136项，总投资额1299.94亿元。计划实施城市修补项目883项，总投资额3218.44亿元。到“城市双修”工作的阶段性成果节点时间，已开（复）工项目424个，开工率82.3%，完成投资401.921亿元。

1）生态屏障建设评估。包头是我国北方生态安全屏障的重要组成部分，基础条件恶劣，干旱少雨，土层薄、石砾多，多陡坡，蒸发量大；植被破坏严重，历史上的过度放牧与矿石开采造成了植被破坏、草场退化、土壤裸露甚至沙化；环境景观破碎，长期人为活动干扰，矿区、景区、道路建设以及林业建设的规划缺失，整体生态景观混乱。水系疏浚有待继续推进，保障行洪安全，河岸硬质化普遍，水生态空间被侵占，生态环境差；部分城郊段地表水污染严重。

因此，“城市双修”工作提出实施“青山碧水行动”，重点开展了大青山南坡生态修复、矿山综合治理、水生态综合利用、黑臭水体治理、再生水管网建设等工程，其中大青山南坡生态修复绿化升级工程完成重点区域绿化1.05万亩，相关重点项目及实施成效见图2、图3。

2）大气环境评估。城区大气污染治理有待继续加强，静风频率高，污染源主要分布于城区周边，颗粒物污染突出，与达标要求差距较大，PM10超标严重，特别是东河区环保指标超标

图2 大青山南坡绿化对比
Fig.2 The south slope of Daqing Mountain before and after renovation

图3 二电厂储灰池改造为奥林匹克公园
Fig.3 Transformation of the ash storage tank of the Second Power Plant to the Olympic Park

50%以上。包钢片区、老城区均存在强热岛区。比较现状土地利用类型可以发现，热岛分布与旧城区、工业用地高度匹配。

因此，“城市双修”工作提出实施蓝天护卫行动。“双修”工作框架下市政府组织编制了《大气污染防治行动计划》，重点实施工业污染防治、城市燃煤锅炉整治等六大工程，减少标准煤消耗近70万t，减排二氧化硫0.95万t，减排氮氧化物0.39万t，减排烟尘0.89万t。

3）水土环境评估。包头市固体废物累计堆存量大，影响环境质量，矿渣、尾矿堆场对生态环境影响较严重。固体废物堆场对地下水影响较大。大部分固体废物堆场建成时间早，防渗等措施不到位，并且乱堆乱放情况较为普遍，对周边地下水产生了较为严重的污染。

因此，“城市双修”工作提出实施水土保持行动。主要是对包钢尾矿库、二电厂储灰池进行生态修复，推动市政府编制了《包头市土壤污染防治工作方案》。其中，二电厂储灰池经过覆土绿化修复，已成功改造为奥林匹克公园。

4）城市功能评估。包头现状小型绿地有较高的建设必要性和提升潜力，需要进一步提升绿地覆

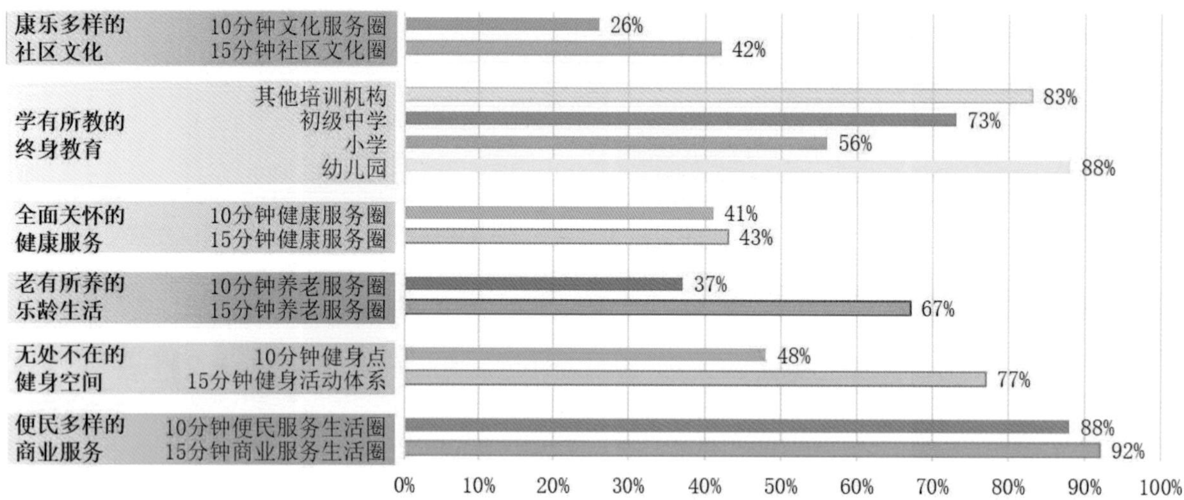

图4 15分钟生活圈各项公共设施达标情况

Fig.4 Status of various public facilities up to par in the 15-min pedestrian neighborhood

盖率来增强公共空间的均衡性，公共空间功能混合不足，地区活力有限；公共服务供给规模仍呈现不足，布局有待优化，15分钟社区生活圈各类设施达标率失衡，文化与健康服务设施便民性不足，健康活动与养老服务差距较大（图4）。市政基础设施再生水设施建设严重不足，城市再生水利用率较低，管网老化、跑道拥堵等问题突出，管网漏损率偏高，城市雨水利用率不高，排水管线建设仍有不足，容易发生内涝，且在老城区仍存在雨污合流等问题。

因此，“城市双修”工作提出实施功能完善行动。以“双修”工作为指引，市政府一是编制了《包头市中心城区停车场专项规划》等6项规划；二是完成新建改造雨污水管网90km；三是推进地下综合管廊建设，已建成24.3km，投入运营5.8km；四是开展城市棚户区改造，已开工建设43953套；五是完成了150个、486.1万m^2的老旧小区综合整治任务；六是加强城市违建、临建整治，拆除私搭乱建5445处共计12.5万m^2，清理破墙开店行为224处合计2578m^2，市容市貌明显提升。

5）景观风貌评估。气势恢宏的街道网络、壮观的景观绿化、平缓的城市高度，都体现出包头疏朗大气的城市特点，但城市内部缺乏能够彰显城市本底特质、展示城市面貌的亮点地区，总体城市设计暂缺，整体风貌缺乏统筹，不同区域的城市肌理独具特色，是城市景观风貌的亮点，但目前对此特征并未进行深度挖掘。

因此，“城市双修”工作提出实施景观提升行动。实施城市园林绿化、重点道路增绿提质等53项工程，新增城市绿地214hm^2；创建72条景观街并综合治理了69条街巷；实施重点地段亮化工程。重点景观街改造实施成效见图5。其中，通过拆迁改造，将赛汗塔拉城中草原西侧腾退2800亩用地，使草原的面积达到了10680亩，成为名副其实的万亩城中草原。

6）交通体系评估。包头道路网结构较完善，但主干路饱和度过大，东西向交通走廊压力集中，局部节点拥堵存在经脉不通的问题，慢行系统设施单一，缺乏系统性、连贯性、舒适性，骑行环境舒适度较高，仍有提升空间，公共交通场站建设滞后，车辆投入不足，配套设施滞后，公交专用道尚未形成体系。停车位总量不足，现有设施利用率低，乱停乱放现象普遍。汽车充电设施仅能保障新能源汽车的基本需求。

因此，“城市双修”工作提出实施交通改善行动。主要实施了26项道路建设工程，新增道路面积150万m^2；规范、增设城市停车设施56处；规划55处电动汽车充电设施，已建成39处。实施110国道、沼南大道等道路新建、改造工程，贯通

图5　景观示范街改造前后对比
Fig.5　Landscape demonstration street before and after renovation

城市骨架路网。实施老旧道路改造工程，重点建设民主路环岛项目。

7）文旅魅力评估。包头市旅游资源丰富，类型多样，但景区集中分布在市辖区，外围景区缺乏联系，难以形成合力，景区建设水平较低，基础设施欠账尚未解决，景区缺乏特色，区域同质化现象严重，旅游吸引力不足，缺乏稳定的整体形象，难以形成持久影响力。

因此，“城市双修”工作提出实施文旅融合行动。主要是集中力量打造三大品牌景区，其中白云鄂博矿山文旅休闲项目建设成效见图6。全市实施42个重点旅游项目。市政府组织编制完成了《大力发展全域旅游，实现包头旅游新跨越——包头市全域旅游发展战略》《包头市旅游产业发展规划（2017—2021年）》《包头市红色旅游规划》等，编印《包头市红色旅游指南图》。这推动了青山区军事旅游体验基地项目建设，加快了沿黄生态带休闲旅游重点项目落地，如小白河（昭君湖）旅游产业园项目、黄河谣景区等。

3.2 五大示范性工程指引

规划根据当前包头市最为突出和迫切的问题，包括大青山生态退化、城市河网环境品质不高、公共服务存在短板、市政交通体系不完善不便利、部分片区景观品质塑造不足等问题，结合市委、市政府重点工作方向，进 步突出“城市双修”工作的重点，提出了以下5项近期示范性工程，并在规划、建设和实施层面提出详细指引（图7）。

大青山生态修复：继续推进大青山南坡植被修复和山体、沟域绿化工程。巩固扩大重点区域绿化

图6　白云鄂博矿山旅游休闲公园

Fig.6　Bayan Obo Mine Tourism and Leisure Park

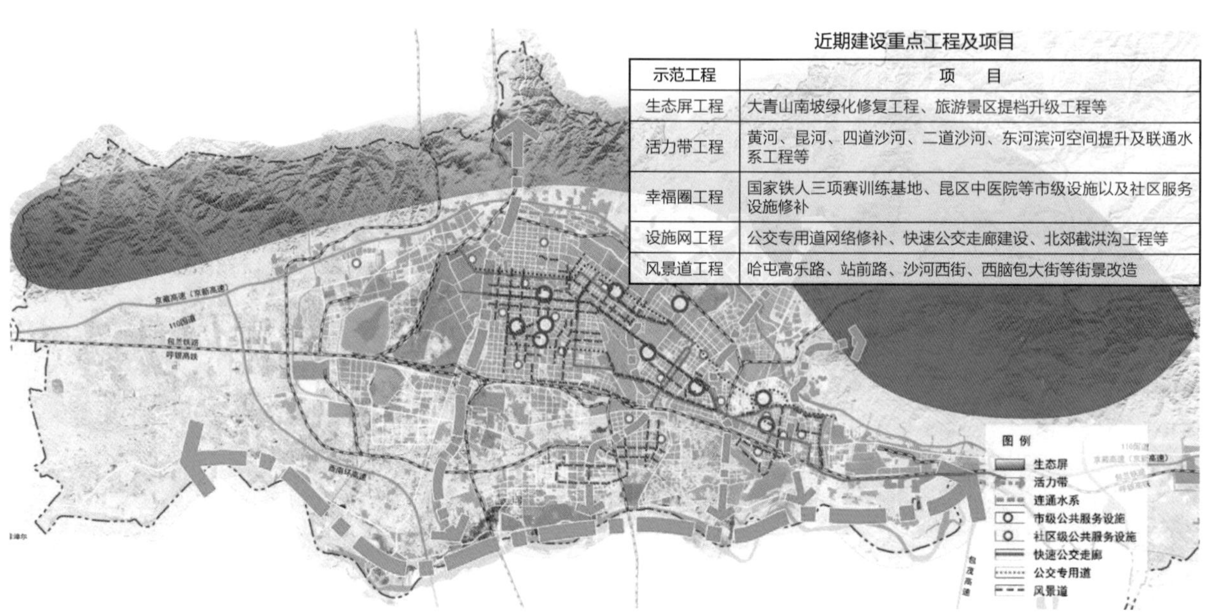

近期建设重点工程及项目

示范工程	项　目
生态屏工程	大青山南坡绿化修复工程、旅游景区提档升级工程等
活力带工程	黄河、昆河、四道沙河、二道沙河、东河滨河空间提升及联通水系工程等
幸福圈工程	国家铁人三项赛训练基地、昆区中医院等市级设施以及社区服务设施修补
设施网工程	公交专用道网络修补、快速公交走廊建设、北郊截洪沟工程等
风景道工程	哈屯高乐路、站前路、沙河西街、西脑包大街等街景改造

图7　重点项目布局

Fig.7　Layout of key project

成果，实现道路林荫化、乡村生态化、城郊森林化、厂矿园林化。推进矿山企业清理整顿工程，强化森林资源保护工作。完成保护区内工矿企业的退出，并积极引导向生态旅游、生态养殖等无破坏性产业转型，使保护区森林植被形成稳定的自然恢复环境。提升游憩景观，推动大青山生态建设产业发展环境保护综合工程。打造大青山生态休闲产业带的改造、复新、提质，完善配套基础设施，促进经济林建设，带动农民增收。

河流生态修复与滨河空间建设：继续推动城区内水网工程，修复河道生态，优化河道断面，提高自净能力。疏挖昆河、四道沙河、二道沙河、东河等城区河道，修建水系关键控制设施和补源管网，初步形成和河湖水网相连的城市生态水系框架。加强沿河湿地保护，推动海绵城市建设。恢复河流的自然流态和创造丰富的自然生境；充分发挥河流在自然界中的天然功能，将水系建设成为让人重新感受其自然魅力的城市景观河道和野生动物的生态走廊。推进滨河空间改造，突出功能混合利用，改善当前滨河空间消极利用的现状。

居民生活、服务补短板：构建“组团+社区”双层级15分钟生活圈。从整体上看，近期加强文化、教育、体育设施的建设，并根据各区的情况有所侧重，促进社区级、组团级公共服务设施的均衡分布。持续推进老旧小区改造工作。以停车问题、环境问题、基础设施完善问题为重点，在已有工作的基础上，对剩余需进行改造的小区进行整改。同时，推动社区自治，探索社区治理的新模式。

绿色交通与基础设施建设：提升公交服务水平，完善城市慢行系统。推进快速公交系统的建设，优化常规公交系统，提升公交服务水平。构建分区、分层次的慢行系统，形成若干慢行廊道，提升慢行空间品质。全面加强节水城市建设，强化市政和防灾保障能力。排查城市已建区，降低管网漏损率，解决管网老化、管径小的问题，建设节水城市。进行“海绵城市”建设，减小暴雨、特大暴雨对城市的不利影响，提高城市的排水能力。对河道及护岸进行整治，保证防洪安全。

城市景观提升：编制城市总体设计，彰显城市风貌特点。尽快启动包头总体城市设计编制工作，统一谋划城市总体景观定位、格局、重点景观区域及其景观定位，提高包头人民的居住生活质量，增强自豪感和归属感。持续推进景观街整治工程。进一步落实景观街道综合改造、提升工作。重点突出街道肌理特色。还路于民、还绿于民、还美于民，改善居民生活环境，使老街道焕发新活力。加强景区建设，塑造重点景区。做好景区建设补短板工作，突出改善城区各类景点配套设施匮乏情况，深入挖掘工业遗产保护和利用，建设城市发展新亮点，塑造若干省内著名、国内知名的景点。

4 项目特点

该项目不仅是一个规划咨询，更是支撑地方“城市双修”建设行为的整体性技术服务。关于包头“城市双修”工作，规划技术分析工作重点围绕问题评估和系统分析，规划技术服务工作重点围绕地方政府的部门工作任务分解、重大建设项目、重点工程，提出年度计划优化方案，提供专项规划编制建议和编制要求，跟踪正在实施建设的重大工程，提出完善建议。

规划引领“城市双修”行动框架，建立针对问题、突出重点、面向实际、便于操作的技术体系。在整个“城市双修”工作开展前，优先开展“城市双修”问题综合评估，针对现状问题、市民需求、既有工作的评估，明确了下一步的工作方向、工作重点，进而结合部门事权梳理工程项目类型，完成了“城市双修”工作的整体部署，为市委、市政府高效推进七大工作子系统和五大示范性工程提供了科学性、系统性的基础。

注重规划工作实施性与操作性，规划统领建设，并针对部门事权、实施机制提出针对性的工作子系统。《包头“城市双修”综合规划》的特色就在于规划以三年为行动期限，紧扣城市近期建设实施的全过程，把规划落到实地。

注重新技术手段的应用。在公众参与与规划技术分析中，充分结合大数据和网络信息技术手段，通过数据分析将问题、诉求与空间相连接，对规划的评估与方向判断提供重要支撑。

注重规划的全流程服务和全过程动态评估。通过3年规划的伴随式服务，规划完成了从现状评估、规划评估，到明确目标方向、明确系统框架、建立实施指引、细化重点工程，到实时动态评估、动态修改完善等多流程工作。确保在规划统领下，各类“城市双修”工作更具系统性和科学性，更符合城市发展建设的要求。

5 后记

在“城市双修”规划统领下，包头市委、市政府进一步明确了更具操作性、更具系统性的工作行动计划，通过三年的规划实施，包头市完成了生态修复项目39项、城市修补项目404项，并精选出15个具有代表性的案例，为国家在西北地区的城市建设和品质提升提供了一个可借鉴、可推广的模式。

03 淮南市西部采煤沉陷区生态治理规划
Ecological Renovation Planning of Mining Subsidence Areas in the West of Huainan

项目信息

项目类型：“城市双修”

项目地点：安徽省淮南市谢家集区、八公山区

项目规模：47km^2

完成时间：2018年9月通过专家审查，2018年10月淮南市规委会批复，2019年9月提交最终成果

获奖情况：2019年度北京市优秀城乡规划三等奖

委托单位：淮南市城乡规划局

项目主要完成人员

主 管 总 工：黄少宏

主要参加人：陈笑凯　王建龙　孙青林　王佳文　王思源　刘颖慧

执　笔　人：陈笑凯　王佳文　王建龙

西部采煤沉陷区现状鸟瞰图

Aerial view of the mining subsidence areas in the west of Huainan

项目简介

采煤沉陷区一直被看作是城市的负面空间，对生态环境、社会环境、城乡空间等各方面造成巨大影响，同时，采煤沉陷区的治理耗时耗财，成效不佳。随着我国进入生态文明时代，资源型城市迎来转型发展的契机，而采煤沉陷区的治理是转型发展必须解决的关键问题。目前，我国传统的治理模式在思想认识、协同管理、治理时效等方面存在一定问题，难以满足生态文明建设的需求。本次规划通过对生态、功能、土地、景观、设施等多要素研究，从“山、水、林、田、湖、草”系统和城市转型的角度重识空间价值、重构发展动力、重塑城市品质，探索新时期采煤沉陷区治理的思路。

INTRODUCTION

Mining subsidence areas have always been regarded as negative urban spaces, having great impacts on the ecological environment, social environment, and urban and rural space of a city. At the same time, the renovation of such areas is time-consuming and costly, and the results are usually unsatisfactory. With China entering the era of ecological civilization, resource-based cities have seen opportunities of transformation and development, while the renovation of mining subsidence areas is key to the transformation and development process. At present, the traditional renovation mode has certain problems in the aspects of ideological cognition, collaborative management, and renovation effectiveness, which is hard to meet the requirements of ecological civilization construction. Through a study on ecology, function, land, landscape, facilities, and other factors, and from the perspectives of “mountain, river, forest, farmland, lake, and grassland” system and urban transformation, this paper reconsiders the spatial value, rebuilds the development impetus, and reshapes the urban identity, so as to explore a new thought for the renovation of mining subsidence areas.

1 规划背景与意义——采煤沉陷区治理是煤矿城市转型发展面临的重大问题

采煤沉陷区是我国大量存在且迫切需要开展治理的空间。全国178座矿业城市（煤矿型84座）中，已经有24座面临矿产资源枯竭。预计到2030年，全国关闭矿井将达1.5万处，涉及16个省级行政区。进入生态文明新时代以来，国家越来越重视采煤沉陷区等工矿废弃地的治理，自2018年起设立了专项治理资金。从国内外成功经验来看，采煤沉陷区的治理是践行生态文明理念的重要空间治理手段。

现阶段全国重点采煤沉陷区试点有33处，且大多位于经济衰退地区，城市产业动力缺失、环境恶劣、设施欠账较多、短板明显。从工矿城市发展规律来看，采煤沉陷区的治理是资源型城市向综合型城市转型发展必须解决的重大问题。而淮南市这类传统煤矿城市正处于产业生命周期转型的关键节点，因此，以采煤沉陷区的治理为契机，从多个维度梳理采煤沉陷区和城市的关系，重塑空间价值，促进城市转型，是本次规划研究的重点。

2 规划难点——传统治理模式难以适应生态文明的要求

淮南煤矿是新中国成立初期的全国五大煤矿之一，全国14个亿吨基地之一。西部采煤沉陷区位于淮南市东、西部城区之间，是开采70年的老工矿区之一。其场地面积约47km^2，随着该区域煤矿全部关停，将形成28.8km^{2}的采煤沉陷区，形成大量的沉陷湖和工业废弃地。淮南市很早就开始进行采煤沉陷区的治理研究，但主要聚焦于沉陷情况分析、治理思路考辨、治理对策探讨、治理经验总结等微观领域，缺乏总体层面的分析和认识，因此也造成治理效率不高。

2.1 强管控下生态修复手段的单一性

从空间方面来看，采煤沉陷区治理的政府主体是原国土部门和城乡规划部门。一方面，传统的采煤沉陷区治理工作由原国土部门主导，其首要任务是将工矿废弃地复垦为农用地，其管控思路是保持原有属性不变，直到外界条件迫使其土地性质发生改变；另一方面，采煤沉陷区往往位于城市开发边界以外，原城市总体规划将其划为非建设用地，按照禁建区或限建区来管控。在两个部门强管控的要求下进行生态修复，给治理造成巨大困难：治理的动力不足，高投入、低回报的模式难以引入市场资本；治理手段单一，以工程复垦或复绿技术为主；治理成效有限，整治成果多为养殖、光伏、郊野公园，综合效益不高。

2.2 条块化、碎片化管理下的低效性

从体制方面来看，采煤沉陷区治理涉及较多的政府部门，虽然政府各部门都认识到沉陷区治理的重要性，并将其纳入考核体系，但由于目标、手段、诉求不同，导致各类治理项目在空间落位中存在冲突。例如，发展光伏需要占用大量的土地资源，且对生态景观的影响极大，而工业遗产和沉陷湖湿地又是发展旅游和改善环境的基础。部分依托工业遗址建设的体育设施、文化设施远离城区，由于道路交通建设滞后，可达性较差、使用率较低。由于历史遗留问题，老旧工矿区缺乏完善的排水体系，造成污水直排与环境治理同时进行，效率低下。

2.3 城矿分离治理下的滞后性

从时序方面来看，国内传统的治理模式主要为优先搬迁受沉陷区影响的居民和产业，等待采煤塌陷稳沉后进行治理，即采煤塌陷—补偿、搬迁—塌陷地闲置—治理。这种模式将城市和工矿完全切

分对待，缺乏人本精神，一方面加速了城市的衰败，造成土地长期闲置，另一方面长期等待的过程中易产生一系列问题。首先，土地长期闲置是对资源的浪费；其次，由于煤矸石、粉煤灰等采矿副产品未及时清运，造成环境的持续恶化；最后，由于无人维护，沉陷区内的厂房、道路、市政设施等持续老化，再利用的难度极大。

3 规划特点与创新点——基于生态文明的采煤沉陷区治理思路

3.1 贯彻自然资源部“两个统一”职责，探索治理新模式

（1）转变思想，重识价值

2018年，中共中央出台的《深化党和国家机构改革方案》明确提出，自然资源部要履行好“统一行使全民所有自然资源资产所有者职责，统一行使所有国土空间用途管制和生态保护修复职责”。在新一轮国土空间规划编制过程中，采煤沉陷区将不再是简单地认定为禁建区或限建区，也不能只考虑有多少基本农田或工矿用地，而是需要从多方面重新认识其空间价值：从“山、水、林、田、湖、草”整体的角度认识其生态价值，从蓄洪、滞洪等角度认识其安全保障价值，从植物、水系、文化、建筑等角度认识其景观和文化价值。因此，采煤沉陷区的治理不仅是开展具体的工程项目，更是思想认识的转变和提升。

（2）明确目标，明晰方向

通过梳理上位规划要求和相关政策，确定治理的定位和目标。从淮河经济带、合淮一体化层面分析，工作的重点是落实污染治理、改善生态环境。从淮南都市区层面分析，八公山、西部城区、采煤沉陷区构成了淮南都市区内部最完整的“山、水、林、田、湖、草”生态系统。从淮南市中心城区层面分析，结合城市转型发展需求和山水资源调查，得出沉陷区是淮河沿岸难得的亲水空间，西部城区是淮南山水资源和文化资源最富集的地区。因此，以“山、水、林、田、湖、草”系统治理的角度重构城市与环境的关系，将沉陷区重塑为环境优美、内涵丰富的城市绿核，是沉陷区治理的方向（图1）。

（3）生态为本，丰富内涵

研究以生态敏感性和山水城生态要素渗透性指数分析为基础，制定全方位、系统性的修复系统。第一，综合运用连通、渗透、融合等治理手段，构建“山、城、湖、河”相互渗透的生态系统，具体包括构建淮西湖、十涧湖、钱家湖为主体的9.7km^{2}湖面作为区域生态核心。同时，构建连通瓦埠湖、淮河的生态廊道以及自八公山到沉陷区的5条导洪沟生态廊道，并加强城市内部的绿廊控制。第二，通过工程措施隔离污染，加强雨污分流、污水处理、垃圾处理等设施建设，避免环境持续恶化。第三，构建多类型的湿地系统，推进生态群落的演替（图2）。

规划延续农田、水域、林地等各类土地的管控要求，挖掘资源潜力，以城市设计的手法构建“可赏可游、可品可留”的绿色空间。首先，提出以水为脉，结合淮西湖、十涧湖、钱家湖等水域设置眺望点，通过构建大水面来展现西部城区山水城一体的整体风貌。其次，结合局部地形，以自然缓坡土岸为主，对驳岸进行微地形、生态化处理，结合地方乡土植物，构建生态林带驳岸、自然式石砌驳岸、草坡驳岸、亲水平台驳岸、水生植物驳岸等丰富的亲水空间景观。最后，优化城市绿地系统，布局功能复合的绿色空间，包括厂区改造及周边的绿地景观用地、西部城区与沉陷区的绿地连通廊道、基础设施防护绿廊等。

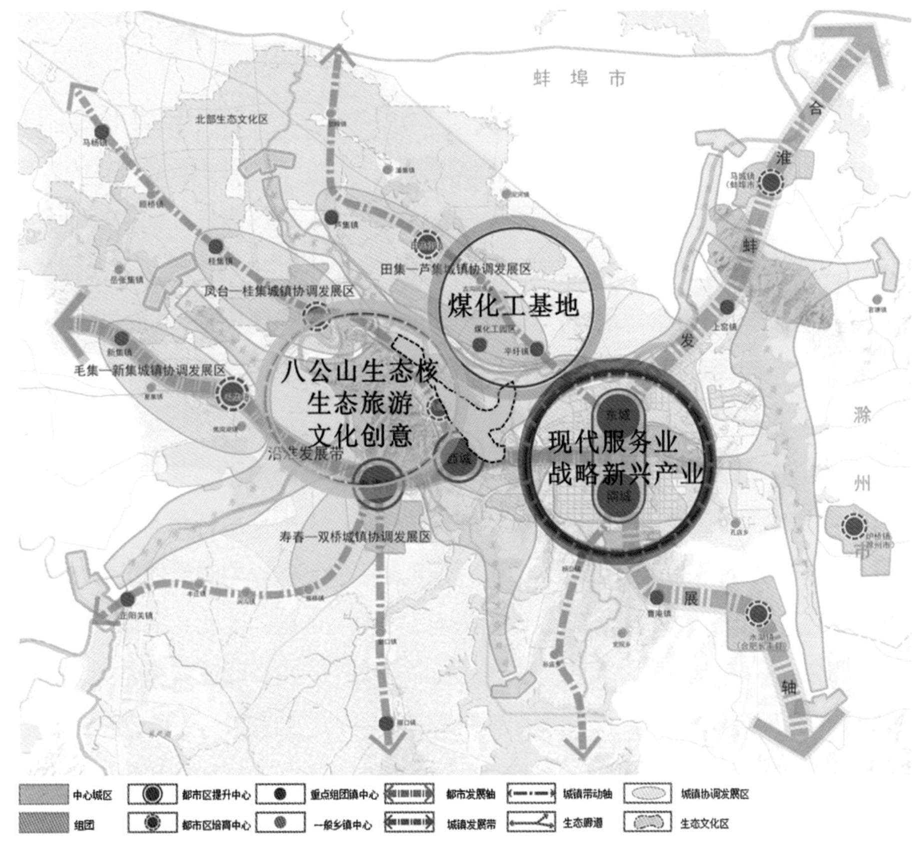

图1　淮南市都市区空间结构示意图

Fig.1　Spatial structure of Huainan metropolitan area

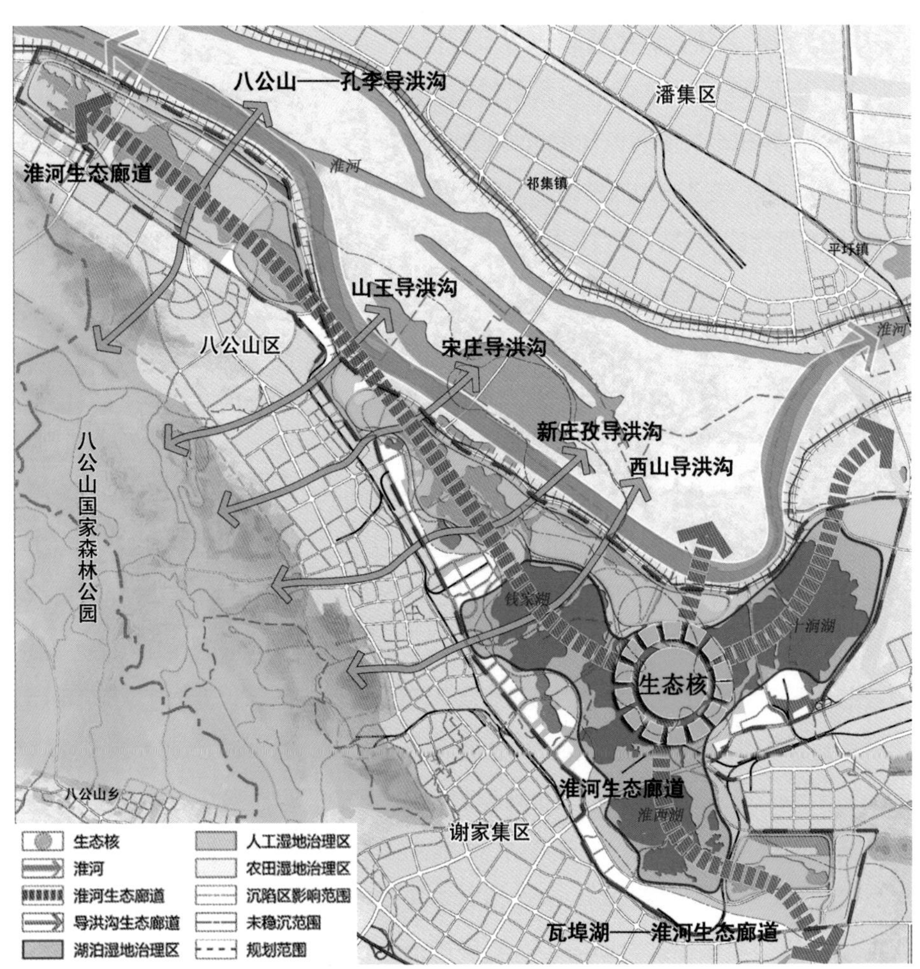

图2　生态结构规划图

Fig.2　Plan of ecological structure

3.2 运用生态文明发展逻辑，统筹资源配置

（1）统一认识，重塑动力

工业文明时代的发展逻辑是以土地、劳动力、资本等要素驱动，追求高效率、大规模的发展模式，资源的配置以服务经济增长为主要目标，是一种高代价、不可持续的发展模式。生态文明时代的发展逻辑是基于以人为本和生态环境是一切发展的基础两个观点，通过提高自然和文化景观资源的利用效率，以消费带动增长，追求高质量、可持续的发展模式。因此，资源型城市的转型发展不仅仅是城市内部资源的认知，而且需要重新认识工矿能源资源的全生态成本、全生命周期的可持续利用价值，重塑采煤沉陷区这类城市工矿废弃地的综合发展动力，提升老工业基地的城市宜居生活品质，引导前期必要的投入，强化优势，从而吸引市场要素，培育新型主导产业。在这个过程中，应加强资源的统筹配置，协调多部门的权限和多类型的项目，全面提升治理效率，促进城市由传统的褐色增长向精明增长模式转变。

（2）城矿一体，优化格局

从“+生态”到“生态+”，规划提出以西部采煤沉陷区整体生态价值的提升带动西部城区整体功能的升级。在“生态+”的基础上，转变原来以土地为平台整合的思路，重点识别空间的生态、文化、景观价值，匹配相应的生产、生活功能，提升西部城区就业吸纳能力，实现景区增内涵、园区提品质、矿区融创意。在充分吸收各部门的诉求之后，规划从完善城市整体功能体系要求入手，打破原有条块化、碎片化的城市管理模式，构建一体化的圈层式功能格局。首先，规划以沉陷区绿色空间为核心，充分发挥沉陷区湿地的生态价值，培育生态旅游、科研教育、体育休闲等功能。其次，依托良好的景观环境，立足淮南市由资源型城市向综合型城市转型的战略，以整治沉陷区外围的低效工业用地和废弃矿坑为契机，打造多个新型功能节点，集聚文化创意、旅游休闲、农业科研、现代装备制造、“互联网+”产业等功能。再次，对接淮南市西部城区的各级城市公共服务中心和城市功能片区，完善功能体系，为西部城区发展注入新动力（图3）。

（3）搭建平台，有序治理

对于资源枯竭的城市而言，依托传统矿区而生的城市往往面临基础设施老旧、街道环境混乱、公共空间不足、污染问题突出等“城市病”。同时，由于传统矿业的衰退，城市亟待整治低效用地、恢复城市“造血”功能。由此可见，在短期内，采煤沉陷区的治理是迫切的，城市需要通过采煤沉陷区的治理尽快改善环境，为产业转型提供基础或样板；从长远来看，采煤沉陷区治理的周期是漫长的，同时需要结合城市不同发展阶段的特点逐步实施。因此，采煤沉陷区的治理要兼顾城市长远发展目标和近期重点问题，以保护和修复为基础，因地制宜、远近结合、有序推进各类治理项目。

规划结合政府财力情况和城市近期规划，提出集中力量以“城市双修”的理念分片区综合整治的思路。在保障居民安全的前提下，搬迁受沉陷影响的村庄，将整个区域划分成若干整治片区，分片重点推进。通过制定“五大生态修复片区、八大功能核、四通道、双平台”的行动计划，形成生态修复类、功能修补类、基础设施建设类三大类项目治理平台，为沉陷区后续项目的开展提供依据。治理平台充分保障了城市公共服务设施、安置居住区、重要产业项目的落位，统筹文化旅游、都市农业等，避免部分光伏、居住类项目随意选址（图4）。

3.3 以沉陷区空间变化为基础，开展动态治理

（1）严守底线，保障安全

根据权威报告，现状中部存在约5km^{2}的未稳定区，3年内将基本稳定。从对农村居民点影响来看，该区域内受沉陷影响的村庄建筑均属于二级及以上破坏等级，按照《砖混结构建筑物损坏等级》规定，建议将所有采煤塌陷影响自然村全部搬迁，并对村庄旧址进行综合整治。从对基础设施的影响来看，该区域大量道路受损，不宜过多新建高等级

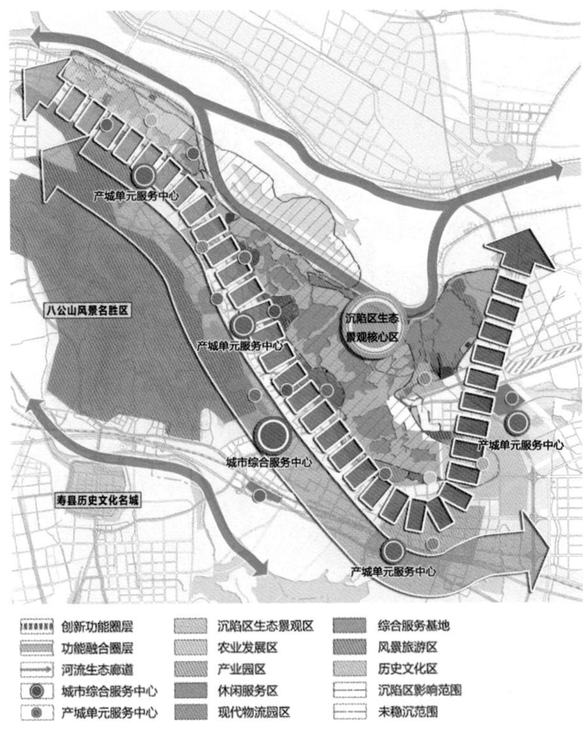

图3　圈层式功能格局发展模式示意图
Fig.3　Development mode of concentric functional pattern

图4　治理时序图
Fig.4　Renovation sequence

道路。从对永久性建筑的影响来看，沉陷区井下煤柱失稳引起地表二次破坏的风险几乎没有，采空区稳定以后，原有建（构）筑物如果仍然处于良好的运行状态，则可以继续使用。稳定采空区上方建设大型建（构）筑物，则存在产生二次沉降的风险。因此，沉陷区的开发建设必须应对长期的土地塌陷，以保障安全为第一要务，对永久性建筑作严格管控，考虑基础设施的合理建设。

（2）细品存量，分类施治

规划分析了现状各类灾害因素，将沉陷区内村庄建设用地分为5类，即正在受沉陷影响、已受沉陷影响、受水涝影响、受工业污染影响以及不受影响，根据危害程度有序搬迁居民。同时，结合环境修复和生态旅游发展，提出转化为旅游发展用地、临时建设用地和生态绿地三类用地更新模式。

规划充分考虑西部城区近现代煤矿工业文化的特点和现状工业质量，秉承“传承工业文化、高效利用工业建筑”的理念，提出拆除重建、综合功能提升和生态环境建设三种类型的更新模式。在沉陷影响范围以内，应避免新建永久性大荷载建筑，加强原有建（构）筑物的多样化利用。在沉陷影响范围以外，结合城市发展的需求，优化空间布局，明确建设用地的规模和土地指标投放重点，为项目落地打下坚实基础。

（3）补齐短板，品质提升

沉陷区的治理与淮南西部城区转型和城市宜居环境密切相关。规划从居民追求美好生活的角度识别城市功能短板，针对西部城区设施层级不均，体育、文化设施缺乏，绿色空间总量低、分布碎片化、可达性不足等问题，规划从交通体系、生活圈、绿道系统三方面提出构建城矿一体的支撑体系，并加强各类设施的建设引导。在道路系统方面，以现状路为基础强化与城市干路网的衔接，增设15m景观路加强山、城、湖、河的可进入性（图5）。在公共服务方面，结合存量用地改造，重点加强体育场地、文化活动、商业零售、特色餐饮以及公园广场的配置，形成“15分钟生活圈”（图6）。在游赏体验方面，通过绿道、风景道整合山、城、水的优势资源，构建淮河重要的生态体验和工矿文化旅游节点，塑造七大主题绿道，融入淮南全域旅游体系（图7）。

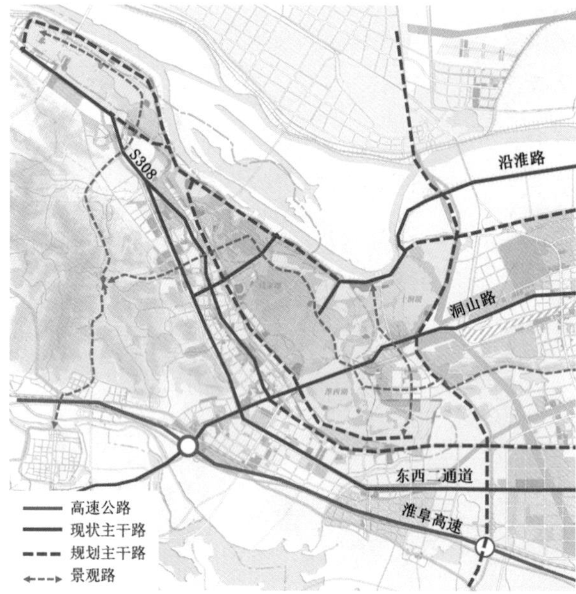

图5　道路交通规划图
Fig.5　Plan of road transport

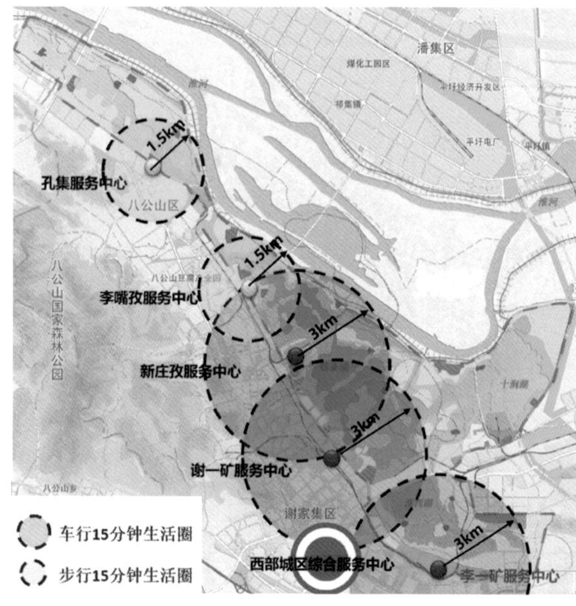

图6　公共服务设施规划图
Fig.6　Plan of public service facilities

图7　绿道系统规划图
Fig.7　Plan of greenway system

4 后记

首先，通过本项目淮南市政府统一了管理部门认识，整合了资源，有序推进了具体项目的实施。在规划编制过程中，规划范围内的谢家集采煤沉陷区进入国家第二批重点采煤沉陷区综合治理工程名单，并获得18.48亿元专项资金支持。项目组多次对接相关部门，通过市规划委员会统一了采煤沉陷区治理的目标和路径，在全市层面坚定了西部城区以采煤沉陷区治理推动城市转型的认识，落实了第二批重点采煤沉陷区综合治理工程实施方案，指导了后续项目的空间落位和深化设计。在规划公示之后，谢家集区编制了《谢家集区采煤沉陷区综合治理项目修建性详细规划》，包括李二矿、谢二矿、新谢矿详细规划，其他地块修建性详细规划也正在开展。

其次，通过本项目优化了国土空间规划方案。本项目方案纳入在编《淮南市国土空间总体规划（2020—2035年）》，强化了淮南市西部城区传统产业转型示范区和生态恢复示范区的定位目标，提出了退耕还湿和生态修复的引导，优化了公共设施、公园绿地、道路交通等设施配置，明确了受采煤沉陷影响的工业建筑和村庄的更新模式，以及居民搬迁意向。

再次，政府通过本项目明确了已收储用地未来的整治方向，明确了建设用地的规模和土地指标投放重点，为项目落地打下了基础。在规划范围内，政府已收储工矿用地3.9km^2，未来可作为建设用地使用的面积约1.5km^2，作为景观营造或复垦的用地面积约2.4km^2（表1）。

本项目规划建设用地共9.4km^2，其中包括5.8km^{2}的城镇建设用地和0.6km^{2}的村庄建设用地原址利用。沉陷区影响范围内需要腾退3km^{2}建设用地指标，并增补到沉陷区影响范围以外。另外，规划对现状村庄进行评定，以安全为底线，腾退2.5km^{2}的村庄建设用地作为复垦或游憩活动场地（表2）。

最后，采煤沉陷区生态治理是一项复杂、长期的系统工程，既涉及建设用地调整，也涉及替代产业规划和生态治理工程实施。本项目作为专项研究，重点是从城乡规划的角度探索资源枯竭型城市转型发展和生态文明背景下的采煤沉陷区治理新模式，从而打破各自为政的低效治理情况，统一认识和目标，制定近远结合的行动计划。因此，规划成效在短期内不易显现。同时，由于采煤沉陷区范围大、条件复杂，很多沉陷地区处于尚未稳沉的状态，因此，规划编制过程中涉及的土地、环保、生态、景观、工程等各方面具体问题，还需要结合具体项目深入研究。

规划范围内政府收储工矿用地一览表　表1

Overview of industrial and mining land with government purchase and storage within the planning scope　Tab.1

收储用地	用地条件	用地面积（hm^2）	土地利用意向
未建设用地	位于沉陷区影响范围以内	155.32	复垦、游憩活动场地
	位于沉陷区影响范围以外	10.06	城市建设用地
已建设用地	现状建设质量较好	99.65	改造现状厂房，置换用地属性
	现状建设质量较差	121.38	拆除重建
总计	—	386.41	—

现状与规划建设用地对比表　表2

Comparison between the status quo and the planning of construction land　Tab.2

		城市建设用地（km^2）	村庄建设用地（km^2）
现状	沉陷区影响范围以外	5.8	1.8
	沉陷区影响范围以内	3	1.3
	合计	8.8	3.1
规划	原址利用	5.8	0.6
	指标转化	3转化到沉陷区影响范围以外	腾退2.5
	合计	9.4	

04 折·叠——三亚“城市修补”解放路工作的辨与行

Folding & Superposition: Thinking and Practice in the “City Betterment and Ecological Restoration” of Jiefang Road, Sanya

项目信息

项目类型：“城市双修”

项目地点：海南省三亚市

项目规模：道路长度约425m，涉及改造建筑总面积约6.9万m^2

完成时间：2016年9月

委托单位：三亚市住房和城乡建设局

项目主要完成人员

主要参加人：周勇　郑进　何晓君　赵晅　康琳　吴晔　秦斌　王治　王丹江　莫晶晶　万操　张迪　邱敏　阚晓丹　戴鹭　王亚婧

执　笔　人：周勇　吴晔　孙书同　张迪　阚晓丹　王治　曲涛（翻译）

解放路示范段区位示意

Location of Jiefang Road demonstration section

项目简介

2015年4月，住房和城乡建设部将三亚市确定为全国首个“生态修复、城市修补”试点城市，中国城市规划设计研究院选派精兵强将，从总体规划到城市设计，到具体项目的施工图设计，再到施工现场的技术指导协调，全面配合三亚开展“生态修复、城市修补”工作。其中，三亚解放路综合环境建设项目就是上述系统工作兼具示范性、综合性的实施类示范项目。

解放路是三亚市最具特色的街道之一，是城市历史积淀、文脉延续的重要空间载体。这里活力最突出、功能最多样、交通最繁忙、人流最密集，因此也是城市中心区最体现市井生活、最贴近民生利益的街道，代表着三亚的城市形象、历史积淀、文化品位和环境特色。

示范段位于光明街至和平街段，道路长度约为 425m。涉及沿街现状建筑共11栋，包括商户119家、住户800余家，以及学校、银行、宾馆、电力局等多家企事业单位。建筑改造升级部分总建筑面积约为 69000m^2，涉及建筑立面约21000m^2，建设造价合计约为6555万元。道路环境升级部分包括道路、交通、景观、绿化、市政、照明等专项工程，总建设造价约为2100万元。

街道是城市的缩影，其形态围合、风貌积淀、权益博弈是影响人对城市主观印象的关键因素。通过三亚解放路项目的实践，技术团队提出“折·叠”的理念。“叠”为思辨，综合考量多方面影响要素，三思而后行；“折”为践行，锁定街道关键四要素，精准发力。

INTRODUCTION

In April 2015, the Ministry of Housing and Urban-Rural Development identified Sanya as the first pilot city of “City Betterment and Ecological Restoration” in China. The China Academy of Urban Planning and Design organized an expert team to fully cooperate with the Sanya municipal government to carry out the “City Betterment and Ecological Restoration” program in the city, covering the whole process from the urban master planning to urban design, to the construction drawing of specific projects, and then to technical guidance and coordination on the construction site. Among them, the Comprehensive Environmental Renovation Project of Jiefang Road in Sanya is an exemplary and comprehensive demonstration project of the above work.

Jiefang Road is one of the most distinctive streets in Sanya. It is an important spatial carrier of urban historical accumulation and cultural inheritance. There is the most prominent vitality, the most diverse functions, the busiest traffic, and the most concentrated flow of people over here. Therefore, it is the street that best reflects the folk life and is the closest to the people’s livelihood and interests in the city center, thus representing the urban identity, historical accumulation, cultural taste, and environmental features of Sanya.

The demonstration section ranges from Guangming Street to Heping Street, with a road length of about 425 meters. There are 11 buildings along the street, including 119 shops, more than 800 households, as well as school, bank, hotel, power bureau, and other enterprises and institutions. In terms of building restoration and upgrading, the total floor area is about 69,000 square meters, involving about 21,000 square meters of building facade, with the total construction cost of about 65.55 million yuan. In terms of road environment upgrading, it includes specific projects of road, transport, landscape, greening, municipal infrastructure, and lighting, with a total construction cost of about 21 million yuan.

Streets are the epitome of a city. The forms, landscapes, and related rights and interests of a street are key factors influencing people’s impression of a city. In this project, the technical team proposed the concept of “Folding & Superposition”. “Superposition” refers to thinking, in which various influencing factors are considered comprehensively and “thinking twice before acting” is emphasized; while “folding” refers to operation, which focuses on identifying key factors of streets and then taking targeted measures.

1 “折叠”城市

科幻小说《北京折叠》的场景设定在22世纪某年的北京，彼时，城市被极端地“折叠”为3个空间，彼此相互隔绝，不同阶层在其中的生存状态差距巨大。科幻情境中城市空间的绝对分隔是将“人物以群分”，追求安全、秩序和效率，无视情感交流和心理感受，与现实中功能主义主导下的现代城市空间异曲同工。

现实中，或多或少，我们的城市正在经历抑或已经遭受简单、粗暴的“折叠”。功能主义导向的城市规划建设，街道被用来无条件地保证机动车交通的速度和效率，而其作为城市公共空间所承担的人际交往、绿化景观等功能往往被忽略，或者被机械地限定于一隅，功能分区导致空间分离[1]。人们常常用“千城一面、一面千城”来概括城市风貌特征的含混不显，作为城市意象的重要媒介，街道的“形象打造”又常常爱走极端：要么无视地域特征、城市文脉，生搬硬套；要么沉迷历史，凭空复建“假古董”，风貌失序导致特色缺失。街道的规划建设常常以追逐政绩为核心、以权利审美为导向，迎宾大道往往光鲜亮丽，市井巷道却“灰头土脸”，公共权益难以得到切实保障，街巷有别导致品质差异。

面对现代城市中街道的种种“顽疾”，以往非此即彼地看待矛盾冲突，幻想一蹴而就地解决问题，势必会陷入头痛医头、脚痛医脚的窘境。在三亚解放路（示范段）综合环境建设项目中，技术团队提出“折・叠”的理念[2]：“叠”为技术思路，叠合空间、历史、社会多方面影响要素，综合考量，三思而后行；“折”为策略手法，锁定界面形态、风貌特色、公共权益三个方面进行研究，有的放矢，精准发力。

2 思辨

项目伊始，技术团队即认识到，解放路的“城市修补”工作绝不能仅仅局限于街道空间形态的织补，而应以系统、综合的视角审视现实中存在的一系列问题。因此，工作重在“叠合”，即以现状问题为导向，以建筑设计为切入点，识别相关专业问题，综合分析各影响要素，为解题提供理论依据和技术支撑。

2.1 叠・界面

（1）界面散乱：空间分离的功能

解放路最突出的问题是主要功能各自为政、相应区域泾渭分明，缺乏系统协调。首先，建筑室内空间与街道中其他功能区域缺乏必要的衔接和过渡，临近建筑界面的步行、绿化、交往等功能空间整体缺失，相应的街道家具小品、环卫设施严重不足、维护状况差，绿化景观面积零碎、形式单一。其次，沿街建筑界面参差不齐，凌乱无序；而就每幢建筑单体而言，各类功能构件与设备设施杂乱无章：遮阳、挡雨等热带气候的适应性措施以及常见的垂直绿化难觅踪影，建筑临街面是不折不扣的“平直光板”；空调室外机随意安装，且无格栅遮挡，空调冷凝水无组织随意滴溅到人行道上；外窗防盗网样式及材质各异，广告牌匾千奇百怪且尺度夸张，遮挡门窗洞口甚至整栋建筑。

（2）界面叠合：综合统筹、系统谋划

“街道，正是由于它周围的建筑物才构成街道，没有建筑物也就无所谓街道”①，建筑是围合街道空间的基本形态界面，是街道生活的舞台背景。因此，建筑设计理应与交通、景观、市政等不同专业的界面设计统筹考虑、互为补充，街道才可能生动、宜人[3]。综合、有机、整体的界面设计是塑造高品质街道空间的首要条件，比利时的圣尼古拉街（St. Nicholas Street, Belgium）

① RUDOFSKY. B. Streets for People［M］. New York, Van Nostrand Reinhold Company. 1969: 216.

在这方面不失为一个典型的案例。街道两侧的建筑百年间虽然经历不断地更新翻建，但建筑风格通过若干特定的母题和元素进行统一，规律、匀质而又不失变化；建筑底层的商铺通过檐廊向街道空间延展，布置了咖啡茶座的檐廊起到了空间过渡的作用，成为建筑室内外自然、柔和的缓冲；通过地面铺装在材质与色彩的巧妙搭配和变化，传统意义上的单一机动车道被细化成服务不同交通参与者的若干专属地带；根据业态功能，沿建筑界面相应增设了停车区、装卸区、绿化区、水景区等，甚至局部放大成为广场，形式丰富的艺术小品、城市家具与绿化水景巧妙结合，穿插布置其中，为人的交往活动提供了多样的场所。得益于一系列综合统筹、系统谋划的界面设计，圣尼古拉街成为市民和游客最为喜爱的城市露天客厅（图1）。

圣尼古拉街对于解放路项目的借鉴意义在于，对于街道空间中各种界面的处理，应做到观念上系统整体优于片面局部，方法上综合统筹优于条块分割。而建筑界面作为街道这一完整、统一、封闭的系统单元中的重要组成元素，理应在统筹协调不同界面要素方面发挥更为积极的作用[4]。

2.2 叠·历史

（1）历史断续：特色缺失的风貌

风貌含混导致的特色缺失是解放路面临的又一问题：沿街建筑风格芜杂，手法各异，对城市历史沿革、文脉积淀缺乏深刻的理解；另外，建筑色彩杂乱，选材随意，局部过于浓艳，对三亚“热带滨海旅游城市”的形象定位缺乏清醒认识（图2）。

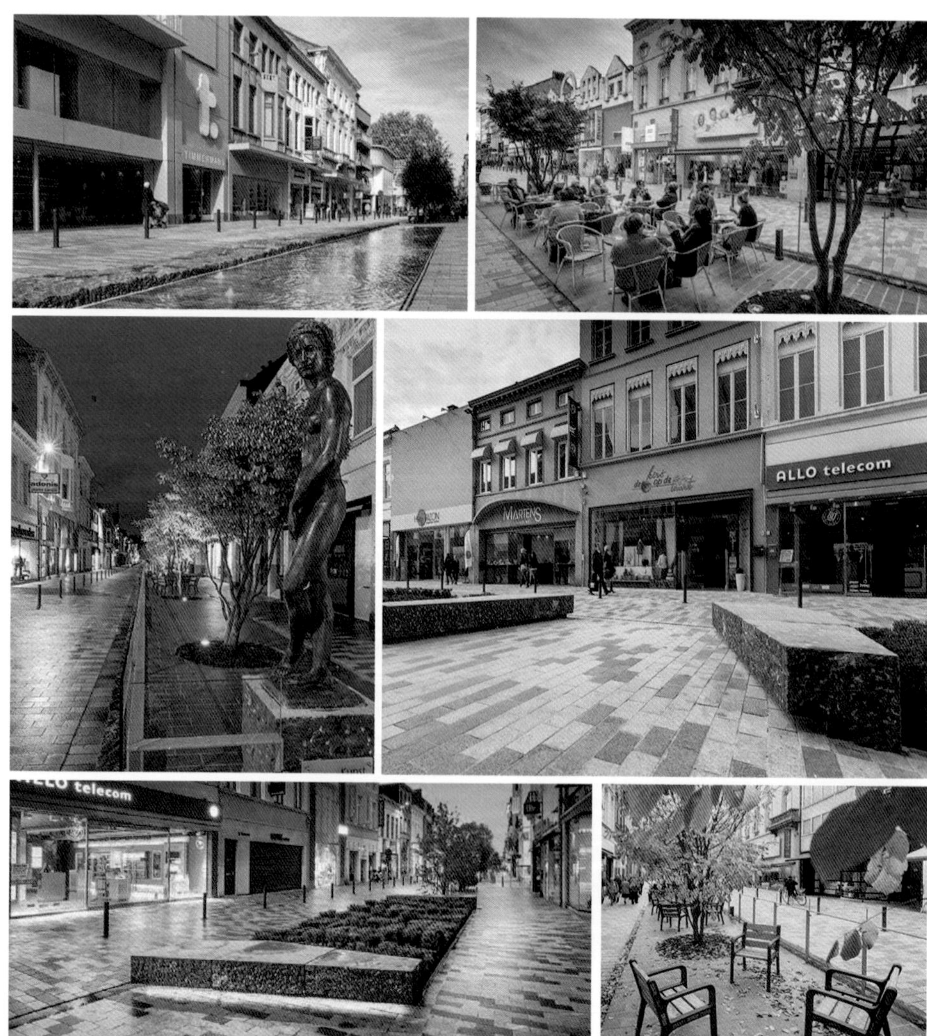

图1 比利时的圣尼古拉街
Fig.1 Stationsstraat Sint-Niklaas, Belgium

图2　解放路现状：风貌不显、特色缺失
Fig.2　Status quo of Jiefang Road: lack of distinctive streetscape and features

（2）历史叠合：内外兼修、形神兼备

街道是城市历史发展过程中风貌积淀的载体，特色风貌的塑造是基于对"当下"进行的价值判断以及对"未来"的设想，而这些设想恰恰不应忽略对"过去"的尊重。作为有着深厚历史积淀的城市传统片区，新加坡的牛车水（Chinatown, Singapore）经过多年的更新改造后又重拾活力，建筑风貌的重塑起到了关键作用。在牛车水的中心老街，经过精心整治，沿街建筑大多恢复或加建了经典的南洋骑楼形式，表达了对地方传统应有的尊重；建筑底层连续的檐廊为行人提供了遮阳挡雨的庇护，商业空间也相应得到扩展，经济实用；在保证原有建筑室内功能空间合理的前提下，新建建筑的设计风格均基于传统制式作适度精简，整体风貌协调统一、特色突出（图3）。

由新加坡的牛车水更新案例可知，解放路风貌特色的营造应从单纯追求表象审美向注重城市文化内涵转变。建筑风貌研究应深耕本土、继承创新，协调好新旧关系，同时做到得体为本、经济可行、技术合理。

2.3 叠 · 权益

（1）民生诉求：品质差异的街巷

相比于"中央公园""世纪广场"之类位置显赫、尺度宏大、环境优美的城市"精英空间"，承载着市井百态的寻常街巷可以说是城市的"平民空间"，其建设管理相对粗放松散，环境品质也相对粗陋低下，但因其与老百姓的日常生活联系紧密，因此社会关注度高、意见集中、矛盾突出。作为三亚"平民空间"的典型代表，解放路工作涉及方方面面的利益与诉求：社区居民希望生活环境提升、服务设施完善、城市管理更趋人性；沿街商户期盼商业价值提高、销售盈利增长、经营面积拓展，尤忌昼夜施工影响生意；而城市管理部门看重的是街道环境更新、整体形象升级、功能业态转型等。在之前解放路的一系列工程实施过程中，不同利益诉求的群体之间缺乏有效的沟通机制和平台，加上工期的拖沓和交叠，已使相关部门失信于民，业主商户、社区居民抵触情绪明显，项目实施一度举步维艰。

（2）诉求叠合：多边协同、共修共享

解放路环境问题的背后是林林总总、盘根错节的社会关系和矛盾冲突，如果无视不同群体的权益和诉求，一厢情愿地认为通过空间的整理、环境的美化解决所有问题，势必事倍功半。得益于设计单位在北川、玉树、舟曲等地灾后重建工作中累积的丰富经验，在项目设计实施的各阶段通过技术团队的统筹协调，以及政府部门、业主商户、社区居民

图3 新加坡牛车水建筑风貌
Fig.3 Architectural scape of Chinatown, Singapore

的共同努力，多边协同的工作机制有力保证了项目的有序推进。

综上所述，解放路的“修补”工作首先应做到思想观念上的转变：从专项局部，向系统整体转变；从追求表象审美，向注重文化内涵转变；从上传下达的说教，向多边协同的沟通转变。

3 践行

随着项目设计工作的推进深入，基于对空间形态、城市文脉、权益平衡等方面的思辨，技术团队的工作重心转向“折并”，即以目标定位为导向，逐项锁定控制要素，细化技术策略，做到界面共融、文化共生、社区共建，探索“城市修补”工作可推广、可复制的实践经验和组织模式。

3.1 折 · 界面：共融

在界面要素控制方面，技术团队力图突破街道规划设计传统模式在专业划分、设计对象方面的桎梏，促进不同类型界面的共融，实现“U形”空间的综合织补（图4）。

（1）立面地面一体化

作为街道空间最为重要的两个有形界面，建筑立面和街道地面的关系是密不可分的。因此，设计团队将如何协调二者关系作为工作重点，强化“U形”空间的系统连续性和整体识别性。在建筑风貌特色鲜明的前提下，地面设计整体做到“手法简衬繁”“风格现衬古”“色调冷衬暖”。从实施效果来看，经典传承的暖色调建筑立面与现代简洁的冷色调街道地面相映成趣。

（2）“平直光板”褶皱化

针对立面形态与功能设施的现状问题，设计通过挤压“平板”生成“褶皱”，兼顾空间层次的完善和功能设施的补充（图5），重塑建筑的“第二次轮廓线”①。沿街建筑界面通过引入或恢复地域经

① 芦原义信在《街道的美学》中认为，在日本的商业街道中，从招牌林立的外墙面上凸出来的东西非常多，从视觉上来说，决定街道的不是建筑的外墙，而是这些凸出物。因此，他将建筑本来的外观形态称为建筑的“第一次轮廓线”，把建筑外墙的凸出物和临时附加物所构成的形态称为建筑的“第二次轮廓线”，并认为日本等亚洲国家和地区街道则多由“第二次轮廓线”所决定。

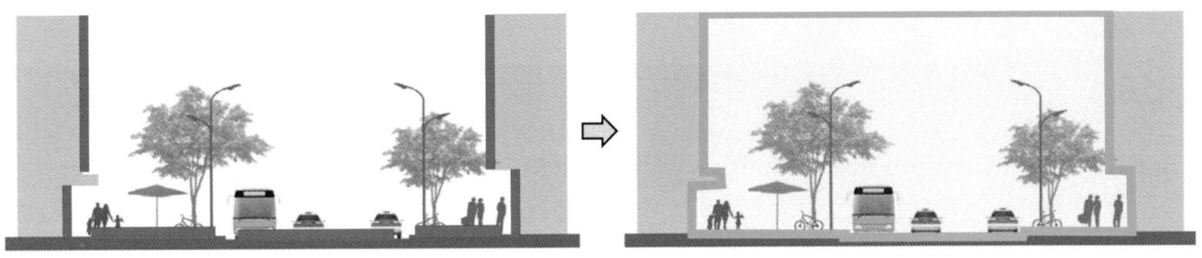

图4 界面叠合
Fig.4 Interface superposition

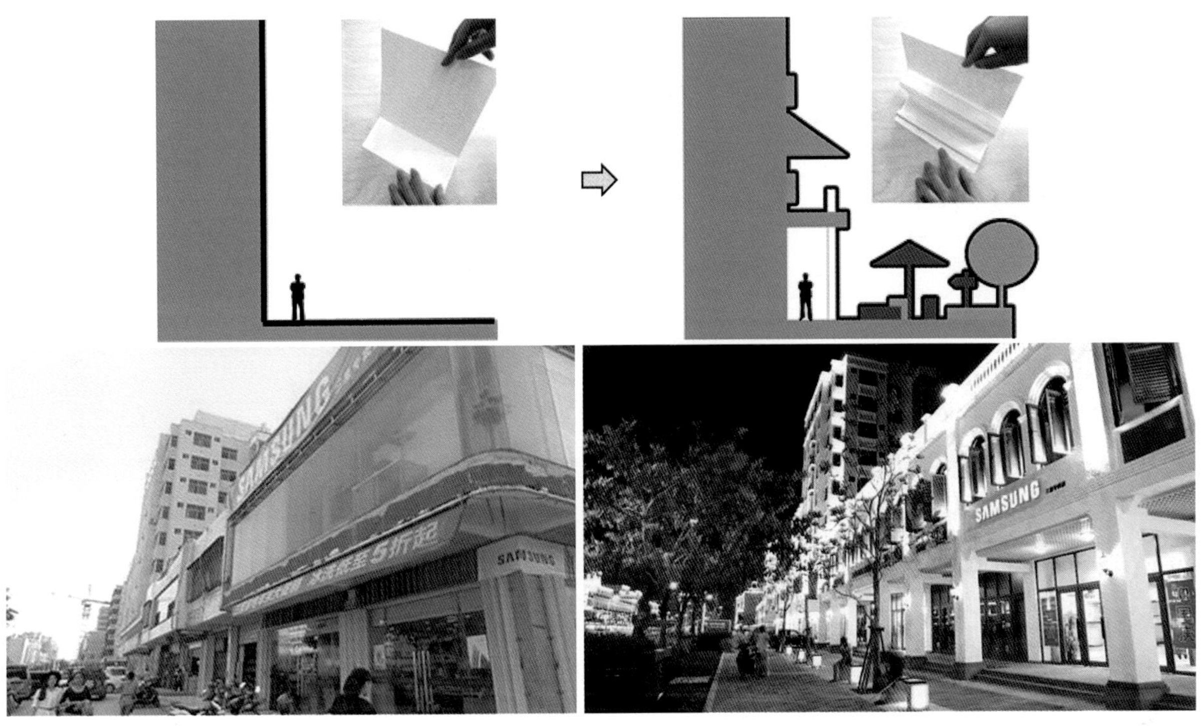

图5 立面平板褶皱化
Fig.5 Facade folding

典的骑楼形式，丰富空间层次，形成室内外空间良好的渗透和过渡；沿街建筑底层的连续灰空间可以遮阳挡雨，成为人性化的慢行空间和交往空间。结合骑楼的装饰性细部构件，增设空调机位和冷凝水管、规范店招广告、统一防盗网样式，安装花箱置架、遮阳格栅，解决原有建筑界面秩序杂乱无章问题，同时补足绿化、防盗、遮阳等实用功能。

（3）“单一大板”区域化

原有人行道的“单一大板”被细分为若干专属功能地带：城市服务带承载机动车地库出入口、非机动车停车区、行道树、路灯电线杆、通风井等不可移动的市政设施，常规通行带保证步行者不受干扰地通行往来，慢行休闲带则满足旅游和购物人群的游憩需求。各专属功能地带通过地面材质的组合、铺装纹样的变化加以限定，整体效果上与建筑立面协调统一。此外，追求人本的细节刻画保证了各专属功能带应有的环境质量，如城市服务带中体现“海绵”理念的生态滞留池、带有项目专属logo的树池篦子，常规通行带中信息全面丰富的标识导引牌，慢行休闲带中精心布置的家具小品等（图6）。

3.2 折·文化：共生

城市文脉的传承创新，并非只是一句简单的口

图6　平面大板区域化
Fig.6　Zoning of the horizontal plane

号。解放路的设计实践重点解决两个问题，即怎样协调“新”（加建部分）与“旧”（原有建筑）的风格差别，以及如何弥合“小”（小巧骑楼）与“大”（高大体量）的尺度差异。技术团队提出“文化折并”设计策略，将传统与现代元素巧妙结合并大胆创新，打造富有时代精神与地域特色的“新三亚骑楼风”。

（1）建筑风格新旧协调

民国时期的三亚港骑楼林立、商铺栉比，曾享有“小香港”的美誉。今天，骑楼已经成为三亚地域建筑文化重要组成部分，是城市历史记忆的鲜活载体。因此，重点围绕三亚崖州古城的传统骑楼遗存开展调研，技术团队收集了海量的书籍、影像和图纸资料，整理出较为常见的骑楼立面和构件素材图库，在充分理解消化的基础上，力图准确把握地方营建传统精髓（图7）。与广东、广西、福建以及新加坡等地区的骑楼建筑相比，以崖州古城为代表的传统骑楼有其自身特点[4]：一是体量较小，尺度宜人，装饰简洁，重点突出；二是中部腰身融合西洋风格与海南本土元素形成了复合多元的装饰风格，重点集中在檐口、窗洞口周边；三是顶部女儿墙多镂空或开洞处理，装饰细节突出，有效减少风压，适应当地台风气候。此外，色彩和材质的经典搭配，也充分体现了热带滨海城市的地域特征：以素色为主色系，如白色、浅黄色等，局部出现跳跃色，如木色、灰色、红色、黄色等；材料多就地取材、经济实用，外饰面以抹灰为主，石材较少[5]。

立足于三亚本土建筑传统研究，建筑风貌大胆传承创新，总体遵循“形式源自功能，风格源自传统”。一是简化传统骑楼繁复的主题浮雕和装饰线脚，保留经典的比例和形制，色彩上以崖州骑楼特有的象牙白和米黄色为组合主色调，木色、灰色为辅助色调，色彩统一且富有变化。二是紧密结合城市设计的研究导向，利用传统建筑元素强化城市重要空间节点的标志作用，如在示范段北段、正对凤凰岛头位置的光明街路口，结合原有建筑条件增设钟楼，其高耸的体量暗示了街道空间的起承变化；三是根据现状功能业态，酌情灵活调整改造措施，切实践行“高品位、讲实用、能承受”的设计原则（图8）。

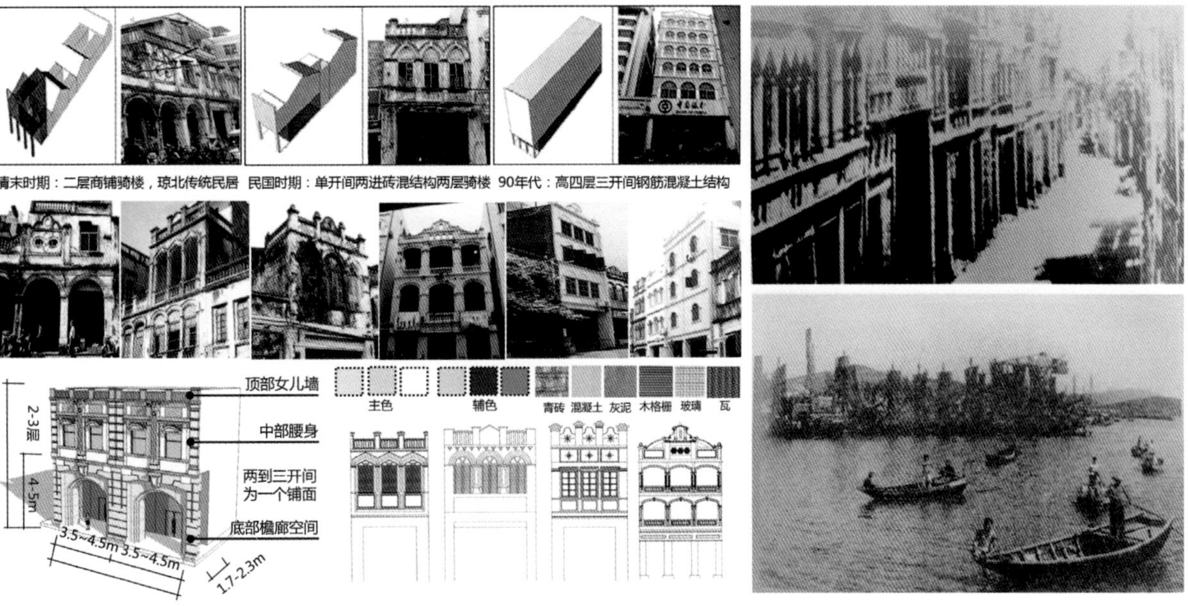

图7　三亚地区骑楼传统建筑研究

Fig.7　Research on traditional arcade buildings in Sanya

图8　新三亚骑楼风

Fig.8　New arcade style in Sanya

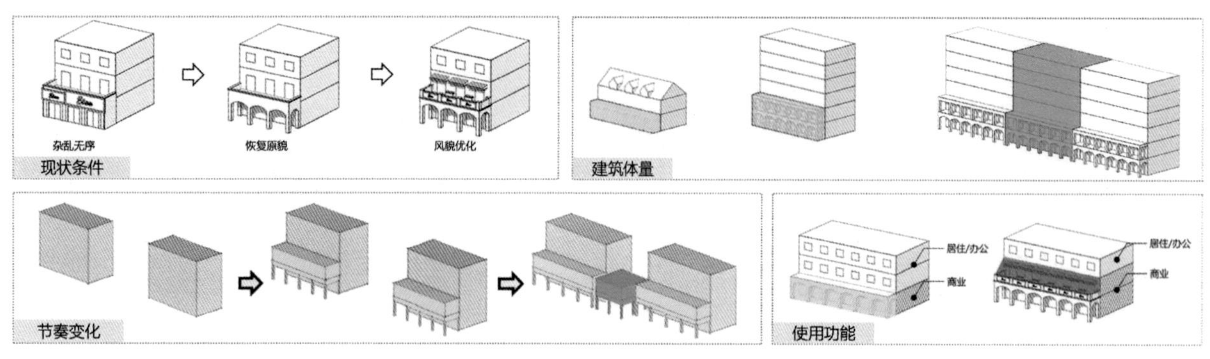

图9　建筑立面分段处理
Fig.9　Sectional treatment of building facade

（2）建筑体量大小弥合

低矮小巧的骑楼元素如何与庞大体量的既有建筑有机结合，是项目技术团队面临的另一个难题。设计充分考虑现状建筑的形体特征和改造条件，竖向分层处理、重点突出，水平分段处理、节奏分明。示范段的“海南六建”为一幢典型的高层建筑，体量巨大、细节缺失；沿街建筑界面改造采用分层处理的策略：重点刻画建筑底层、行人视域范围内的界面，结合原有建筑挑檐巧妙地改造成两层骑楼元素，三层以上部分则简化处理，适当增加装饰线脚，照应底层的骑楼风格。“三亚一小”的沿街立面超长，开窗形式单一，改造设计采用水平分段处理的策略，通过骑楼母题的重复和装饰元素的变化，形成丰富韵律感和节奏感，营造生动的沿街建筑界面（图9）。

3.3 折·关系：共建

项目各相关群体权益的平衡与矛盾的调和是解放路工作面临的又一挑战，对于技术团队来说是综合素质的考验，对于“城市修补”来说又是工作机制的创新。如前文所述，得益于以往丰富的项目统筹经验，技术团队协调各方共同搭建一个开放、透明、公正、高效的沟通平台和协同机制，保证项目顺利推进。

（1）上下协同、推动实施

技术工作之外，项目组成员起到了承上启下的媒介作用：一方面与行政主管部门充分技术沟通，结合“城市修补”的全新理念，加深对现实问题的理解和认识，运筹帷幄；另一方面，多方动员、积极组织群众技术宣介，了解普通百姓的诉求和心声，提高社区居民觉悟水平，合理施治（图10）。对于原本位于和平街上的“品汤居”砂锅米线店，正是因为店主碰巧参加了项目团队协同社区组织的现场方案沟通会，意识到街道整体环境品质对店铺商业价值提升的重要性，主动由和平街迁至解放路示范段。

本职工作之外，履行好统筹监督职责，协调参与项目的多个技术单位共同解决技术问题，保证工期计划。在施工过程中，部分业主一度抵触情绪明显，阻挠现场作业。技术团队会同社区、施工、监理等人员逐户摸排问题、面对面沟通解决，主动化解矛盾。“打铁豆花”商铺的店招深化设计便是一个典型的例子：考虑到该店铺位置的特殊性和店招更换的可能性，在遵循广告标识整体设计原则的前提下，设计团队反复调整、优化设计方案，最终得到店主的充分认可和赞许。

（2）搭建平台，部门联动

解放路的综合环境整治工作，其内容涉及规划、建筑、景观、交通、市政多个专业，面对这样一个庞杂、系统的工程，“行政统筹负责、技术协同对接”的工作模式是基本前提。

解放路技术团队由三亚现场工作组和北京后方工作组构成：现场工作组负责沟通各责任部门和权益群体，凝聚社会共识，强化示范效应；后方工作组负责统筹整体工作计划和专业分工，梳理技术思路，深化设计方案。两个工作组分工明确、各有侧重、密切配合，共同为“城市修补”工作提供平台支撑，充分体现组织模式上的创新（图11）。

（3）责任落实、长效监督

科学、健全的管理制度是延续高品质城市环境空间的重要保证，在项目后期，设计团队及时跟踪、引导建筑风貌管控，重点围绕三亚中心城区新建、改建项目提出合理化建议，提倡建筑风貌体现自然人文特色，建筑形态协调山水林田环境，管理维护定期足量及时到位，保证城市建筑的文化内涵、艺术品位、合宜身份和健康形象。

图10　上下协调、共修共建

Fig.10　Overall coordination and joint construction

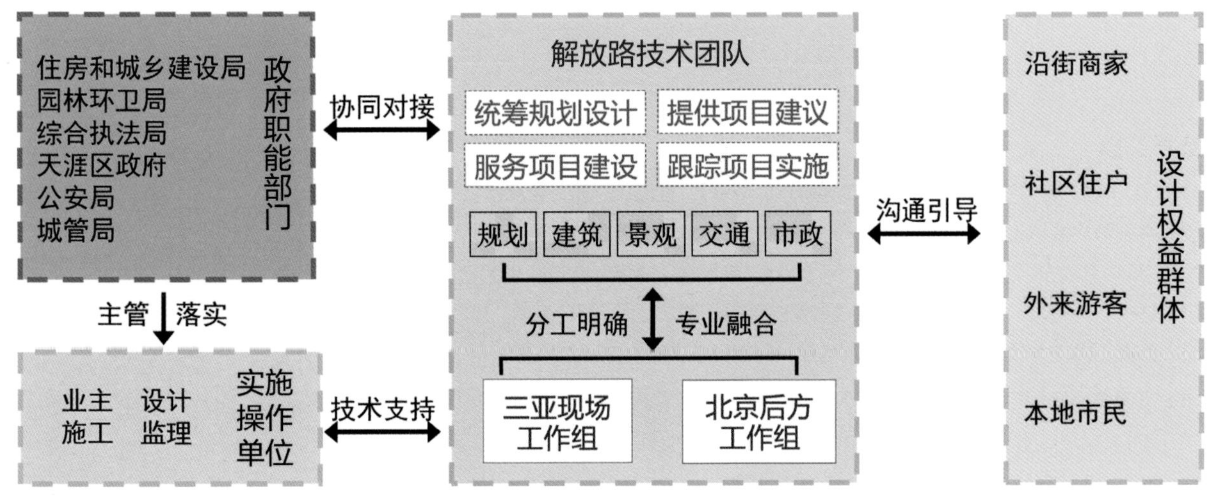

图11　解放路项目工作框架

Fig.11　Working framework of Jiefang Road project

4 结语

“折”与“叠”既是对街道中各种复杂要素的辩证思考与综合统筹，也是对城市中多种矛盾关系的整理修复与融合重构；既是物质空间的修补，也是城市功能、社会文化、公共服务等软实力的提升。这就要求建筑设计及相关专业在观念上和实践上的双重转变，用综合性、系统性的多维视角，重新审视新时期我国城市街道提质的基本思路与工作方法（图12）：一是城市空间共融，“折叠”街道的物质界面，系统梳理、逐一突破；二是城市文化共生，“折叠”街道的历史文脉，内外兼修、形神兼备；三是城市关系共建，“折叠”街道的权益诉求，多方协同、有序推进。

共融、共生、共建，体现了“城市修补”的精神内涵[6]，即注重城市形态修整与环境提质相结合，注重城市文脉延续与风貌塑造相结合，注重城市功能完善与人本关怀相结合，注重城市权益公正与制度完善相结合。从这个角度来看，解放路工作是我国城市发展转型背景下街道回归人本的一次有益尝试，希望通过本次三亚的探索和实践，让我们的城市环境宜居、特色鲜明、以人为本、和谐共处（图13）。

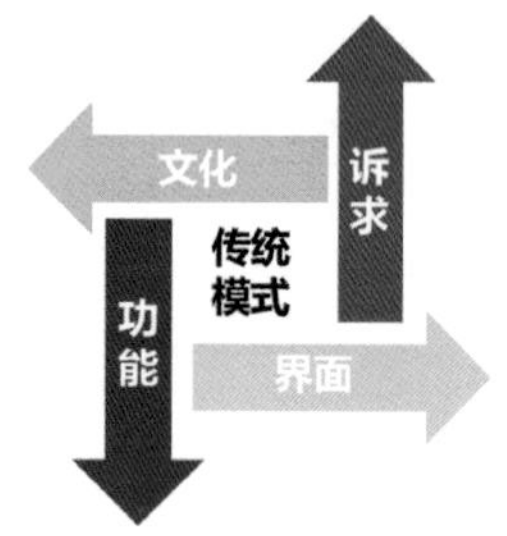

图12　另一种折叠：“城市修补”
Fig.12　The other kind of folding: urban repair

图13　解放路改造前后效果对比
Fig.13　Comparison of Jiefang Road before and after renovation

参考文献

[1]（加）简·雅各布斯．美国大城市的死与生［M］．金衡山，译．南京：译林出版社，2006.
[2] 中国城市规划设计研究院．三亚市解放路（示范段）综合环境整治［R］．2016.
[3]（英）克利夫·芒福汀．街道与广场［M］．张永刚，等译．北京：中国建筑工业出版社，2004.
[4] 陈琳，吴晓宏．三亚崖城骑楼老街的保护更新研究［J］．明日风尚，2016（8）353-354.
[5] 陈潇．海口骑楼建筑研究［D］．南京：南京工业大学，2013.
[6] 中国城市规划设计研究院．三亚市生态修复城市修补总体规划［R］．2016.

05 泉州古城“双修”中山路（庄府巷—涂门街）综合整治提升

“City Betterment and Ecological Restoration” in Quanzhou Ancient City: Comprehensive Renovation and Improvement of Zhongshan Road (Zhuangfu Alley-Tumen Street)

项目信息

项目类型：城市更新、历史文化街区保护
项目地点：福建省泉州市
项目规模：中山路2.5km，示范段240m
完成时间：2018年12月
获奖情况：中国城市规划协会2019年度优秀城市规划设计奖二等奖，2019—2020中国建筑学会建筑设计奖“历史文化保护传承创新专项”二等奖
委托单位：泉州古城发展有限公司

项目主要完成人员

主要参加人：周勇　李慧宁　徐萌　葛钰　黄华伟　郑姿　吴潇逸　钟东云
执　笔　人：周勇　李慧宁　徐萌　葛钰

修缮后的泉州中山路建筑街景
Architectural scape of Zhongshan Road after renovation

项目简介

党的十八大以来，习近平总书记对文化遗产保护高度重视，历史文化遗产保护上升到国家战略高度。2020年，“宋元中国的世界海洋商贸中心”申报世界文化遗产，泉州古城申报世界文化遗产重任在肩。进入2000年后，中山路先后经历了3轮整治，但均未能达到系统思维下的综合提升效果，泉州古城申遗对人居环境品质提出新要求。

中山路历史文化街区作为国家级历史文化街区，以红砖、水刷石形成的连续骑楼空间成为泉州记忆最有标志性的缩影，其保护与更新提升工作兼具复杂性和长期性，多专业技术团队应运而生。中山路的综合提升以古城的系统提升作为前提，规划先行，编制古城多专业专项规划。以本地传统风貌与建筑的保护作为基础，在骑楼修缮、交通梳理、街景营造、市政提升、夜景照明、“海绵”措施多个方面对中山路“U形”空间开展综合施治。

INTRODUCTION

Since the 18th CPC National Congress, Secretary-General Xi Jinping has attached great importance to the protection of cultural heritage, and the protection of historic and cultural heritage has risen to the height of national strategy. In 2020, “Quanzhou: Emporium of the World in Song-Yuan China” will apply for the world cultural heritage, in which Quanzhou Ancient City plays a crucial role. Since 2000, Zhongshan Road has undergone three rounds of renovation, but the results are not satisfactory. The application of Quanzhou Ancient City for world cultural heritage puts forward new requirements for the quality of human settlements in the city.

Zhongshan Road in the Quanzhou Ancient City is a state-level historic and cultural area. The continuous arcade space formed by red brick and granitic plaster has become the most iconic miniature of Quanzhou. The protection and regeneration of it is complex and long-term, so a multi-disciplinary technical team is set up. The comprehensive improvement of Zhongshan Road takes the systematic improvement of the ancient city as its priority, and a multi-disciplinary specialized plan of the ancient city is compiled first of all. Based on the protection of traditional local landscape and buildings, the comprehensive improvement of the U-shaped space of Zhongshan Road is carried out in the aspects of repair of arcades, management of transport, creation of streetscape, improvement of municipal infrastructure, lighting of night scenes, and adoption of sponge city-oriented measures.

1 规划背景

1.1 历史文化遗产保护上升到国家战略高度

党的十八大以来，习近平总书记对文化遗产保护高度重视，并就文化遗产保护作出重要指示、批示。党的十九大将“加强文物保护利用和文化遗产保护传承”作为坚定文化自信的一个部分写进报告中。习近平总书记在各种场合反复强调文化遗产保护利用和传承优秀传统文化的重要意义，指出要让收藏在博物馆里的文物、陈列在广阔大地上的遗产、书写在古籍里的文字都“活”起来，努力走出一条符合国情的文物保护利用之路。十八届五中全会提出了创新、协调、绿色、开放、共享的发展理念，《国民经济和社会发展第十三个五年规划纲要》提出要“构建中华优秀传统文化传承体系，加强文化遗产保护，振兴传统工艺”。《国务院关于进一步加强文物工作的指导意见》《关于加快构建现代公共文化服务体系的实施意见》《国家基本公共文化服务指导标准（2015—2020年）》等文件先后出台，对加强文化遗产保护与传承利用、构建公共文化服务体系进行了战略规划，进一步明确了目标、任务、路线图和时间节点；同时，也对科技创新引领文化遗产保护与公共文化服务事业发展提出了明确要求。

泉州中山路位于泉州古城核心区，自宋代起便是古城重要的南北通衢，北连古城靠山——清源山，南至宋元时期第一大港——泉州港，可谓“古城之脊”。中山路两侧为二层联排式骑楼商业街，特色鲜明、价值突出，既是中国历史文化名街，也是第一批中国历史文化街区。同时，中山路是泉州一个极具代表性的文化符号，承载了泉州的商脉、文脉，特别是骑楼建筑，更体现了中西方建筑文化的相互交流、碰撞与融合，体现了泉州人拼搏奋斗、爱国爱乡和包容开放的精神，是古城人民和海外侨亲记忆乡愁之所系。

1.2 泉州古城申报世界文化遗产重任在肩

2020年，“宋元中国的世界海洋商贸中心”申报世界文化遗产，泉州在10～14世纪高度繁荣的世界海洋贸易网络中，作为宋元中国与世界的对话窗口，展现了中国完备的海洋贸易制度体系、发达的经济水平以及多元包容的文化态度。泉州申遗项目的整组遗迹多维度地支撑与体现了“宋元中国的世界海洋商贸中心”这一价值主题，包括九日山祈风石刻、真武庙、天后宫等22个遗产点。其中，泉州府文庙、开元寺、清净寺、天后宫、德济门遗址、市舶司和南外宗正司遗址共7处申遗点均位于中山路。

作为贯穿古城南北的中山路，是“最泉州”的文化展示主轴。中山路最南侧申遗点德济门遗址始建于南宋，是泉州古城中唯一保留下来的古城门遗址，宋元时船舶来货和外销产品大多通过德济门进出泉州城，见证了泉州宋元时期海洋贸易的繁华景象。中山路串联的最北侧申遗点开元寺是福建省规模最大的佛教寺院，宋代大理学家朱熹曾经以“此地古称佛国，满街都是圣人”作为评价，足以见开元寺佛教文化地位。中山路作为串联申遗点的南北文化轴带，对泉州古城申遗的意义不言而喻。

1.3 泉州古城申遗对人居环境品质提出新要求

进入2000年后，中山路先后经历了3轮整治，历次整治均以不同视角下的单一问题为导向，未能达到系统思维下的综合提升效果。随着人口的不断增长，泉州的老城区难以满足日益增长的政治、经济、文化和生活需求。一方面，在“东进西拓、南下北上”的发展策略引导下，东海、城东、桥南、城北等新区正发生着日新月异的变化。尽管老城区在教育、娱乐、商超、医疗等方面具有一定优势，相关配套齐全，然而，繁华的背后，老城区交通拥挤、人员密集，居住环境难与新城区媲美，不少老城居民向新区迁移，老城的人口面临流失，活力面临下降。中山路作为唯一贯通古城南北的功能主轴、交通主轴，却面临越来越多棘手的问题。骑楼建筑亟待修缮，底层商业店面风貌缺乏管控引导，街道商业街活力逐渐衰落，也正是老城困境的缩影。

保护好中山路这一古城申遗的重要纽带，就是保护泉州的“地标”。中山路蕴藏着泉州深厚的历史文化，而建筑成为过往岁月的承载物。如今，褪去了“黄金商圈”的光环，中山路传统商业日渐式微、骑楼建筑基础设施落后等问题凸显，老街区的保护和利用成了关键问题。作为国家级历史文化街区，中山路历史文化街区的保护和更新方式亟待创新，摒弃传统“刷牙洗脸”的表皮更新，要求通过街道的更新为街区注入持续的生命力，真正做到“留形留人留乡愁，见人见物见生活”，通过整体性保护、植入新业态，让老街古巷焕发生机。

2 项目构思

2.1 目标导向建立共识

中山路历史文化街区作为国家级的历史文化街区，其保护与更新提升工作具有极强的复杂性和长期性。这决定了此项工作必然是由多专业技术团队共同完成。因此，在保护更新工作的方案阶段，就必须将此次保护更新工作的底线、保护更新的模式、保护更新的价值和意义进行明确，确保多方能够达成统一共识。

以《泉州历史文化名城保护规划》《中山路历史文化街区保护规划》《全国重点文物保护单位——泉州府文庙保护规划》为刚性引领，严格落实各级保护规划中的相关条例及要求是街区保护更新工作的底线。通过对各级保护规划，特别是对中山路历史文化街区保护规划的解读，明确中山路在保护过程中的重点和难点，以保护沿街两侧骑楼建筑作为首要目标，街道景观、地下管线、夜景照明等专业的提升必须以保护建筑主体及基础安全为重要前提。

以骑楼建筑作为保护更新的首要目标，也从技术层面间接明确了街区整体的保护与更新应当采取有机更新的模式，采取小规模、渐进式的更新思路，避免大拆大建、避免“拆真建假”的暴力更新模式。结合现状的使用情况来看，中山路历史文化街区中仍有大量老城居民生活于此，今天中山路依旧承担着老城重要的商业休闲功能，有机更新的模式同样有利于保障老城居民的日常生活不受剧烈影响。

同过去中山路经历的“刷牙洗脸”式的整治有所区别，此次中山路的保护更新要从传统的“一层皮”整治向街区的纵深进行延伸，结合市政提升、房屋修缮、交通改善切实提升老城居民的生活环境与品质。从表皮延伸至房屋，从街巷延伸至院落，从环境的改善延伸到街道各项消防、排污等一系列功能的完善和提升。

探索多维度的公众参与方式，将历史街区的保护更新与居民、商户以及全社会建立更加深层的关联，形成一个开放的项目平台。项目平台一方面发挥民意收集及反馈的作用，将大家对美好生活的向往与街区的保护更新相结合；另一方面发挥社会舆论的监督作用，通过开放包容的态度，让古城居民看到历史街区保护工作的价值与效果。

2.2 问题导向明确要素

中山路于2015年被列入国家级历史文化街区，在街区价值得到充分肯定的同时也面临着困境：一方面，街区保护要求高、系统性强、骑楼建筑保护技术难度大等因素决定了这项工作挑战的艰巨性；另一方面，随着时间的推移，骑楼的使用安全、街道环境的杂乱无章、市政管线的老旧破损等深层问题逐渐暴露，简单的“刷牙洗脸”已经无法缓解古城空间品质低下的困境，因此针对这一系列的问题，提出有针对性的策略也是工作开展思路的另一个组成方面。

骑楼作为中山路风貌的核心组成部分，多数建筑质量尚可，骑楼立面三段式的分层清晰，骑楼空间连续通畅，但由于骑楼产权多以私产为主，其立面在日常维护、立面材质、设施管线等方面缺乏协调，其立面品质高低不一，现状呈现出杂乱无章的视觉感受。其中，由于外立面管线裸露、老化，存在严重的安全隐患，仅2016年便发生6次火灾，严重威胁到骑楼建筑和百姓的生命财产安全。

作为快慢通行的主要空间，中山路的道路断面在最近一次整治中以沥青为主材，形成了双向单车道的人、非机动车、机动车混行的混乱情况。在飞驰而过的非机动车中，行人路权未能得到保障，整条街道的通行秩序混乱，通行安全隐患严重。同时，作为重要的商业脊梁，中山路并未呈现出足够的商业街道氛围，道路敷设材质不协调，沿街城市家具、街道设施短板严重。

历次中山路整治中均未涉及地下市政管线内容，由于建设年代久远，地下管线的老化成为必然，主街全线采用雨污合流方式，两侧排污方式仍采用传统直排方式，街道环境堪忧。同时，电力通信线路交错且老化严重，安全隐患严重。火灾频发也从另一个角度提醒街区消防措施的薄弱。

3 主要内容

3.1 规划先行：编制古城多专业专项规划

中山路作为古城脊梁，其功能不单纯体现在街区的建筑风貌方面，而是对古城的交通系统、市政系统、业态布局等多个方面有着至关重要的影响。而交通、市政、业态往往又具有系统性强的特征，这就要求我们的技术工作上升到古城的系统高度，简而言之，中山路的综合提升必须以古城的系统提升作为前提。

因此，在项目初期同步开展了泉州古城范围的区域交通研究、古城市政专项规划、古城及中山路业态策划等系列专项规划和研究。在工作组织上采用古城专项团队与中山路综合团队同步推进的方式，及时对不同尺度下的专业问题进行充分沟通和交流。

3.2 骑楼修缮：最大限度还原中山路真实历史风貌

（1）落实上位规划分级分类改善

根据《中山路历史文化街区保护规划》中建筑风貌分类及相应整治措施，以及《全国重点文物保护单位——泉州府文庙保护规划》对建筑风貌和高度进行严格控制。根据建筑的保护等级、风貌价值以及所在位置的重要程度划定建筑等级，确定更新重点。将中山路示范段两侧骑楼建筑根据整治分类等级明确为四类，包括以立面修缮为主的历史建筑，以细节提升、风貌恢复、加固修补为主的传统风貌建筑。根据不同的改造力度制定相应的修缮、改造措施。其中，包括恢复破损立面、恢复传统材质样式的门窗、拆除私搭乱建及现代风格立面装饰物、隐蔽管线和空调室外机以及对破损严重的立面进行局部修复（图1）。

（2）运用原真材料和传统工法恢复骑楼风貌

通过查阅历史相关资料、收集不同时期中山路老旧照片以及对现状建筑外立面部分现代建筑构件的拆除，研究骑楼本真样貌，建立中山路建筑风貌库（图2）。通过结合研究成果和现状使用功能将骑楼建筑分为风貌层与店招层，并采用分层施策的方式进行针对性提升。

风貌层是骑楼风貌的核心部分，结合沿线建筑的保护等级，按历史上骑楼三段式的分段特征进行结构恢复，包括底段的柱式选择、中段的墙面材料和门窗样式以及上段的檐口收头方式等。在此基础上，对建筑细部如立面丰富的线脚装饰、门窗样式及墙面装饰进行精雕细琢。每一个墙面装饰都是由

图1　修缮前后的中山路骑楼建筑

Fig.1　Comparison of Zhongshan road Arcade building before and after renovation

图2　构建中山路建筑风貌库

Fig.2　Establishing a database for Zhongshan Road architectural styles and features

图3 传统工匠对建筑细部进行精雕细琢
Fig.3 Refinement of traditional craftsmen on architectural details

传统工匠进行单独加工、人工彩绘，保证建筑细部经得起推敲（图3）。

店招层是骑楼底商功能的空间载体，由于街道两侧产权情况复杂，多以私产为主，各家店面的装修风格各异。因此，个性化的需求与街道整体风貌的协调成了设计重点。通过对福建地区传统建筑材料的系统梳理，找到对应传统风格、现代风格以及新中式等多种风格的材质库和店招形式，通过归类、组合的方式形成正负面清单，并依次最终形成店招装修材料、店招样式风格的菜单式选项以对应不同的业态经营类型，由商家自行选择，政府统一实施。

（3）开放多方参与形式共同缔造骑楼老街

骑楼建筑风貌的恢复事关重大。为了确保修缮工作准确、严谨，在方案初期与深化过程中多次征求各方专家意见，并对立面修缮方案跟踪完善。在工程实施阶段前期，通过与本地熟悉传统工艺的匠人进行讨论，梳理改造内容，明确施工细节，推动方案在施工阶段的二次深化和调整工作。

（4）参与骑楼保护技术导则与管理办法编制

为确保中山路骑楼的研究成果和修缮工作成果可以在更长的时间维度中发挥可持续价值，项目组参与了骑楼保护相关技术条例的编制和审定工作，将方案研究过程中对中山路骑楼建筑的认识和价值进行总结；对骑楼修缮、建造的技术难点进行梳理；结合修缮前建筑立面存在的问题明确骑楼立面管控层面的重点要素和管控要求，在多方的共同讨论下，项目组建议应当将中山路两侧骑楼建筑的保护与利用上升到立法高度，确保历史文化街区的保护工作有法可依。

3.3 交通梳理：打造以步行为主的历史文化商业街

现状道路存在非机动车乱停、临街摆摊和生活设施随意摆放的情况，占用较多道路资源，压缩非机动车和行人通行空间。街道品质较低，缺乏公共设施，步行体验较差。

（1）区域统筹组织，调整交通模式

针对历史文化街区保护规划中特别提出的“维持街区目前的商业氛围，街区北段应以步行为主，结合电瓶车和公交车服务”的要求和周边路网情况，结合本次改造提升目标，采取“过境交通逐层疏解、内部交通限行限速”的策略，对中山路提出示范段全面步行化要求，对分时管控措施与机动车、非机动车绕行线路和绕行线路机动车通行承载力进行了研究，并设置非机动车临时停放点。

（2）细化道路断面，完善空间功能

对各种类型道路功能进行梳理，将道路资源进行合理分配。按各种类型交通需求，布置各类交通设施。通过对机动车、非机动车限行及压缩原机动车道宽度，增加行人空间和综合设施带宽度，保障行人通行、休憩和活动空间（图4）。

图4 挖掘场所价值，打造以步行为主的历史文化商业街
Fig.4 Excavate the site value and build a historical and cultural commercial street dominated by walking

（3）提升街道景观，重塑街巷空间

根据古城建筑风貌对改造路面进行改造，整合和完善街面绿化，增加行人休憩和活动空间，改善公共活动空间，完善配套设施。

3.4 街景营造：挖掘场所价值，引入文化活力

中山路景观环境文化失色，与两侧历史街巷、历史文化节点的联系不足。行道树遮掩两侧建筑立面，影响建筑室内采光。小叶榕根系较发达导致路面破坏，存在影响建筑地基及地下市政设施的可能性。

（1）强化文化主题，植入特色元素

挖掘片区主要文化资源，作为核心景观节点，如府文庙、黄氏宗祠等，植入具有泉州传统特色的文化元素，引入文化活力。可将地面铺装与导视系统结合，展示历史文化信息，丰富人行街道体验。

（2）绿植替换，丰富绿化层次

移走不宜栽植的乔木，放置树箱种植观赏性及提供荫蔽的灌木，以丰富街道的绿化层次。

（3）引入管控机制，维护高品质街道环境

依旅游规模及城市安全所需，中山路设置可与相关公安部门合作的监控系统，采隐藏式、节能、智能化装置类型。对外摆经营区进行统一的配置和管理，以避免随意设置外摆区占用人行空间，提升外摆区环境品质。

3.5 市政提升：消除安全隐患，改善民生

建筑现状立面附属设施杂乱无章，管线裸露，影响建筑风貌，造成安全隐患，导致火灾发生。采用的雨污合流排水系统是造成城市水环境污染主因，降低片区环境品质。

（1）雨污分流，补充完善污水系统

结合上位规划要求，增设打锡街污水管。更换建筑污水出口位置，改接入市政污水管，完善中山路污水系统。

（2）优化更新增补管线设施，统一建设标准

优化东、西侧给水管，对排水沟进行更新改

图5 创新利用吊顶空间进行管线隐蔽式设计
Fig.5 Innovative use of ceiling space for the concealed design of pipelines

造，完善消防栓等安全设施。井盖形式与路面协调一致，广电电缆下地，通信管位统筹共用。

（3）精细化设计管线、低压入吊顶位置、空调机位等立面附属设施

现状建筑上引线外露，有条件的应隐蔽设置，使上引线沿骑楼柱内侧排管进入吊顶，将分线箱放置于骑楼柱内侧；无条件的应美化装饰，可在套管外涂仿石材材料，使其与骑楼立面和谐统一。改善风貌的同时消除安全隐患（图5）。

3.6 夜景照明：打造特色鲜明的泉州古城夜景名片

目前泉州中山路夜间景观整体性差，业态分布较为单一，夜间人流量较小，商业氛围均相对较弱，提升商业氛围、聚集夜间人气是设计的首要目标。

（1）统一光色展现历史风貌

借鉴国外著名旅游古城照明建设经验，建议整体街道照明以暖黄光色为基调，部分位置点缀白色，重点对近人尺度区域以及建筑局部节点进行塑造，并且采用与整体环境协调的灯具形式。

（2）增强夜晚商业氛围

保证整个街道沿线建筑外立面与地面景观灯光的延续性，形成连续不间断商业界面，将灯光与街道设施、景观树木、地面铺装相结合，提高照明的趣味性，聚集夜间人气。

3.7 海绵措施：对接试点城市要求，提升排水防涝能力

排水系统建设年代久远，片区整体排水标准较低，影响城市排水防涝能力。雨污合流及初期雨水面源污染对八卦沟水质影响较大，目前水环境较差，影响城市居住环境质量。

本次“海绵城市”设计主要思路是根据道路不同区域采用相应的低影响开发设施，使降雨形成的径流完成“渗、滞、蓄、净、排”流程，满足“海绵城市”建设需求。在道路路面采用透水铺装设计，路面形成的径流通过透水铺装下渗，经过透水结构层的物理过滤和结构层中的微生物生化处理后下渗到土壤中。在改造后保留的雨落管处设置高位花坛，蓄水层和渗透层的雨水经过了植物吸收和土壤微生物处理后，通过埋设在结构层下部的透水管排至市政排水沟。

4 项目特色

4.1 特色一：见微知著，从“设计一条街巷”到“研究一座古城”

小街大事，示范段按区域、分层次开展专项研究，构建四大支撑系统。

功能业态。本着“恢复、培植、点亮、活化”的四大业态提升策略，从中山路全段入手，确定“一点三段”功能结构，明确示范段文化客厅的功能定位，将现状以服装售卖为主的业态提升为传统文化展示的业态。

区域交通。通过调整周边地区机动车、非机动车、行人的交通组织方式，将示范段进行“分时段步行化”改造，在支巷增设非机动车停车场，解决存量非机动车的停放需求，使其成为申遗点“府文庙”至“开元寺”的精品步行文化体验路径。

市政统筹。在古城范围研究各类管线的布局及管径，框定古城街巷竖向高程，作为示范段市政管线综合提升的明确设计依据。

文化引领。总结提炼中山路2.5km骑楼建筑、窗楣、檐口、柱式等风貌特色，结合建筑立面与使用功能特征，提出了“分层施治”的提升策略（图6），坚持采用传统手法开展绣花式设计，并利用在泉州本地回收的旧砖、旧瓦进行原真性修缮。

4.2 特色二：改善民生，从设计“U形面”到设计“凹形槽”

坚持以民生诉求为综合提升的重要抓手，摒弃了“一层皮”的惯用手法，将设计范围向纵深延续，明确了“重结构安全、重使用便利”的设计原则。骑楼建筑的基础埋深浅，结构安全隐患大，市政方案划定路面开挖红线，确定1：1放坡的开挖方式，最大限度保证两侧居民房屋的建筑结构安

图6 采用“分层施治”的提升策略
Fig.6 Adoption of “layered governance” promotion strategy

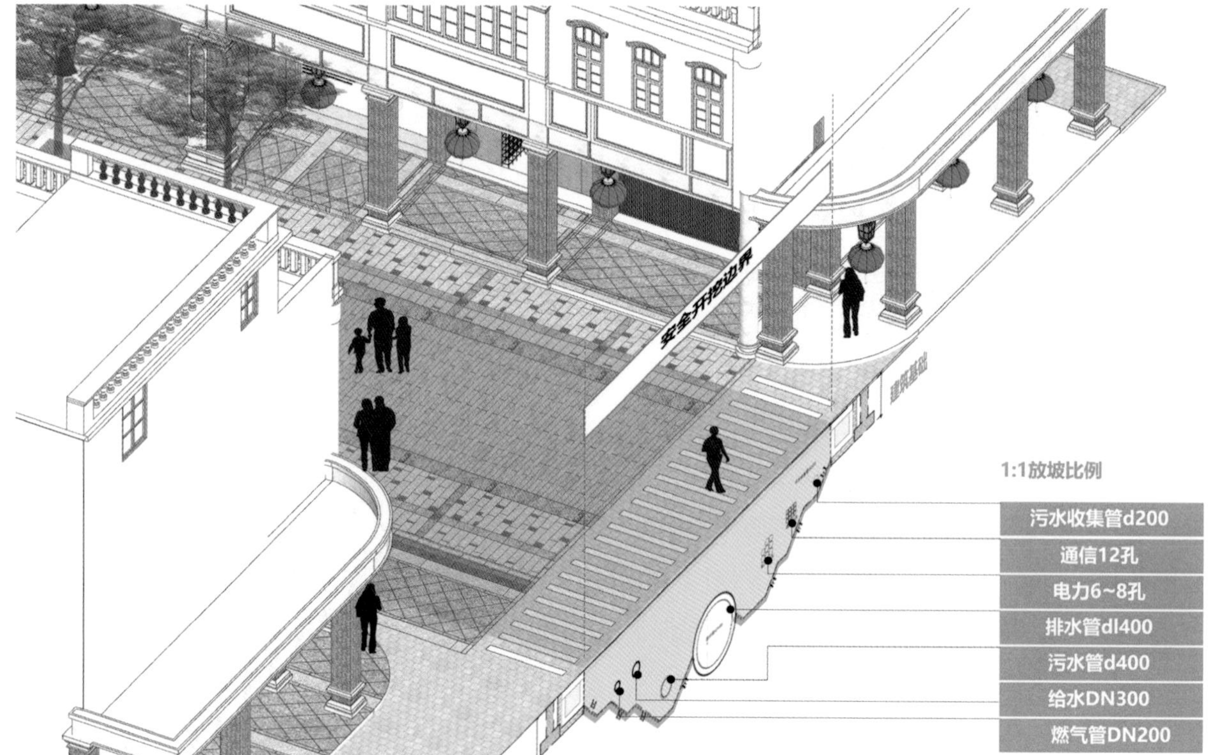

图7　有限的地下空间内，创新狭窄空间的市政工程设计方案
Fig.7　Innovation of underground municipal engineering design in limited space

全。在有限的地下空间内，通过管线直埋、综合小管沟等多方案比选，创新了狭窄空间的市政工程设计方案（图7），补足了老城市政基础设施短板。方案充分利用骑楼吊顶空间，在首层设置隐蔽式管线桥架，将原外挂的市政、消防管线进行隐蔽式迁移。在恢复立面风貌的同时，方便了管线入户，也消除了裸露管线带来的火灾隐患。

4.3 特色三：革故鼎新，从“被动做方案”到“参与定制度”

项目组不止步于设计本身，更参与草拟及审定一系列有关骑楼建筑保护的条例、办法，包括《泉州市中山路骑楼建筑保护条例》《泉州市中山路骑楼建筑保护性修复、整治办法》《泉州中山路经营业态提升管理实施方案》等，将保护利用上升到立法高度，使保护工作有章可循、有法可依。

总结设计经验、提供设计范式，项目组还参与到《泉州市传统建筑修建技术导则》的编制、审定工作中，示范段方案成为导则编写的重要参照项目，使保护设计理念能够发挥更加长效的作用。

4.4 特色四：共同缔造，从“自己埋头想”到“大家齐动手”

在设计过程中，针对商业功能为主的骑楼首层立面，开展门面、店招定制化设计，逐一征询两侧商家意见，通过设计导则提供菜单式的更新指引，在保护风貌的同时，为业主留出更多创意弹性。

在施工过程中，政府、居民、设计团队与施工团队紧密沟通协作，形成了“政府出资、居民出钱、团队出力”的良性机制，即政府负责出资修缮风貌、改善设施，居民出钱修缮除沿街风貌层以外的自家房屋，由设计单位、施工单位统一负责设计与实施（图8）。一方面解决了老城保护的资金难题；另一方面，就老城保护开展了一次生动的科普，使保护理念根植老城居民。

在后期运维中，通过充分发动本地青年文化团体也广泛参与到更新工作中，老城徒步活动、南音剧社等一系列活动都在为中山路文化活力贡献力量。

图8　根据商家意见开展门面定制化设计
Fig.8　Customized shop front design based on shopkeepers' opinions

5 后记

截至目前，中山路240m示范段的建筑修缮、市政道路改善、景观环境、夜景照明工程已全部完成。

骑楼建筑得到原材料、原工艺修缮，获得居民、专家一致好评。中山路的骑楼建筑在修缮实施工程中，通过对建筑结构加固、立面清洗、破损修复等方式逐栋开展保护修缮工程，在立面材质的选择中充分运用清水砖贴面、薄壁红砖、胭脂砖等原有中山路传统贴面材料，对底层商业店面采取设计传统店招、更换传统样式门窗等方式进行风貌提升。骑楼建筑在修缮施工过程中坚持原形制、原结构、原材料、原工艺，真实完整地保存了沿街建筑的历史原貌和建筑特征。

市政基础设施得到改造提升，居民生活条件得到改善。示范工程对中山路现状给水、雨水、污水、电力、通信等市政管线重新布设管位，对骑楼部分入户管线进行精细化设计，将有条件的现状明管明线进行隐藏。在道路铺装上，摒弃原有沥青路面，采用花岗岩石（板）材铺装，骑楼铺装则参考闽南建筑的墙面纹样及中山路红立柱花纹形成特色骑楼铺装，防滑耐用，并与骑楼整体风貌协调。这些道路和市政基础设施的改善，解决了原来历史街区排水不畅、设施不足、管线外露等问题，使居民居住环境品质得到了较大提升。

2019年6月，在进一步总结示范段经验的基础上，中山路（打锡街至钟楼段）650m综合提升工程也拉开序幕，目前该工程除少量情况特殊的骑楼建筑以外，其他建筑修缮与道路环境整治部分均已完工。

导言

郝之颖

“历史文化是城市的灵魂，要像爱惜自己的生命一样保护好城市历史文化遗产”，这是习近平总书记考察北京历史文化风貌保护时的一段讲话，可见历史文化保护工作的重要意义。历史文化是城乡建设的独特资源，是塑造城乡特色风貌的重要基础，更是践行生态文明发展的重要内涵。

历史文化保护历来是我国城乡规划体系构建的重要组成部分。随着城市发展阶段的变化，历史文化保护工作的重点也在发生变化，如果说20世纪80年代，历史文化保护重在树立保护意识、维护价值真实、保障遗存安全；21世纪重在关注遗产体系丰富、文化价值多元、保护途径有效；那么，当前则更加突出历史文化保护的积极传承、合理利用和持续发展。特别是随着2019年我国国土空间规划体制改革的落地，规划理念和方法发生了巨大改变。不仅重构了五级三类的规划体系，更标志着我国城市发展由增量为主转向增存并举的模式，存量空间的更新和提升成为今后一定阶段的重要内容，而城市中的历史文化资源绝大部分就位于存量空间中。

存量空间普遍存在基础设施老化、服务设施短缺、居住质量不高等问题，城市环境改造提升、文化保护与更新统筹、有机更新与价值维护等成为历史文化存量空间发展的共性需求和迫切任务，在此过程中，出现了一些不当的认识和方法。如为实现资金平衡，在历史城区更新中采用建设高层解决拆迁安置、集中拆除腾地开发等不当方式。有些城市为了推动旅游，采取了过度商业开发的方式，导致历史文化资源受损。总的来说，伴随历史文化保护作为国家战略推进的十年和存量时代的来临，保护工作的内容和内涵不断拓展，规划的重点正在从保护什么、如何保护向利用什么、如何利用转变。因此，规划工作不仅要做好历史文化的保护，还要加快历史环境中居住条件、基础设施的改造；不仅要确定合理的技术方法，还要策划有效的实施方案，特别是加强文化资源的合理利用及活化传承，突出历史文化资源在生态文明建设中的推动作用。

新的发展时期，规划行业正在面临新的挑战，规划工作的任务就是不断迎接挑战，更好地解决城市问题，并采取科学的态度进行创新和探索。本次精选的5个项目在这些方面进行了积极尝试，对观察城市生态文明发展特征和发展趋势具有一定的典型性和代表性，既是我们自己工作的总结和提高，也希望对其他规划实践具有借鉴意义。

Part Two

| 第二篇 |

历史文化保护与传承篇

Historic and Cultural Conservation

06 北海珠海路—沙脊街—中山路历史文化街区保护规划与详细规划

Protection Planning and Detailed Planning of Zhuhai Road-Shaji Street-Zhongshan Road Historic and Cultural Area, Beihai

项目信息

项目类型：历史文化街区保护规划、控制性详细规划、存量更新规划
项目地点：广西壮族自治区北海市
委托单位：北海市自然资源局
项目规模：4.55km^2
完成时间：2021年11月

项目主要完成人员

主 管 所 长：于伟
项目负责人：郝之颖　王暄
主要参加人：刘璐　孙雨桐　郭娇
执　笔　人：王暄　刘璐

北海骑楼老照片
Beihai arcaded streets

项目简介

老城是一个城市发展的源点，文化内涵丰富，现状情况复杂，老城地区的规划通常兼具文化保护和更新提质的要求。北海老城ND片区是北海市城市中心的重要组成，包含丰富的自然和人文要素，片区内嵌珠海路-沙脊街-中山路历史文化街区，在2015年被评为首批中国历史文化街区，是北海市境内规模最大、格局最完整、文化资源最丰富的历史文化街区，也是广西壮族自治区唯一的历史文化街区。除老街外，ND片区还包括“印象1876”4A级景区、黄金北岸旅游景观带、北海市级行政办公中心、商业服务中心以及公园。

项目基于北海老城面临的保护、提质和更新方面的问题与难点，在双规划（街区保护规划和片区控制性详细规划）嵌套视角下对更新方法进行归纳研究。提出前端应对保护要素进行分类保护与整治，并对存量用地展开定量和定性分析，识别用地更新潜力，作为地块分类基础；中端针对不同更新类型的地块分类施策，制定严保活用的规划提升策略；后端强调规划的实操性和落地性，落实了两规融合，将具体需求落实为精细化控制引导指标，并通过录入法定管理平台的方式，实现了助力老城高质量发展的目标。

INTRODUCTION

An old city is the source of a city's development, which has not only rich cultural heritage but also a complex built environment. The planning for the old city needs to consider both cultural protection and built environment improvement. The ND Area in the old city of Beihai is an important part of Beihai's central urban area, which contains rich natural and cultural elements. The Zhuhai Road-Shaji Street-Zhongshan Road Historic and Cultural Area is located in the ND Area. It is the largest historic area in Beihai with the most complete structure and the most abundant cultural resources. In 2015, the Old Street was rated as one of the first batch of historic and cultural areas of China, and also the only historic and cultural area in Guangxi Zhuang Autonomous Region. In addition to the Old Street, the ND Area also includes the "Impression 1876" 4-A Scenic Spot, the Golden Bei'an Tourism Landscape Belt, the municipal administrative center, the business service center, and parks.

Based on the problems and difficulties in the protection, improvement, and regeneration of the old city of Beihai, the regeneration methods are summarized and studied in the project from the perspectives of both the protection planning of the historic area and the detailed regulatory planning of the ND Area. It is proposed that in the early stage, emphasis should be placed on protecting and renovating the elements that are in need of protection according to their classifications, carrying out quantitative and qualitative analysis on the stock land, and identifying land regeneration potential, which can be taken as the basis for land plot classification. In the middle stage, emphasis should be placed on taking different measures for land plots of different regeneration types, and formulating improvement strategies that are strict in protection but flexible in use. In the later stage, emphasis should be placed on the implementation of planning: the two types of planning are integrated, and the specific requirements are transferred to the statutory management platform through detailed control and guiding indicators, which thus achieves the goal of promoting the high-quality development of the old city.

1 基于历史保护的老城存量更新背景

北海老城位于城市北部滨海地带（图1），北滨廉州湾，是近现代北海城市的发源地，见证着城市由街市到开埠口岸再到功能完备城市的演变过程。2013年北海确定了主城区38个规划管理单元，其中老城所处的管理单元ND片区内嵌珠海路—沙脊街—中山路历史文化街区（以下简称老街）（图2）。值得一提的是，老街也是北海历史城区所在地，除核心保护范围以内完好保留的骑楼老街和街巷格局外，核心保护范围外同样分布有大量北海近代建筑群，是北海市国宝级的历史文化遗产。因此，老街保护规划编制需在构建整体保护框架、明确保护对象和保护要求的基础上，聚焦老街鲜明的城区特征：既是城市延续至今的综合服务中心，又是北海人世代生活聚居之地，更是北海文化旅游的展示窗口和城市名片。规划需协调好老街功能与城市整体职能分工和统筹发展的关系。

进入新时期，像国内大多数老城区一样，北海老城也面临着物质空间衰败、历史风貌蚕食、保护与发展矛盾、人居品质不佳等问题。这一地区兼具市级行政办公中心、商业中心、老城生活区、历史文化街区、重要旅游景区等多重城市功能。老城ND片区控规编制承担着保护和发展的双重职责。

2 多层次明确规划的目标与重点

本项目包括珠海路—沙脊街—中山路历史文化街区保护规划和老城ND片区控制性详细规划两个规划层次，协调解决了历史文化特色空间保护与存量空间更新提质两方面的问题。

（1）历史文化街区保护规划重保护与品牌塑造

第一，梳理老街历史脉络，识别其历史文化价值和特色。第二，确立针对老街的保护框架和保护要素，对各类保护要素提出保护措施，制定保护要求。第三，从用地调整、人口规模、公共服务设施、交通及设施、基础设施等方面提出优化方案，促进街区可持续发展。同时，规划针对老街功能业态和美誉度不佳等问题，提出了街巷业态引导和品牌提升塑造策略。第四，从政策管理和行动计划角度提出了下一步保护与管理的重点与关键内容。

（2）老城ND片区控制性详细规划重微更新与分类施策

第一，梳理现状特征及问题，明确规划重点在于建立助力城市转型的发展路径，即微旧更新、精明治理、统筹发展。提出了在系统优化中“微”理念的运用：用地功能微更新、公服绿地微织补、交

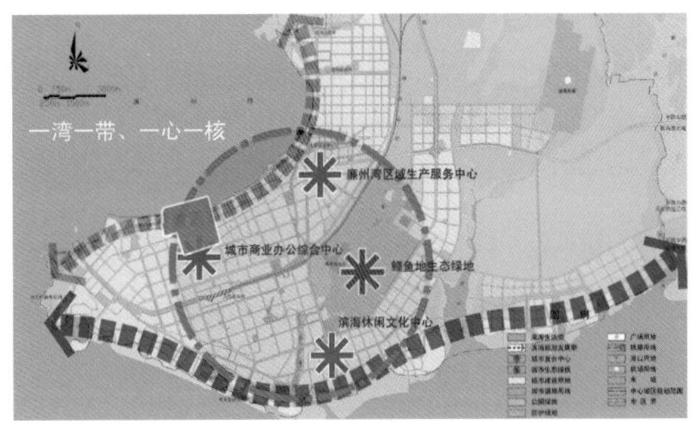

图1　项目在城市总体结构中的区位图
Fig.1　Location of the project

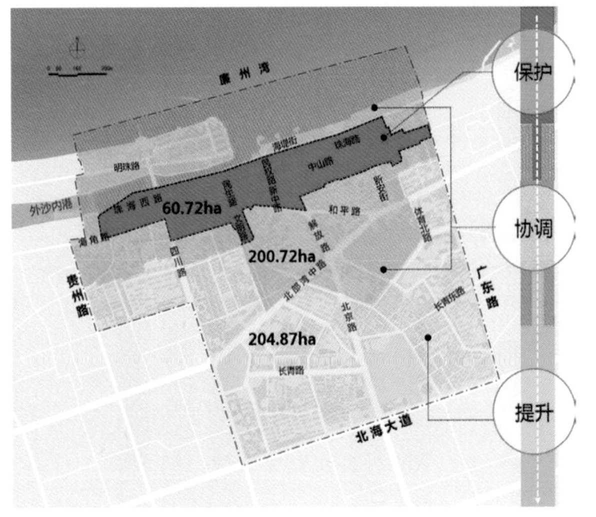

图2　规划范围和重点内容
Fig.2　Planning scope and core content

通系统微循环和市政工程微设置。第二，逐层分解城市发展和总体目标，确定老城作为“北海历史文化展示地、活力繁荣城市中心区”的规划目标。第三，基于历史文化街区的保护内容及全存量用地的规划对象，运用定性加定量的分析方法，对ND片区进行了用地潜力评价，确定了三类管控地块——特殊功能类、品质提升类和更新改造类，落实分类施策，明确了不同类型地块的更新策略和指标控制原则，并整合纳入了一张图的信息管控平台。

3 基于保护的存量规划方法探索

老城ND片区现状情况复杂，一方面，城市紫线范围内建筑数量大，多达1.3万栋。其中传统风貌建筑及历史建筑有2000栋以上，保护本身面对的对象多元复杂；另一方面，该片区又是具有提质增效诉求的北海老城中心区，如何平衡保护和发展的关系、为城市存量更新打好管控基础，同时又能将不同类型的规划成果纳入统一的管理平台，实现整个片区文化保护、有机更新和精细管理的全面提升是本次双规划的重要目标。

3.1 前端：科学评估，识别更新潜力

存量更新的前提在于对现状进行详细分析和梳理，本项目运用层次分析法（AHP法），定量评估现状用地更新潜力，结合历史文化保护、已有更新项目以及权属边界与用地开发条件进行定性校核，识别出具有更新潜力的地块。

（1）搭建AHP模型

通过对现状用地和权属信息的分析，规划选取了用地属性、建筑评价、开发强度、区位条件和社会效益五大评价标准，结合调研资料的收集，选取了15个指标因子，搭建起现状用地潜力分析的AHP的模型框架（图3）。

（2）指标层因子赋值

评价指标包括定量与定性两类指标，需对指标层因子去量纲。基于ArcGIS平台，运用“1、3、5、7、9”模糊综合评价法对各评价指标进行量化

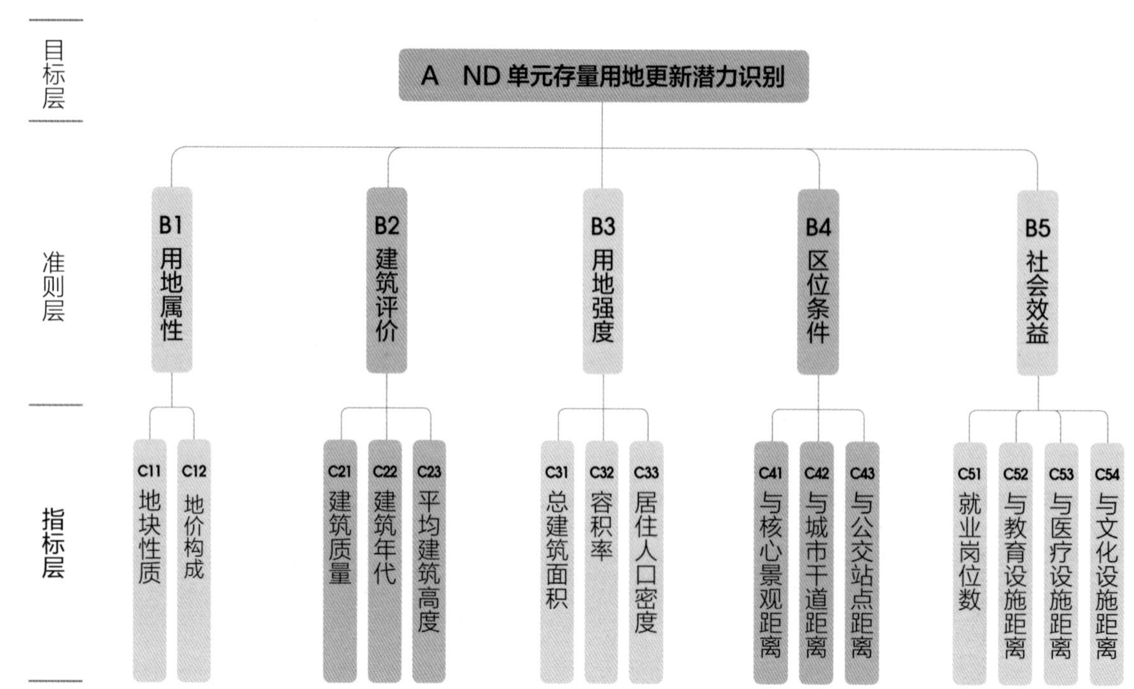

图3 AHP分析模型框架
Fig.3 Framework of AHP model

赋值，并进行图示化表达（表1）。

（3）层次分析，指标叠加

综合现状实地调研、相关专家及管理部门意见征询结果，引入层次分析法，确定B-C判断矩阵和指标权重。依据相应权重对指标层因子进行叠加处理，形成准则层各要素的影响程度及评价分布图（表2）。

指标层因子评价分析过程 表1

Evaluation and analysis on indicator layer's factors Tab.1

用地属性	 C11地块性质	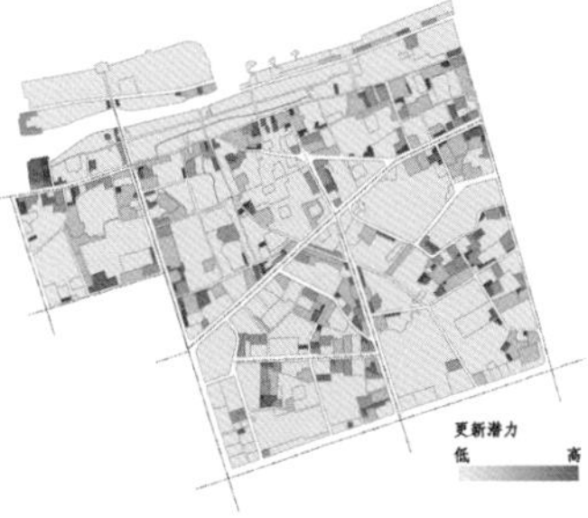 C12地价构成	
建筑评价	 C21建筑质量	 C22建筑年代	 C23平均建筑高度
用地强度	 C31总建筑面积	 C32容积率	 C33居住人口密度
区位条件	 C41与核心景观距离	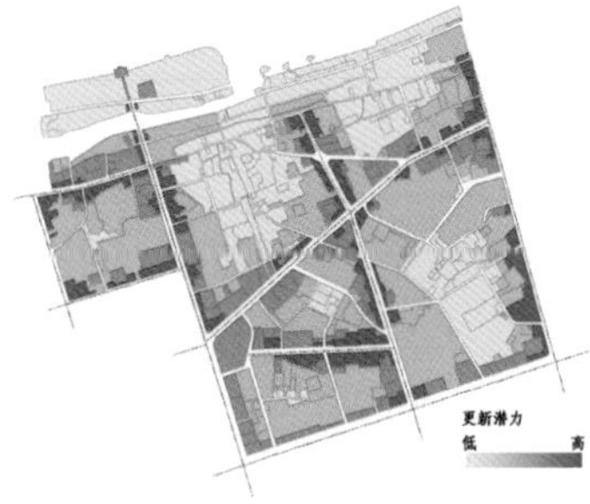 C42与城市干道距离	 C43与公交站点距离

续表

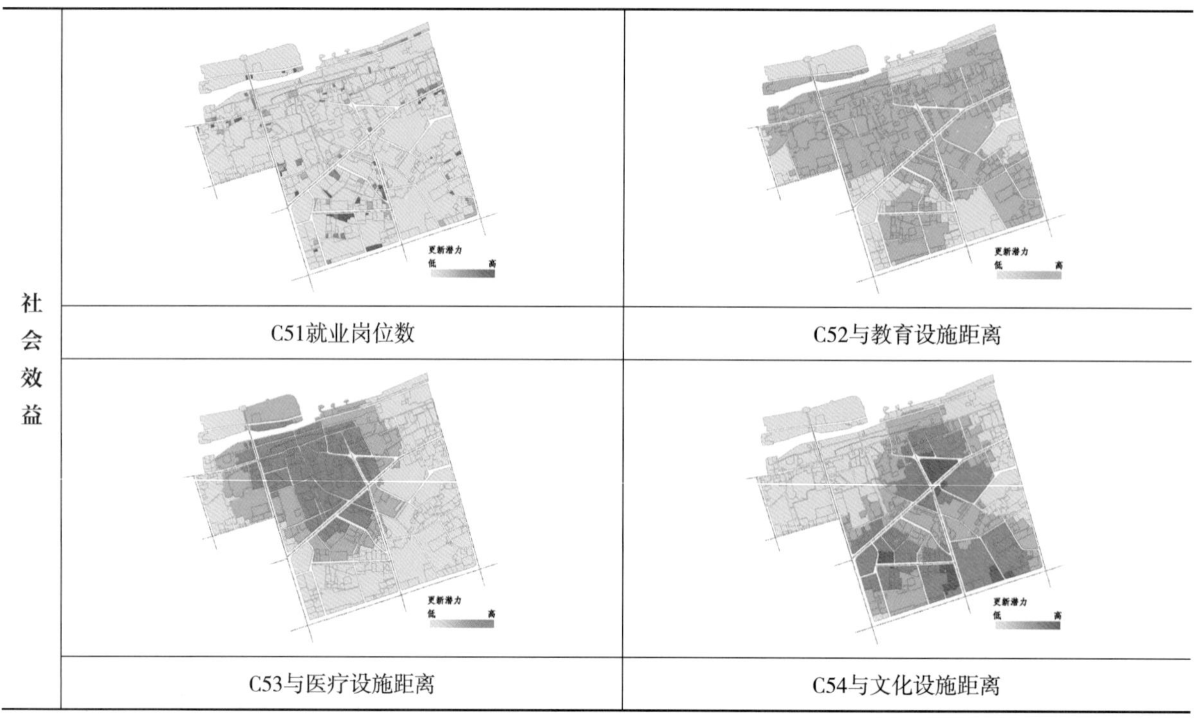

社会效益	C51就业岗位数	C52与教育设施距离
	C53与医疗设施距离	C54与文化设施距离

指标叠加分析 表2

Indicator superposition analysis Tab.2

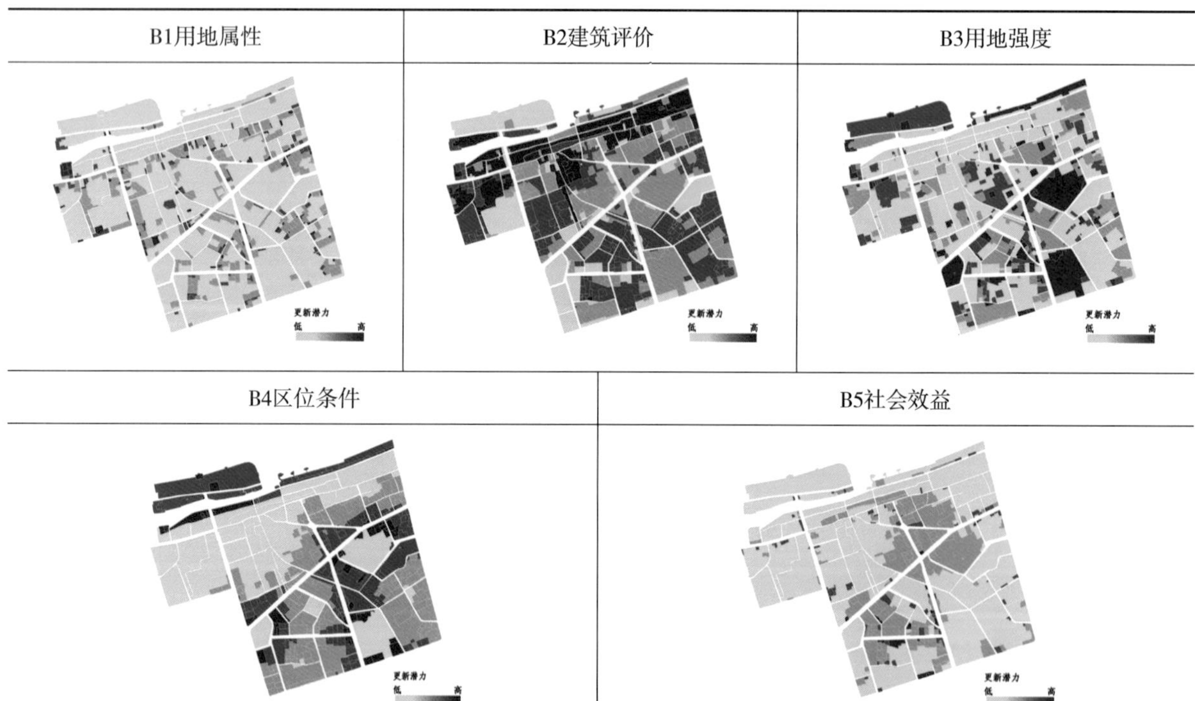

B1用地属性	B2建筑评价	B3用地强度
B4区位条件	B5社会效益	

（4）三种情景比较及定性修正

针对A-B层判断矩阵和指标权重设计，规划引入三种情景假设，进行比较修正（表3）。

情景一为各准则层要素同等重要赋值，得到更新潜力强的区域集中在长青路、北部湾中路两侧，更新潜力较弱的主要分布在新建小区和历史文化街区范围内。

情景二以提质增效为目标，比较赋值中采用

“建筑评价>开发强度>用地性质\区位条件>社会效益”得到更新潜力强的区域集中在老旧工业、老旧商业和老旧小区集中分布的区域。

情景三以改善民生目标，比较赋值中采用“区位条件>开发强度\社会效益>用地属性\建筑评价”得到：更新潜力强的区域集中在历史街区以南片区和北部滨海、外沙岛片区。

结合本次项目实际及规划目标，选取情景二为用地分类依据，同时，综合考虑历史文化保护、已有更新项目和用地开发条件，形成本次规划用地调整中的更新改造潜力（表4）。

三种情景分析 表3

Analysis of three scenarios Tab.3

情景一：要素均等赋值	情景二：提质增效为导向	情景三：改善民生为导向
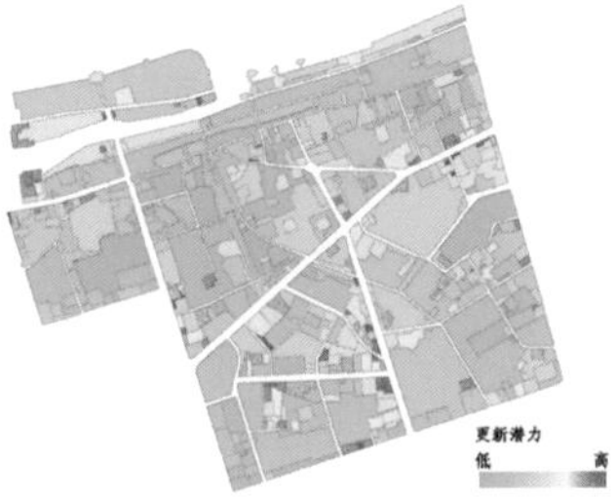 更新潜力 低 高	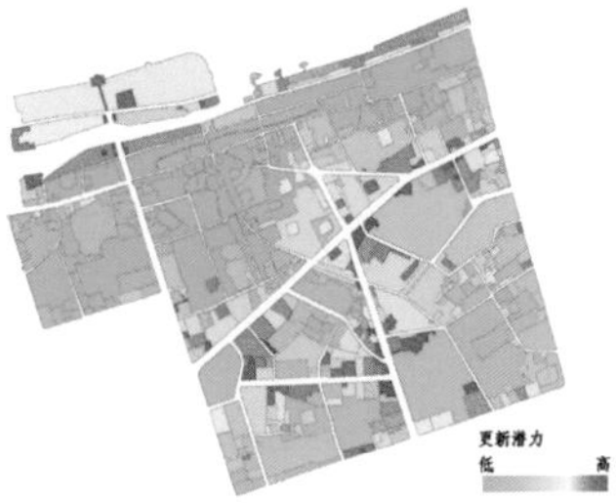 更新潜力 低 高	 更新潜力 低 高

定性校核因子 表4

Qualitative check factors Tab.4

历史文化保护	已有项目决策	用地开发条件
 历史街区及文保 建控地带 一般地区	 拟更新项目	
历史文化街区核心保护范围、建设控制地带、文保单位规划要求	计划开展的棚户区改造项目和老旧小区改造的基本情况	基于权属边界的校核

3.2 中端：严保活用，分类制定策略

对老街进行整体的规划管控，提出明确的管控措施和要求，并形成法律法规界定，保护好历史空间格局。在科学定量和综合定性判断的基础上，规划形成三种类型的地块——特殊功能类是街区核心保护范围内的地块，应依据街区保护规划的要求进行严格管控；品质提升类，主要指以保留现状为主的地块，这类地块未来在给指标时不涉及开发强度和用地性质的调整，重点在补充设施、提升品质、整治环境风貌；更新改造地块，主要是进行容量或性质调整的地块，目的是为片区内未来进行存量增效改造确定规划条件（图4）。

（1）特殊功能类：严格保护、活化利用

指老街核心保护范围内的80个地块。管理控制手段与城市一般地区差异较大，一方面，应按照保护规划确定的要求进行管控，对该类地块的更

图4 用地潜力评价结果图
Fig.4 Land potential evaluation results

新更多从建筑层面的分类保护和整治措施角度进行管理，管控颗粒度小，聚焦具体的物质空间要素，如：历史建筑、具有历史价值的建筑、传统风貌建筑、历史街巷、古树古井等历史环境要素。另一方面，不同于其他新建地区，历史文化街区内设施的补充和品质的改善更多地以保护为刚性条件，公共服务设施补短板应与历史建筑、传统风貌建筑的活化利用紧密结合，鼓励通过对现状建筑进行功能置换、联合建设等方式增补社区级公共服务设施。

（2）品质提升类：整治风貌环境

指规划范围内不作成片拆除式更新，以现状保留提升为主的206个地块。品质提升地块以综合整治为主，补充必要的公共服务和市政设施，整治建筑风貌和沿街界面，提升绿化景观和整体环境质量。这类用地的强度和容量以现状为依据，但对老街建控地带内的建筑应严格控制新建、改建建筑的高度。用地管控的重点是对与环境品质提升相关的要素设定引导性指标和要求，且引导内容都是直接指向既有三维建成环境的具体提升措施。

（3）更新改造类：促进功能与容量更新

指用地功能或建设容量调整的83个地块。管控依据各项法规和技术标准，充分考虑未来更新的可行性，在符合建筑高度控制分区和紫线管控要求的基础上，以提质、增效为目标，综合确定用地性质及管控指标。

3.3 后端：两规融合，衔接管控平台

本项目特点在于老城ND片区嵌套历史文化街区的双规划的同步编制。历史文化街区保护规划侧重对街区单体对象的保护与整治要求，而控制性详细规划侧重点是对地块的用地使用控制、环境容量控制及城市设计引导等内容，为了将两类规划的成果纳入统一管理平台，规划在后端加入了多规融合的技术思路和成果表达，解决了规划好用的问题。针对前述三类地块，制定了不同的指标体系，三类地块的施策差异最终落实到了“控规一张图”的管理平台中。

（1）特殊功能类

规定性指标采用“通用指标+特殊指标”，“通用指标”包括用地性质、用地面积、建筑限高、配套设施；“特殊指标”包括文保单位/历史建筑、历史环境要素和历史街巷。引导性要求主要包括建筑风貌整治、地块风貌保护、交通及设施、功能业态等内容。

（2）品质提升类

以保留现状建筑为主，规定性指标主要依规确定建筑高度，控制建筑改建和扩建行为，其他依现状控制。引导性要求进行详细指引，如需要补充的

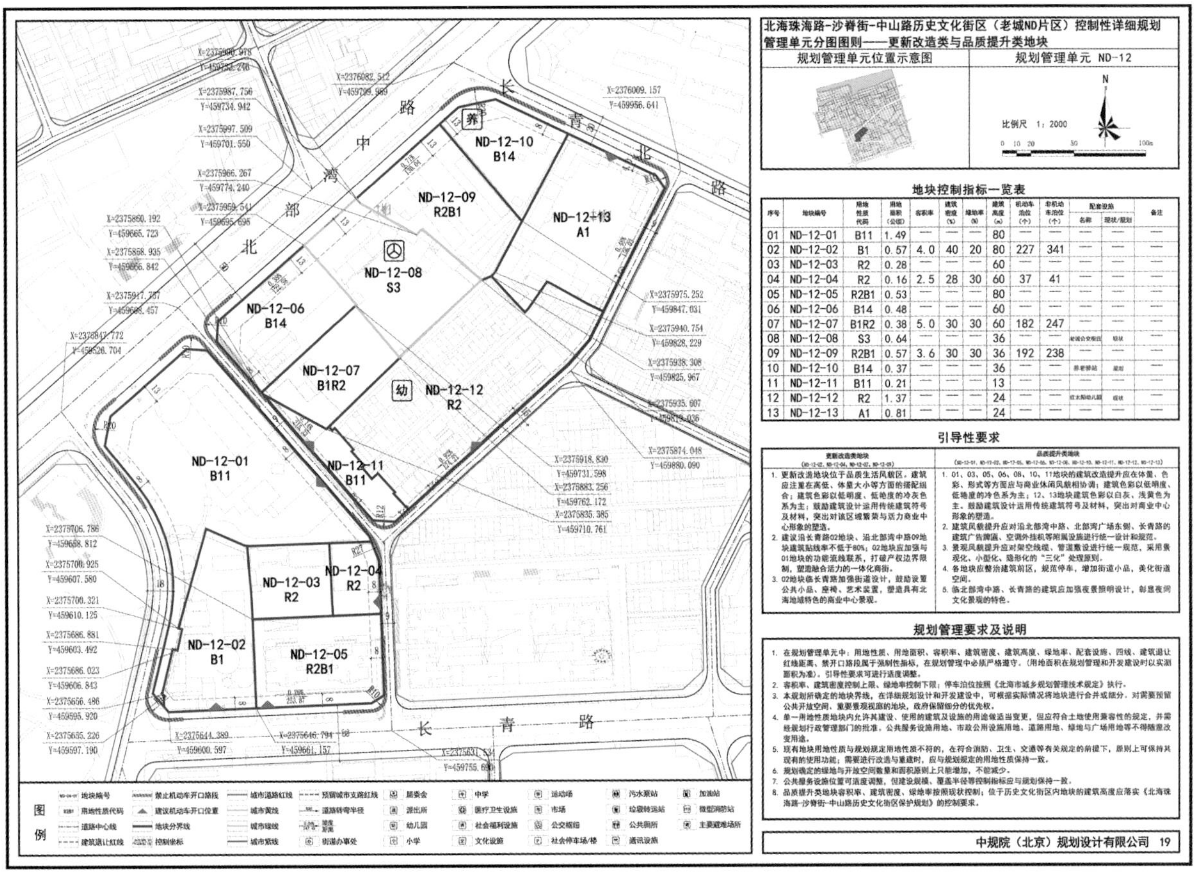

北海珠海路-沙脊街-中山路历史文化街区（老城ND片区）控制性详细规划
管理单元分图图则——更新改造类与品质提升类地块

地块控制指标一览表

序号	地块编号	用地性质代码	用地面积（公顷）	容积率	建筑密度（%）	绿地率（%）	建筑高度（m）	机动车泊位（个）	非机动车泊位（个）	配套设施 名称	配套设施 现状/规划	备注
01	ND-12-01	B11	1.49	—	—	—	80	—	—	—	—	—
02	ND-12-02	B1	0.57	4.0	40	20	80	227	341	—	—	—
03	ND-12-03	R2	0.28	—	—	—	60	—	—	—	—	—
04	ND-12-04	R2	0.16	2.5	28	30	60	37	41	—	—	—
05	ND-12-05	R2B1	0.53	—	—	—	80	—	—	—	—	—
06	ND-12-06	B14	0.48	—	—	—	60	—	—	—	—	—
07	ND-12-07	B1R2	0.38	5.0	30	30	60	182	247	—	—	—
08	ND-12-08	S3	0.64	—	—	—	36	—	—	[illegible]	现状	—
09	ND-12-09	R2B1	0.57	3.6	30	30	36	192	238	—	—	—
10	ND-12-10	B14	0.37	—	—	—	36	—	—	养老驿站	规划	—
11	ND-12-11	B11	0.21	—	—	—	13	—	—	—	—	—
12	ND-12-12	R2	1.37	—	—	—	24	—	—	红太阳幼儿园	现状	—
13	ND-12-13	A1	0.81	—	—	—	24	—	—	—	—	—

中规院（北京）规划设计有限公司 19

图5　品质提升类图则表达示意

Fig.5　Quality improvement code

公共设施、沿街建筑风貌整治、景观视线通廊优化、公共环境美化、广告牌匾等附属设施整治等方面予以细化指引（图5）。

（3）更新改造类

按照控高要求确定建筑限高，依规确定用地面积、用地性质、容积率、建筑密度、建筑限高、绿地率、配套设施、“四线”、控制坐标及标高、建筑后退红线距离、禁开口路段等。引导性要求主要对建筑风格、色彩、地标、公共空间等方面提出指引。

4　规划难点与方法创新

4.1 实现两规融合，纳入一张图管理

本次规划中既包括历史文化街区保护规划，又要对历史文化街区所在的控规管理片区编制控制性详细规划，两者在编制方法和内容上存在明显的差异（图6），街区保护的对象和要求有别于控制性详细规划以地块为主的管理内容，在控制性详细规划全覆盖的管理平台中，存在街区保护的管控要素在形式和内容上与控制性详细规划难以衔接的问题。

因此，本次控制性详细规划中将管控对象在空间上分为3个层次。街区核心保护范围，严格落实核心保护范围内对于逐栋建筑的分类整治要求；街区建设控制地带范围在落实街区保护提出的保护要求基础上，纳入管理图则管控体系；街区以外的地区，定量识别更新潜力，结合城市发展目标，引导城市有序更新和规划的落地实施，最终为政府管理者提供“一张表、一张图”的实施管理平台（图7）。

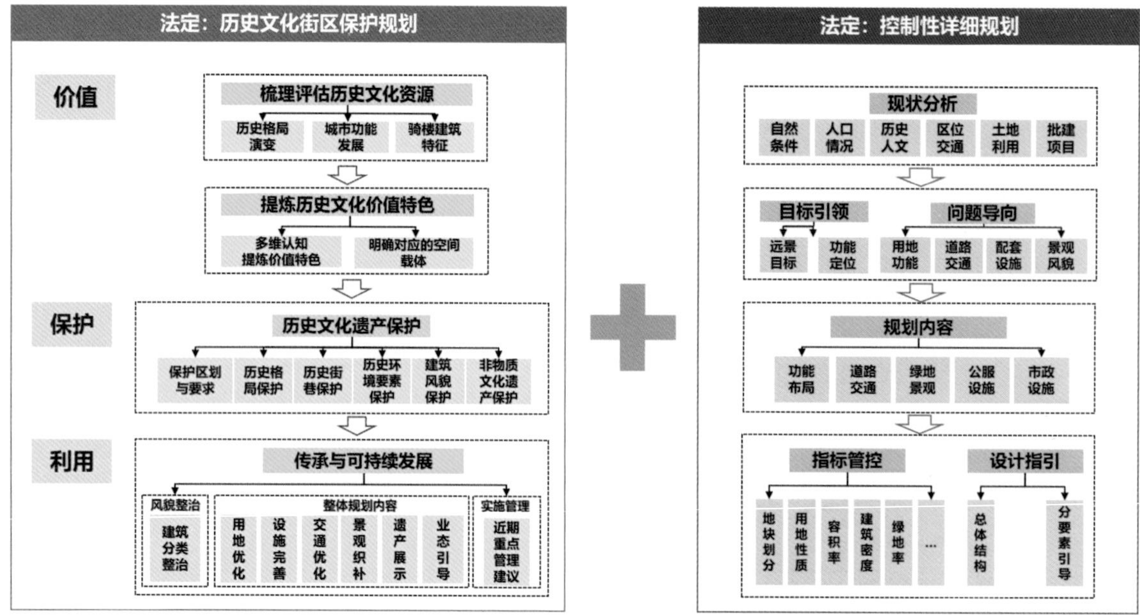

图6　街区保护和控规内容编制技术路线对比

Fig.6　Comparison on technical routes of protection planning and detailed regulatory planning

序号	地块编号	用地性质代码	地块面积(hm²)	容积率	建筑密度(%)	绿地率(%)	建筑高度(m)	机动车泊位(个)	非机动车泊位(个)	地块类型	配套设施				
											名称	数量	规模	现状/规划	备注
1	NC-01-01	G1	0.89	--	--	--	--	--	--	更新改造类地块	--	--	--	--	--
2	NC-01-02	B1	4.56	--	--	--	15米	--	--	品质提升类地块	外沙岛污水泵站	1	1.0万m³/d	现状保留	联合建设
3	NC-01-03	B1	0.37	1.9	50	10	15米	69	104	更新改造类地块	--	--	--	--	--
4	NC-01-04	G1	0.80	--	--	--	--	--	--	更新改造类地块	--	--	--	--	--

图7　街区保护和控规管理衔接的一张表（上）、一张图（下）示意图

Fig.7　“One Table” (above) and “One Map” (below) as the integration of the protection planning and the detailed regulatory planning

图8　老街品牌塑造与提升工程及效果图
Fig.8　Brand building and promotion project of the Old Street

4.2 评估更新实施难度，辅助政府决策

应对存量更新的复杂现状，规划重点关注更新中涉及的公益类设施增补。对识别出的更新改造地块，重点增补公共服务设施、绿地公园和社会停车场等，对现状用地涉及的地块性质、权属边界、拆除建筑量等进行系统梳理，评估更新实施的难度，促进规划区形成“弹性控制+动态渐进治理”的实施路径，力求为管理者下一步推动城市更新提供决策建议。

4.3 重视品牌塑造，引入城市运营理念

北海老街是国内为数不多的、自形成以来就非常有商业活力的街区，并且经过政府的多年管理投入，呈现出文旅融合的发展状态，随着新消费时代的来临，如何提升老街业态、管理水平，实现文旅融合良性发展成为本规划中关注的内容之一。规划专门进行了品牌塑造专题研究，对老街提出新定位和新形象（slogan+logo）以及五大品牌塑造工程，并在老街品质提升的具体工程，如街道小品、标识导览、景观设计中融入了品牌设计元素，以期持续、有效地推动老街品牌塑造工程（图8）。

5 | 后记

本次规划实践，首次尝试将街区保护的成果与城市控制性详细规划两种类型的法定规划内容进行衔接，将保护控制和存量优化的内容在空间上叠合在一起，统一了过去相对分离的内容。同时，尝试“两规”管理合一，梳理出老城保护与提升中的关键问题，分类施策，为老城更新提供了管理工具，使保护与发展在管理层面更好地协调起来。另外，在老街的活化利用方面作出了积极探索，在品牌塑造提升上，与北海文旅融合发展的大方向和要求紧密结合，对文旅产业的发展和城市持续繁荣起到了积极的促进作用。

07 大运河文化带（吴江段）建设规划

Construction Planning of the Grand Canal Cultural Belt (Wujiang Section)

项目信息

项目类型：文化遗产保护规划

项目地点：江苏省苏州市吴江区

项目规模：1176.68km^2

完成时间：2020年12月

委托单位：苏州市吴江区文体广电和旅游局

项目主要完成人员

主要参加人：张泉　朱杰　邹军　朱蕾　张晓雪　刘淼　申龙　鲁鹏　阳岱涛

执　笔　人：朱蕾　朱杰

实景鸟瞰图
Aerial view

项目简介

吴江地处大运河文化带、长三角生态绿色一体化示范区两大战略叠加区，大运河（吴江段）的规划建设重要性不言而喻。大运河（吴江段）全长约93km（包括古运河、頔塘河、澜溪塘），悠久绵长的大运河催生了吴江城市的繁荣兴盛，运河沿线历史文化遗存丰富，历史文化名镇和传统村落密布，具有标识性的文化意义和精神价值。

作为新时代的专项规划，规划主动对接“2+N”大运河规划体系重要内容，从目标导向与问题导向出发，提出建设“汇聚江南精华的运河生态文化风光带”的目标定位，旨在打造绸都特色文脉、江南水乡人脉、生态示范绿脉，确立“一带两轴、三核两片”的空间结构。首先，规划对文保单位、非遗资源、旅游资源三类资源点开展评价，明确其价值与开发利用潜力，为规划资源布点提供科学可靠的依据；其次，利用土地“三调”数据和大数据分析，从经济、环境和社会效益3个方面对运河沿线工业企业开展评价，为土地存量资源与国土综合整治提供思路与依据；最后，结合地区特色资源与优势，从资源布点、游线策划、设施布局、景观风貌等方面进行全面谋划，并直接指导乡镇板块的重大项目建设实施。

INTRODUCTION

Wujiang is located in the strategic overlapping area of the Grand Canal Cultural Belt and the demonstration zone of green and integrated ecological development of the Yangtze River Delta. The importance of the planning and construction of the Grand Canal (Wujiang Section) is self-evident. The Grand Canal (Wujiang Section) is about 93 kilometers long (including the ancient canal, Ditang River, and Lanxitang River). The Grand Canal gave rise to the prosperity of Wujiang City. There are rich historic and cultural relics, and historic towns and villages are distributed densely along the canal, which has iconic cultural significance and spiritual value.

As a special plan in the new era, the plan actively connects the important content of the “2+N” Grand Canal planning system. Being goal- and problem-oriented, it puts forward the goal of “building an ecological and cultural canal scenery belt that gathers the essence of Jiangnan”, with the aim of creating a featured cultural identity of the silk city, a network of rivers in the Jiangnan region, and a green corridor of ecological demonstration, thereby establishing a spatial structure of “one belt, two axes, three cores, and two areas”. First of all, the plan evaluates the cultural protection units, intangible heritage resources, and tourism resources, and identifies their value and development and utilization potential, which provides a scientific and reliable basis for the planning of resource layout. Secondly, by using the data of the third national land survey and through big data analysis, the plan evaluates industrial enterprises along the canal from the three perspectives of economic, environmental, and social benefits, which provides ideas and bases for the comprehensive improvement of stock land and resources. Finally, in line with featured local resources and advantages, the plan addresses the issues such as resource layout, tourist route design, facility distribution, and landscape feature in an all-round way, and directly guides the implementation of key projects at the town/township level.

1 项目背景

1.1 战略背景：大运河文化带国家战略视角下的空间格局重塑

党的十八大以来，习近平总书记提出“道路自信、理论自信、制度自信、文化自信”的总体要求，并将“文化自信”作为最根本的核心理念。大运河是世界上距离最长、规模最大的人工运河，传承着中华民族悠久的历史和灿烂的文明，蕴含着中华民族悠久绵长的文化基因，是中华民族文化自信的重要载体。

新的历史时期，统筹保护好、传承好、利用好大运河（吴江段）这个活态线性文化遗产，是贯彻落实国家大运河文化带战略的重要举措，也是以文化为引领推进吴江高质量发展的重要抓手。对大运河吴江段展开规划研究，有利于进一步深化大运河文化带和大运河国家文化公园的落位布局，展示吴江运河的文化精髓，彰显美丽江苏魅力。

1.2 区域背景：长三角生态绿色一体化发展示范区协同下的客观发展需求

2019年11月，《长三角生态绿色一体化发展示范区总体方案》出台，为示范区的未来发展勾勒了美好蓝图。从区域地位的角度，示范区地处世界文化遗产京杭大运河的重要区段，大运河则是展现江南文化魅力区的重要载体，吴江又是示范区大运河唯一流经地；从生态环境的角度，南北向京杭运河清水绿廊是示范区“一心两廊”生态格局的重要一廊，也是优化水空间、打造蓝色珠链的关键；从文化建设的角度，大运河既是自然文化景观保护线，又是历史文化遗产保护线的组成部分，重要性不言而喻。对示范区内大运河展开规划研究，不仅是推动湖区水乡古镇文化休闲和旅游资源综合开发利用，也是示范区生态流域协同治理和战略空间统筹的积极探索。

1.3 行业背景：国土空间规划体系改革下的专项规划创新

规划体系改革之前，类似于大运河建设规划更多体现了部门专项规划的意志。规划体系改革之后，尽管其专项规划的定位没有改变，但是无论是“五级三类”的国土空间规划体系，还是发展规划体系，均对专项规划的定位和内容赋予了新的要求。专项规划变得更为综合，同时与发展规划和国土空间规划的衔接也更为紧密。因此，本规划在落实上位大运河保护传承利用规划战略意图的基础上，强化与土地利用和空间布点等相关规划的对接。

2 规划范围

以22km的大运河世界遗产（吴江段）、58km的大运河主河道（吴江段）为基础，统筹考虑大运河吴江段流域特点和文化特征，将古运河、頔塘河、澜溪塘纳入规划范围，拓展后的大运河吴江段为93km[①]。

规划范围涵盖2个层次，一是大运河河道两侧1km[②]范围吴江部分，对该范围内的文物遗产、资源布点、生态建设等进行集中规划和管控；二是吴江全域，对非物质文化遗产、旅游资源、重点项目等进行全域统筹。

① 大运河吴江段北起瓜泾口北，到平望镇分成3条，全长约93km：主线为澜溪塘，沿盛泽、桃源，往浙江乌镇方向；2条支线，一条为古运河，往浙江王江泾方向，另一条为頔塘河，流经震泽镇往浙江南浔方向。

② 根据《大运河文化保护传承利用规划纲要》，大运河主河道两岸各1000m范围为滨河生态空间，作为运河生态治理、风貌展示的核心区，本次规划范围参照其划定。

3 规划重点

3.1 找问题，构建目标导向和问题导向相结合的战略定位

大运河吴江段承载着丰厚璀璨的江南文化记忆，生态景观优良，人文资源荟萃，航运功能突出，城河关系和谐；但也存在资源功能利用单一、地方特色彰显不够、岸线风貌缺乏协调等问题。

针对吴江运河的特色优势和存在不足，贯彻“生态优先、以人为本、文旅融合、面向实施”的规划理念，从目标导向和问题导向出发，落实《苏州市大运河文化保护传承利用实施规划》关于“精致文化长廊、精美生态长廊、精彩旅游长廊”的定位，融入遗产水岸、文创水岸、文旅水岸、生态水岸和黄金水岸功能，确立大运河（吴江段）“汇聚江南精华的运河生态文化风光带”的总体定位，并从“文化脉、旅游脉、生态脉”3个角度对定位进行分解。总体上，形成“一带两轴、三核两片”的空间结构，通过文物遗产保护、非遗利用、旅游策划、设施支撑、生态修复和景观塑造等方面统筹规划，突出落地实施性，将规划意图落实到重要板块指引和近期项目编排之中（图1）。

顺应国家大运河文化公园建设，落实长三角生态绿色一体化示范区战略，围绕规划总体定位，确定三大发展策略：第一，聚文化之韵，系统梳理大运河沿线文化遗产，建立高水平文化遗产保护体系，构建多元运河文化空间布局体系；第二，固生态之基，基于资源环境承载力可持续和国土安全格局优化的要求，以大运河生态环境治理和沿线国土综合整治为抓手，保护自然与历史文化遗存，塑造彰显地域特色的景观空间，打造各具特色的魅力岸线；第三，游幸运之旅，根据可达性和游览体验，增补、串联景点设施，注重体验感，凸显运河的精致之美（图2）。

3.2 塑名片，构建基于吴江运河特色的资源评价体系

以“科学评判、分类利用”为导向，系统梳理运河沿线文保单位、非物质文化遗产、旅游资源等

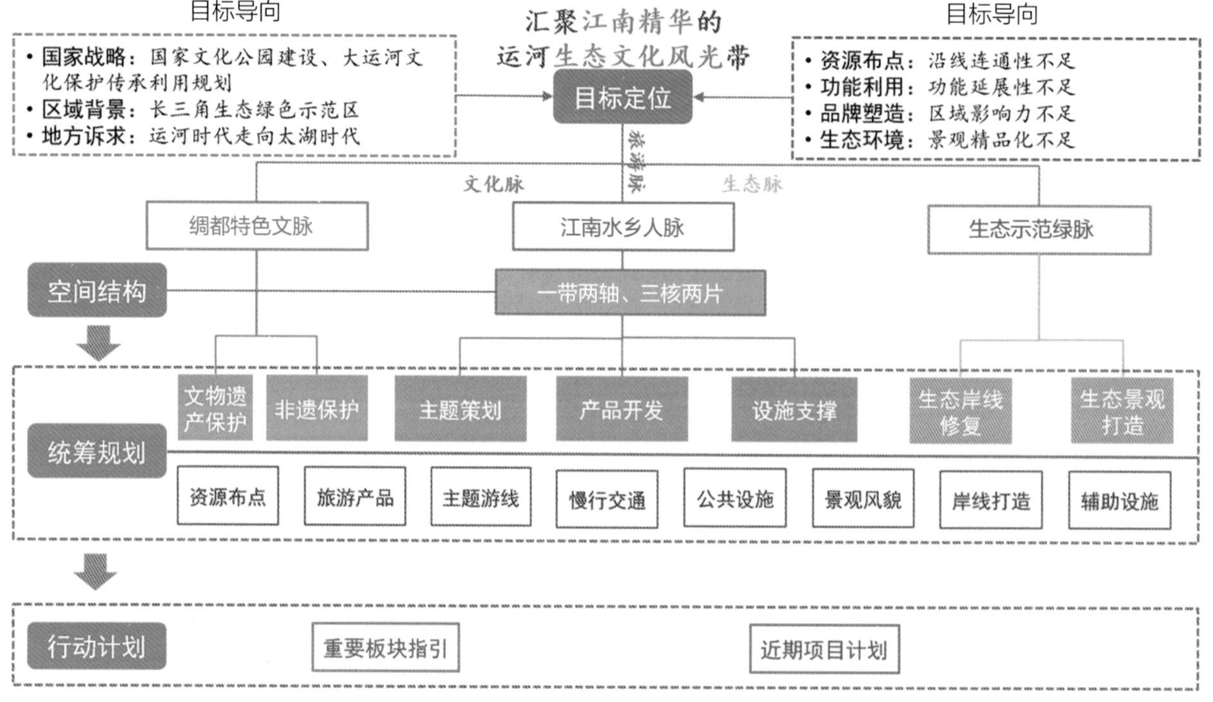

图1 规划研究思路

Fig.1 Research ideas

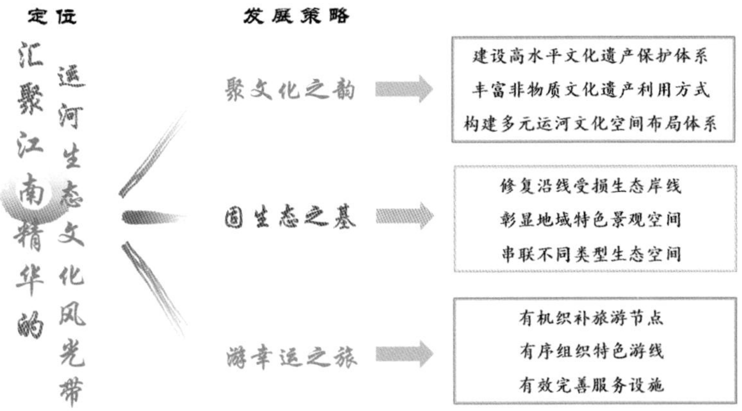

定位

汇聚江南精华的运河生态文化风光带

发展策略

聚文化之韵 → 建设高水平文化遗产保护体系；丰富非物质文化遗产利用方式；构建多元运河文化空间布局体系

固生态之基 → 修复沿线受损生态岸线；彰显地域特色景观空间；串联不同类型生态空间

游幸运之旅 → 有机织补旅游节点；有序组织特色游线；有效完善服务设施

图2　规划目标定位体系
Fig.2　Planning goal and targeting system

各类资源点，运用多要素评价构建资源评价体系。一方面，科学评判资源价值，厘清各类资源的类别、特色、区位、优势条件等信息，明确不同资源的利用潜力与空间分布，提升对整体文化底蕴的认知与把握；另一方面，引导资源分类利用，通过构建科学、全面的指标体系，对各类历史文化资源进行合理定级，明确其区域特色与比较优势，为积极保护与活化利用提供依据。

结合吴江资源特色，从资源条件、资源环境和开发潜力三大方面，构建“3大类、12中类、36小类”的资源评价指标体系。分析对象涵盖文保单位、非遗资源和旅游资源。以层次分析法为主要评价方法，针对各类资源的特征赋予各级指标相应的权重，以百分制进行打分并加权求和，最终对一级指标的得分求得算术平均值作为综合得分，划分“核心—重要—一般”三等[①]（图3）。

经评价，核心资源共计18处，重要资源26处，一般资源166处。聚焦核心资源点，将其作为大运河（吴江段）的特色名片和未来大运河文化带建设的着力点，提升区域影响力。通过挖掘大运河吴江段沿线历史资源的价值与开发利用潜力，提升对吴江整体文化底蕴的认知与把握，围绕蚕桑丝绸、园林艺术、江南古桥、独特区位四大方向开发利用资源，为资源布点提供了科学可靠的依据（图4）。

3.3 定坐标，构建“城市双修”导向下的沿线土地更新机制

以“存量更新、生态修复”为导向，衔接国土空间规划数据库，科学评价沿线工业企业综合效益，构建分类引导的工业企业存量更新机制。一方面，合理、科学评估企业综合效益，展开分类评价。对综合效益优秀良好的企业予以适当激励，继续发挥其龙头作用；对综合效益欠佳的企业，结合实际情况提出相应的改善建议。另一方面，盘活沿线存量土地资源，优化运河生态长廊。摸查运河沿线低效工业用地，为规划资源点布局奠定基础，缓解人地关系紧张局面，推进生态、生产、生活空间优化提升。

从经济效益、环境效益和社会效益三大方面，构建“3大类、7中类、11小类”的沿岸工业用地评价指标体系。综合分析三大指标评价结果，对环境效益一般的工业用地实行“一票否决”，划分工业用地为保留、优化、更新和腾退四大类型（图5）。

针对低效工业用地提出分类更新优化策略，旨在盘活运河沿线存量土地资源，与项目策划和存量开发相衔接，增强建设项目在国土空间的落地性。其中，保留类用地以综合整治为主，优化类用地以转型升级、提质增效为主，更新类用地以更新功能、注入活力为主，腾退类用地以生态修复、弹性

① 81～100分为核心资源点，71～80分为重要资源点，0～70分为一般资源点。

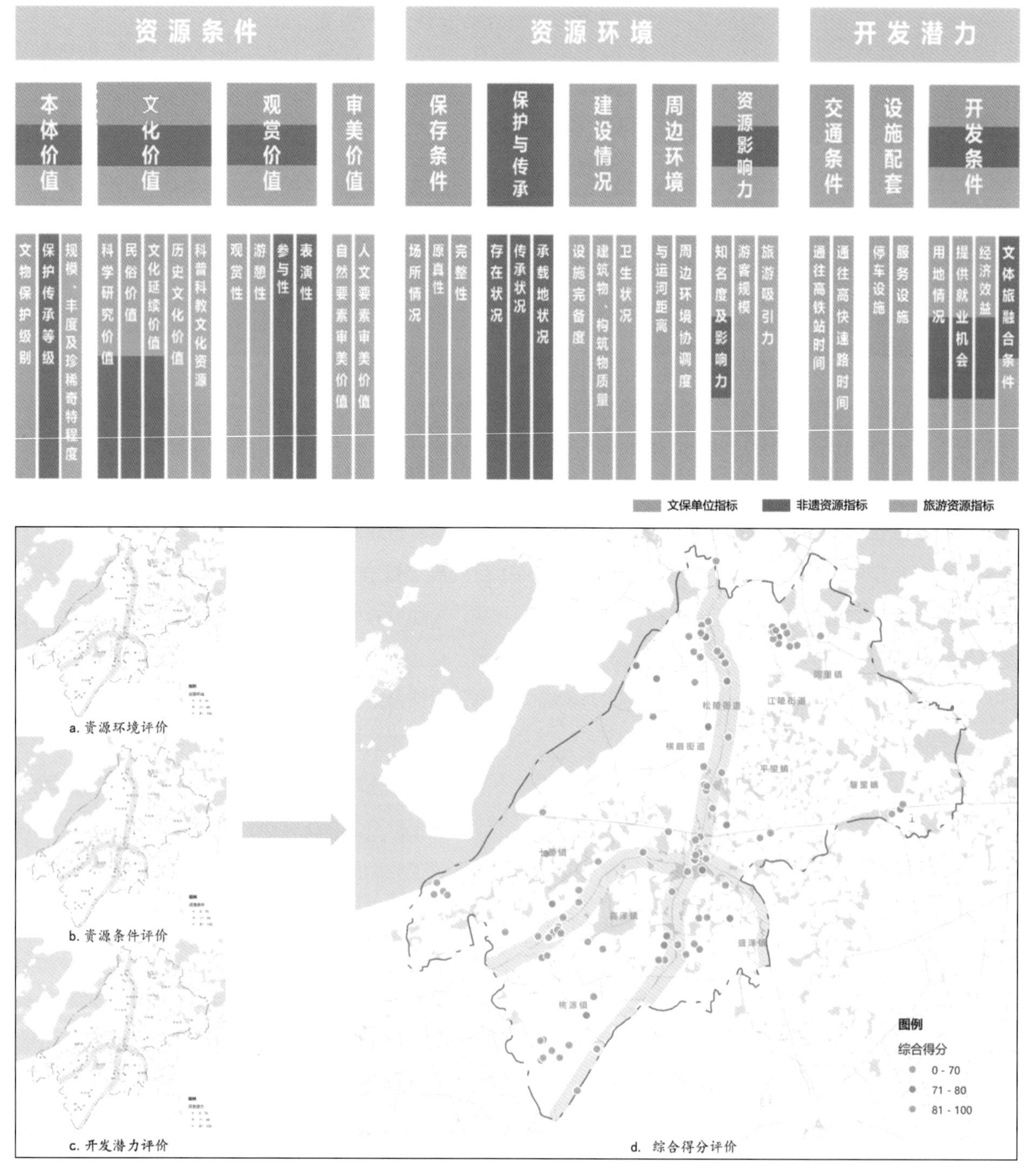

图3 资源点评价指标体系

Fig.3 Evaluation indicator system of resource

控制为主（图6）。

3.4 重策划，构建主题鲜明的旅游服务配套体系

以资源评价为基础，突出“丝绸、园林、古桥、美食、古镇”等特色文化元素，结合特色场馆建设和节庆活动开展，完善与之匹配的特色游线、旅游产品和服务设施配套体系。主要从以下3个方面打造。

生态优先，有机提升景观环境。巩固大运河吴江段优良的生态本底，对具备条件的河段进行水系疏浚连通，恢复运河的景观、游憩、生态、运输等功能，凸显运河的灵动之美。通过“城市双修”、存量更新等手段有序腾退沿岸“散、乱、污”工业

历史文化资源评价结果		
等级	数量	名称
核心资源	18	文保资源（5）：师俭堂、大运河捆绑项目（运河古纤道、三里桥、安德桥、安民桥）、垂虹桥遗址、慈云寺塔、龙南村落遗址
		非遗资源（5）：评弹艺术、桑蚕养殖技艺、宋锦织造技艺、吴江旗袍制作技艺、蚕丝被制作技艺
		旅游资源（8）：中国旗袍小镇、退思园、松陵公园、华佳丝博园、开弦弓村、运浦湾、东纺城丝绸文旅园、太湖雪蚕桑文化园
重要资源	26	文保资源（8）：致德堂、震丰缫丝厂旧址、吴江文庙、丝业公学旧址、苏嘉铁路桥墩、王锡阐墓、吴江县学遗址、三野四烈士陵园
		非遗资源（9）：吴歌（芦墟山歌）、宝卷（同里宣卷）、京剧、越剧、丝绸后整理技艺、吴江昆曲艺术、丝绸织造技艺、铜罗黄酒酿造技艺、谜语（平望灯谜）
		旅游资源（9）：苏州湾黄金湖岸旅游区、苏州湾体育公园、莺脰湖公园、胜地生态公园、爱慕生态工厂、黄家溪村、吴江丝绸文化创意产业园、潜龙渠公园、宋锦文化园
一般资源	166	其他资源

历史悠久：
- 四大绸都"盛泽"历史悠久，丝绸相关文物遗存众多

品质最高：
- 宋锦（锦绣之冠），入选世界级非物质文化遗产
- 丝绸出口量占全国总量的1/4，生产过540个品种

历史悠久：
- 退思园2000年被评为世界文化遗产
- 苏州园林在世界造园史具有独特的历史地位和重大艺术价值

《园冶》作者诞生地：
- 中国古代首部造园专著《园冶》作者计成，明末造园家，苏州吴江同里人

量多质优：
- 共有各代古桥梁千余座
- 桥梁造型多样，风格独特

历史深厚：
- 古桥起于魏晋，兴于唐宋，盛于明清

造型多样：
- 古桥的桥基、桥桩、桥身、桥洞等各式各样，风格独特，对研究江南古桥文化具有重要意义

四河交汇点：
- 四河交汇处，大运河江苏段的南大门

一体化示范区：
- 位于长三角一体化示范区，是当前国际交流、彰显民族自信的前沿窗口

图4　历史文化资源评价结果

Fig.4　Evaluation results of historic and cultural resources

企业，结合沿线代表性生态景观，优化岸线功能，提升运河品质和恢复生态功能。

重视体验，有序组织特色游线。推进文体旅联动发展，构建运河风景路体系，打造特色慢行路线和特色赛事。围绕核心资源，开发水上游线。重要节点水上通勤实现"快旅"，注重可达性提升；核心景区水上游览实现"漫游"，注重体验感满足。

重视品质，有效完善服务设施。完善沿运河公共服务设施配套体系，结合交通节点、重要场馆、旅游集散中心等，构建"城镇旅游服务中心—驿馆—驿站—驿亭"服务设施体系，明确各等级服务设施配套标准。完善水上服务区等航运配套设施建设，保障运河航运功能的持续发挥。

3.5 落项目，构建主体明确的近期重大项目库

作为指导吴江区大运河发展的建设规划，本规划特别注重实施效果。一方面，规划项目组积极对接国省战略，充分利用政策红利，将大运河文化带建设与美丽江苏、长三角生态绿色一体化发展示范区等各类战略相结合，确保项目库符合国家、省、市战略要求。另一方面，规划项目组通过全区统筹，调动各版块、各条线积极性，通过整体策划、项目打包等形式形成上下联动、互利共赢的重大项目库，与"十四五"规划紧密衔接，落实责任主体，保障重点项目推进。

通过5次区镇沟通、10次部门对接，多方共同

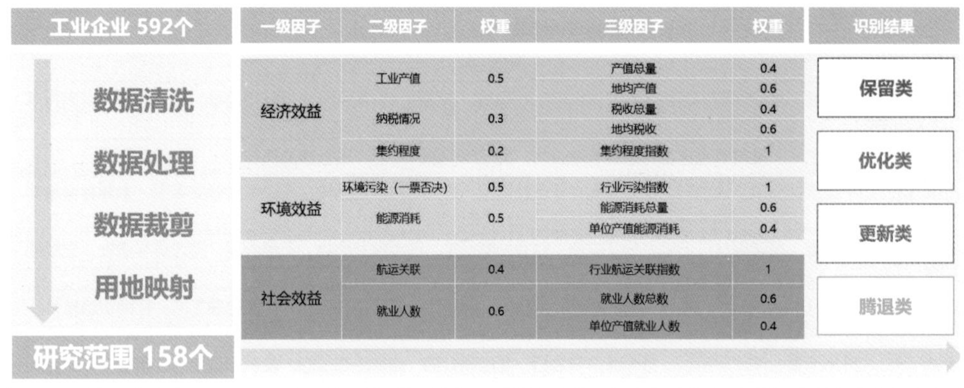

工业企业592个 → 数据清洗 → 数据处理 → 数据裁剪 → 用地映射 → 研究范围158个

一级因子	二级因子	权重	三级因子	权重
经济效益	工业产值	0.5	产值总量	0.4
			地均产值	0.6
	纳税情况	0.3	税收总量	0.4
			地均税收	0.6
	集约程度	0.2	集约程度指数	1
环境效益	环境污染（一票否决）	0.5	行业污染指数	1
	能源消耗	0.5	能源消耗总量	0.6
			单位产值能源消耗	0.4
社会效益	航运关联	0.4	行业航运关联指数	1
	就业人数	0.6	就业人数总数	0.6
			单位产值就业人数	0.4

识别结果：保留类、优化类、更新类、腾退类

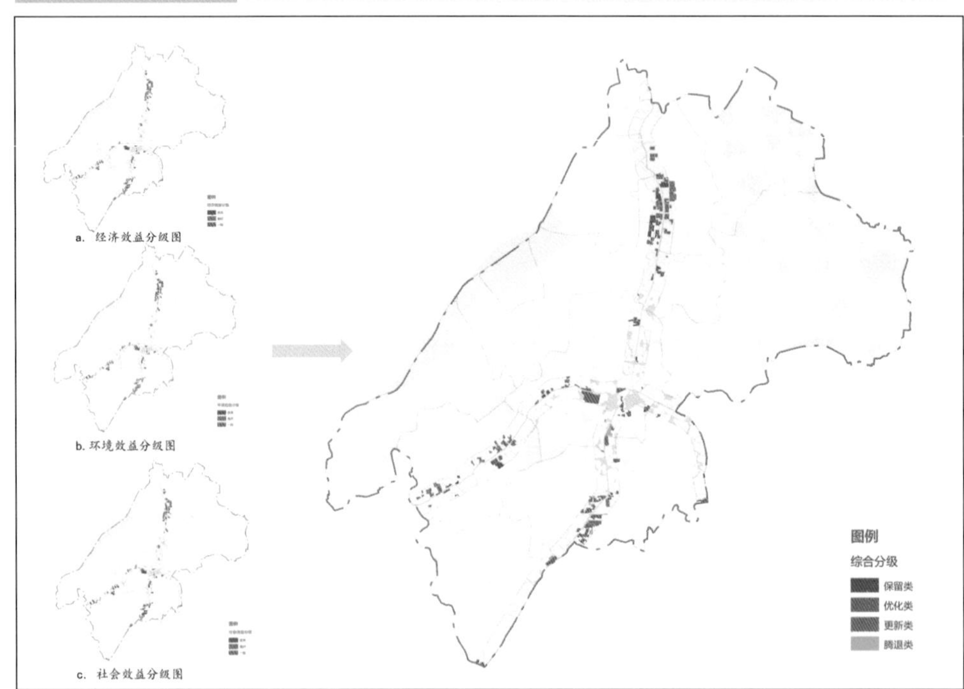

图5 工业用地评价指标体系
Fig.5 Evaluation indicator system of industrial land

工业用地评价结果				
类别	企业数（个）	占比（%）	用地面积（亩）	占比（%）
保留类	29	18.35	3755.8	14.98
优化类	102	64.56	13907.29	55.48
更新类	23	14.56	6621.3	26.41
腾退类	4	2.53	783.9	3.13
合计	158	100.00	25068.35	100.00

类型	策略	具体措施
保留类	综合整治	• 保留工业用地属性，改善沿河立面和建筑景观
优化类	产业转型 提质升级	• 吸引为企业提供关联较高协同服务的产业 • 完善上下游产业链条，产业集群发展
更新类	挖潜增效 更新功能	• 整体拆迁现状工业 • 转换用地性质 • 补充商业、居住、绿地或公共服务功能
腾退类	生态修复 弹性控制	• 生态修复，绿色空间储备 • 城市弹性预留地

图6 工业用地分类转型优化更新策略
Fig.6 Classified optimization and regeneration strategies for industrial land

建立大运河文化带建设重点项目清单，明确建设内容、占地、投资金额、完成期限，项目化、清单式地推进实施一批重点工程。最后从文化建设、旅游布局、道路交通、服务设施、景观风貌和生态建设6个方面编排近期44个重点项目，责任主体涉及吴江开发区、太湖新城、平望、震泽、七都、盛泽、桃源、同里、黎里等地及区水务局等相关部门，总投资额约150亿元（图7）。

与此同时，建立重大项目考核机制，大运河文化带建设推进领导小组作为牵头部门，对确定的重点任务、项目清单建设情况需进行跟踪分析，严格落实规划任务，分解落实各级责任，及时了解、沟通重大进展、重大问题和意见建议，以确保大运河文化带建设工作有效推进。

3.6 重视与规划体系的衔接，体现传导性

新时代、新背景下，专项规划变得更为综合，同时与发展规划和国土空间规划的衔接也更为紧密。因此，规划在落实上位大运河保护传承利用规划战略意图的同时，需更加强化与土地利用和空间布点等相关规划的对接。通过对既有的规划进行梳理，规划提出“2+N”的规划衔接体系（图8）。

“2”为《大运河文化保护传承利用规划》和《国家文化公园规划》，规划贯彻落实相关要求，依托古纤道展示带和同里、震泽展示点等重要资源进行旅游布局，深化文化、生态、旅游长廊建设。

“N”为文保、住建、水利、环保等各条线专项规划，对于文保部门，重点衔接文物保护范围和

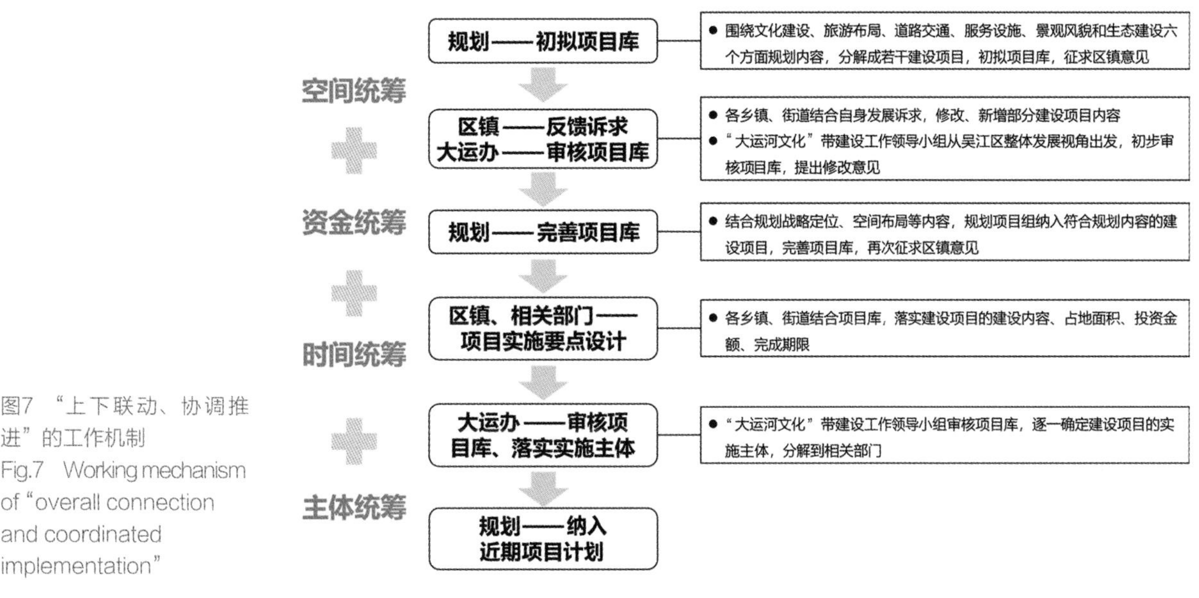

图7 “上下联动、协调推进”的工作机制
Fig.7 Working mechanism of “overall connection and coordinated implementation”

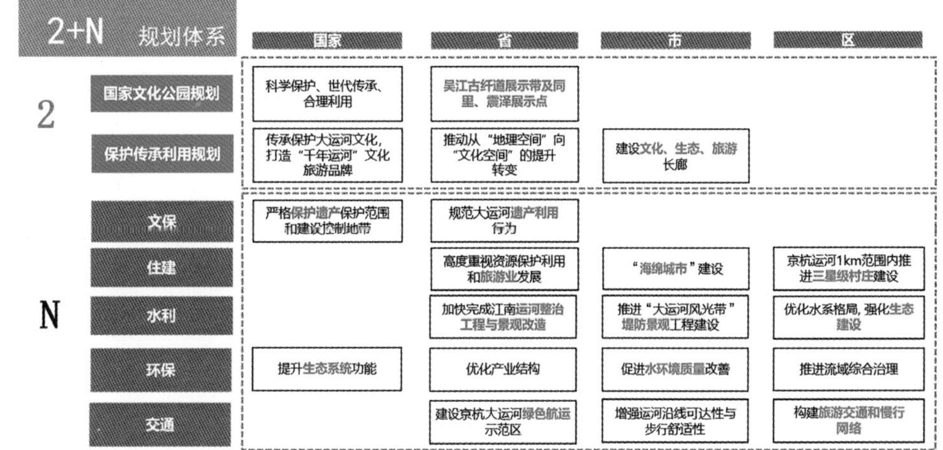

图8 国、省、市层面大运河相关规划梳理
Fig.8 Relevant planning at the national, provincial, and municipal levels

管控措施；对于住建部门，重点衔接规划游线和风景路，统筹考虑三星级村庄等特色景点；对于水利、环保部门，规划在运河沿岸产业结构优化过程中，充分落实运河生态保护与综合治理的要求；对于交通部门，注重加强与慢行网络的对接，增强运河沿线的可达性。

4 思考体会

4.1 重视多源大数据的应用，体现科学性

多源大数据的运用可弥补相关技术短板，提升空间治理问题的动态精准识别能力。例如，基于交通路况数据可分析运河沿线交通可达性、旅游景观点交通可达性等问题；基于POI数据，可有效识别不同人群对公共服务设施的不同需求，搭建精准化的公共服务供给模式，提升资源配置效率和公众满意度。

除此以外，规划编制过程中，对某区域某要素进行科学评判，通过大数据应用，可以建立空间更为精细、指标数据便于可视化的指标体系，提升决策的科学性。例如，搭建历史文化资源评价体系，明确其价值与开发利用潜力，为规划资源布点提供科学可靠的依据；搭建运河沿线工业用地评价体系，明确土地利用效益，为土地存量资源与国土综合整治提供思路和依据（图9）。

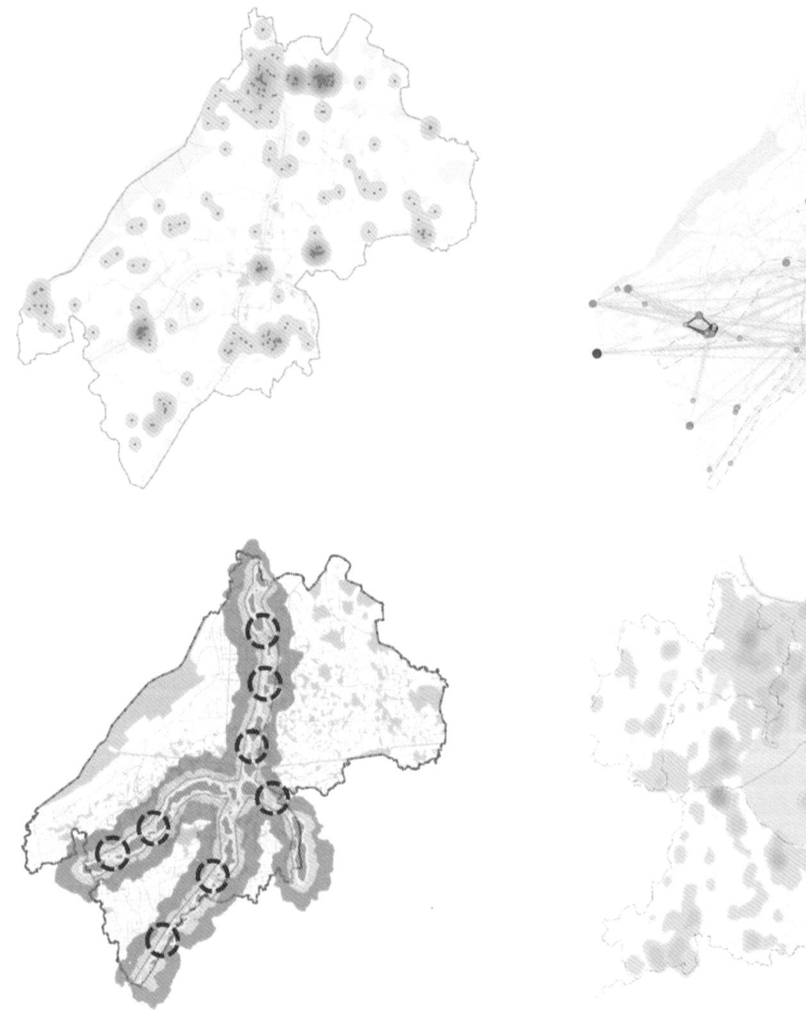

图9　多源大数据分析应用
Fig.9　Multi-source big data analysis and application

4.2 重视规划价值链的延伸，体现伴随性

本次规划从“结果设计”转向“过程服务”，重视规划价值链的延伸，搭建多方参与、利益协同的沟通平台。

规划认真研究国家、省关于大运河的规划编制要求，前期调研阶段，多次赴大运河沿线开展实地调研及发放问卷，充分掌握了吴江当地实际情况与民情民意，借助大数据系统分析吴江旅游特点；在中期编制阶段，与各界人士进行了多次沟通讨论，进行了9轮意见征求，积极吸纳多方意见；在后续完善阶段，组织专业技术人员提供了近5个月的伴随式规划服务，为相关部门、板块提供了专业技术咨询服务，与吴江各部门、区镇形成了“上下联动、协调推进”的大运河文化带建设大格局，积极推动了包含文化建设、旅游布局、道路交通在内的6个方面的项目44个，总投资额过百亿元（图10）。

- **2019.07 启动规划编制**
- **2019.08 启动现场踏勘工作，召开区镇沟通座谈会**
- **2019.11 完成规划初稿**
- **2019.12 向各区镇街道、成员单位进行第一轮征求意见**
- **2020.01 邀请了区人大代表、政协委员和党代表参加座谈会并进行第二轮征求意见**
- **2020.01 邀请了区相关文史专家参加座谈并进行了第三轮征求意见**
- **2020.04 向区委书记汇报，进行了第四轮征求意见**
- **2020.05 建立项目清单，向区镇、部门进行第五轮征求意见**
- **2020.06 与各乡镇就项目清单落实再次进行了汇报交流，进行第六轮征求意见**
- **2020.07 召开三次汇报交流，多次对项目清单落实进行探讨，进行第七、八轮征求意见**
- **2020.08 向区委书记汇报，进行第九轮征求意见**
- **2020.10 顺利通过专家评审会**
- **2020.11 顺利通过社会稳定风险评估工作**

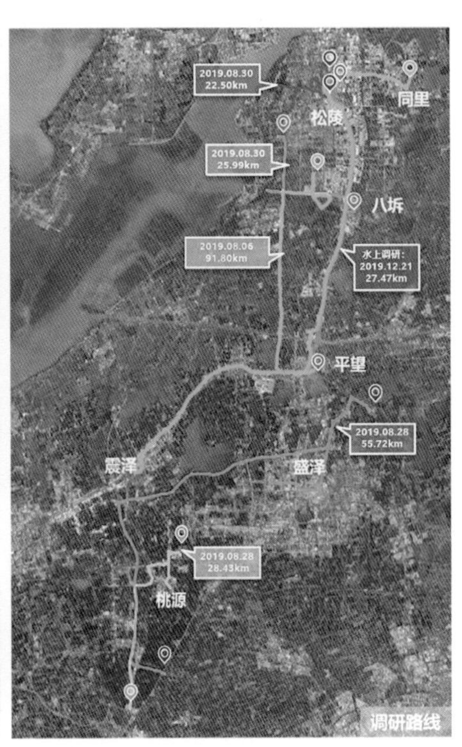

图10 规划项目编制进度一览表

Fig.10 Formation progress of the planning project

5 结语

吴江伴水而建，因水而城，水乡泽国、河湖密布、阡陌纵横。悠久绵长的大运河催生了吴江城市的繁荣兴盛，造就了吴江发展的格局，沉淀了吴江的厚重文化。

吴江作为大运河文化带、长三角绿色一体化示范区两大国家战略叠加区，迎来新的发展机遇，未来必然会重现一幅古今延续、天人和谐的“盛世滋生图”……

08 聊城市米市街历史文化街区保护整治详细规划与设计

Detailed Planning and Design for the Protection and Renovation of Mishi Street Historic and Cultural Area in Liaocheng

项目信息

项目类型：历史文化街区保护规划

项目地点：山东省聊城市

项目规模：63hm^2

完成时间：2020年9月

委托单位：聊城市自然资源和规划局

项目主要完成人员

主 管 总 工：孙彤　黄继军

主 管 所 长：李家志

项目负责人：郝之颖　许哲源

主要参加人：王美伦　谢启旭　祖建　王磊　刘明喆　祝成　李慧宁　葛钰　刘吉源　曲涛　吴晔　王治

执　笔　人：许哲源

米市街历史文化街区现状鸟瞰图

Aerial view of Mishi Street Historic and Cultural Area in Liaocheng

项目简介

聊城是国家历史文化名城，米市街历史文化街区位于聊城市东昌古城东侧，紧邻京杭大运河。街区三面环水，历史格局保留较为完整，是聊城历史城区的重要组成部分。

本次规划设计基于街区的价值特色和功能定位，坚持“应保尽保、以人为本、核心突出、实施落地”的原则，从强化保护和优化提升两个方面分别进行刚性控制和设计引导。强化保护落实上位规划的保护要求，细化管控措施，确保最大限度保护街区的格局特征和文化遗存；从街区功能优化、人居环境提升和建筑分类整治3个方面进行设计引导，突出重点内容，制定行动策略与实施措施，为《东昌府区米市街历史文化街区保护规划》和街区各项具体的整治工程搭建桥梁，有序安排整治更新项目的落地实施。

本次编制工作采取规划、建筑、市政、环境等多专业多团队合作方式提高设计合理性，同时强化技术与管理衔接的紧密性，结合我国大量街区保护改善实践经验，从组织管理、实施机制、公众参与和资金筹措方面提出实施建议，明确了政府统筹、居民参与、共建共治机制下街区保护规划的实施方法。

INTRODUCTION

Liaocheng is a national historic and cultural city. Mishi Street is located in the east of Dongchang Ancient Town in Liaocheng, close to the Great Canal. Surrounded by water on three sides, the Mishi Street Historic and Cultural Area, as an important part of the historic urban area of Liaocheng, has a relatively complete traditional spatial pattern.

Based on the values, features, and functions of the area, this planning focuses on the enhancement of historic and cultural protection as well as the optimization and improvement through rigid control and design guidance. In terms of the enhancement of protection, detailed measures are taken to ensure that the tradition spatial pattern and cultural heritage in the area can be conserved as much as possible. In terms of optimization and improvement, design guidance is provided for the optimization of functions, improvement of human settlements, and classified renovation of buildings. This planning also puts forward implementation strategies and measures, which acts as a bridge between the upper-level plan and the various specific renovation projects of the area and facilitates the orderly implementation of renovation projects.

A multi-disciplinary project team, composed of members from the planning, architecture, infrastructure, and environmental protection fields, is set up to improve design rationality and to strengthen the connection between the technical proposal and planning management. In combination with the practice in China on the protection and renovation of historic and cultural areas, this planning puts forward suggestions from the perspectives of organizational management, implementation mechanism, public participation, and fund raising, and develops related measures for the implementation of protection planning under the mechanism of government's coordination, residents' participation, as well as joint construction and governance.

1 工作背景

米市街历史文化街区位于国家历史文化名城聊城的东关地区，西临古城东门，东临京杭大运河，北临东关街。2014年，米市街历史文化街区及其北侧的大小礼拜寺街历史文化街区被公布为山东省第一批历史文化街区，是聊城历史城区的重要组成部分。本次规划设计范围与米市街历史文化街区的保护范围一致，总计约63hm^2。

本次规划设计落实和细化《聊城历史文化名城保护规划（2017—2030年）》和《聊城市东昌府区米市街历史文化街区保护规划（2017—2030年）》（以下简称《街区保护规划》）的原则性保护要求，同时给后续各项街区整治更新的具体项目和工作组织提供操作指导，也可为居民的自发修缮要求提供方式和方法，并针对当前街区面临的规划实施和管理困境，总结经验教训，提供更有效、更具针对性的措施建议和实施引导，为保护规划和各项具体的整治工程搭建桥梁。

2 总体思路

米市街历史文化街区的保护对聊城意义重大，从图1可以看出它是聊城历史城区内仅存的未经过成片拆除重建的街区，完整保留了传统的街巷格局和建筑肌理。但目前街区的保护状况并不理想，大量民宅年久失修，许多建筑已成为危房，基础设施欠账突出；另外，街区保护规划的保护要求难以传导至具体的街区更新工程，政府对街区风貌的整治依旧是简单粗暴地将沿街建筑立面统一刷白，建筑原本的风貌特征被破坏。

该片区既是聊城仅存的完整保留传统格局的历史文化街区，又是人居环境亟待改善的棚户区，应对这样的双重特质，本次规划从保护和更新两个角度对症施策。基于街区价值特色和功能定位，从"强保护"和"促更新"两个角度对街区保护规划进行细化和传导，重点对街区的空间格局、建筑及历史环境要素提出刚性控制，通过细化的保护措施和管控要求落实上位规划的原则性要求；满足街区保护管理环节管什么、怎么管的要求；同时，从功能优化、人居环境提升和建筑风貌整治3个方面提出设计引导，突出重点内容，引导落地实施，满足街区更新实施环节做什么、怎么做的要求（图2）。

20世纪60年代

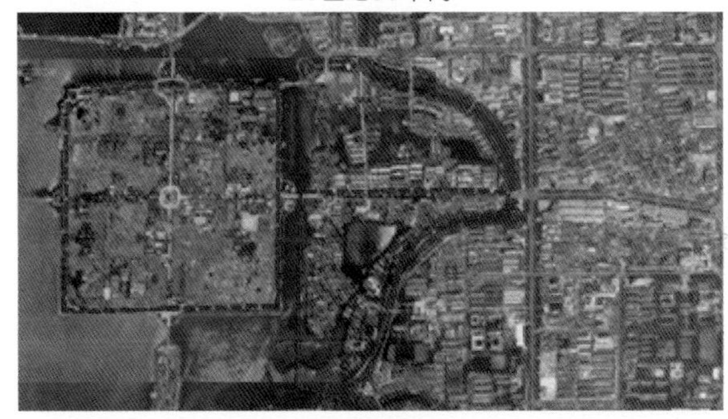

2011年

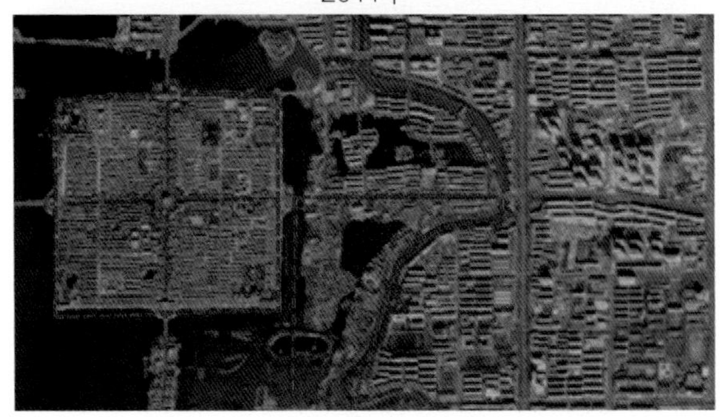

2020年

图1　东昌古城及米市街历史文化街区不同年代影像图
Fig.1　Satellite Images of Dongchang Ancient Town and Mishi Street Historic and Cultural Area in different years

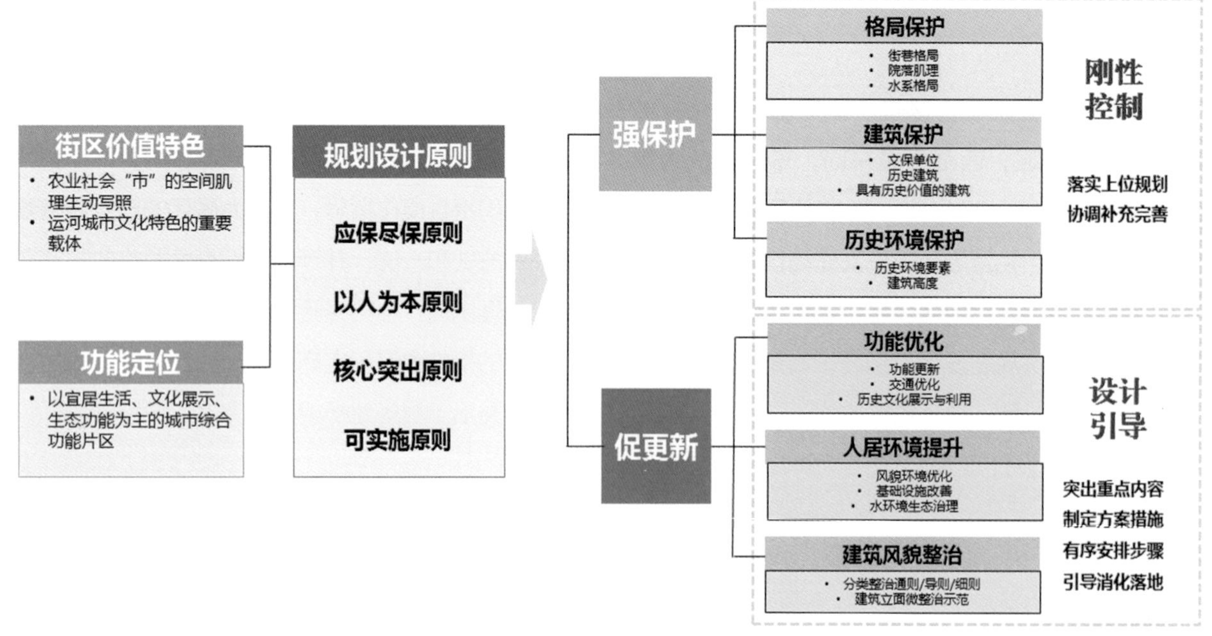

图2 规划设计总体框架

Fig.2 Overall framework of the planning and design

3 强保护：落实上位规划，丰富价值、补充资源

3.1 提炼街区价值特色、织补格局

本次规划设计系统梳理东昌古城的历史沿革，从功能演变和空间格局两个角度深入挖掘街区价值特色（图3）。在功能演变方面，街区是运河沿线城市与运输商贸功能协调发展的典型样本；在空间格局方面，在运河带来的商贸、运输和管理功能的影响下，“城、湖、河、市”融为一体的格局特色逐渐成形并延续至今。街区保留较为完整的鱼骨状街巷体系，也是农业社会“市”的空间肌理的生动写照。

本次规划设计在《街区保护规划》明确的街区价值特色基础上，对街区的功能演变和空间格局特色进行深入解读，为街区的格局保护、文化展示及风貌环境提升明确方向。结合上位规划的功能指引，突出街区自身特色，将米市街历史文化街区定位为以运河文化为脉络，以宜居生活、文化展示、生态功能为主的城市综合功能片区。

在传承历史格局的基础上，将格局保护与格局织补相结合，规划构建一条环中央水系的滨水步道。将原先居民堆放杂物的街巷尽端空间连接成一个开放的滨水体系，衔接运河文化带、东关街商业轴和米市街生活廊这3条街区的文化主线，更好地展示城水相依的空间特色，构建了“一环街三线”的文化展示体系（图4）。

3.2 挖掘街区历史资源、细化管控

在此基础上，深入挖掘街区历史遗存资源，实现应保尽保：在《街区保护规划》的基础上新增4处历史建筑、3处历史环境要素，同时，遴选始建于民国时期和新中国成立初期的典型民宅、工业厂房和公共建筑共89处作为建议历史建筑（图5）。通过保护这一批具有历史价值的建筑，记录街区不同发展阶段的历史记忆，最大限度保存街区的历史信息和文化要素，以这一批建筑为锚点，推动街区整体空间格局的保护和传承。这个探索也得到了当地政府的充分认可。2020年9月，聊城市政府公布了第二批历史建筑，全部位于米市街历史文化街区，原先街区仅有5处历史建筑，目前街区挂牌保

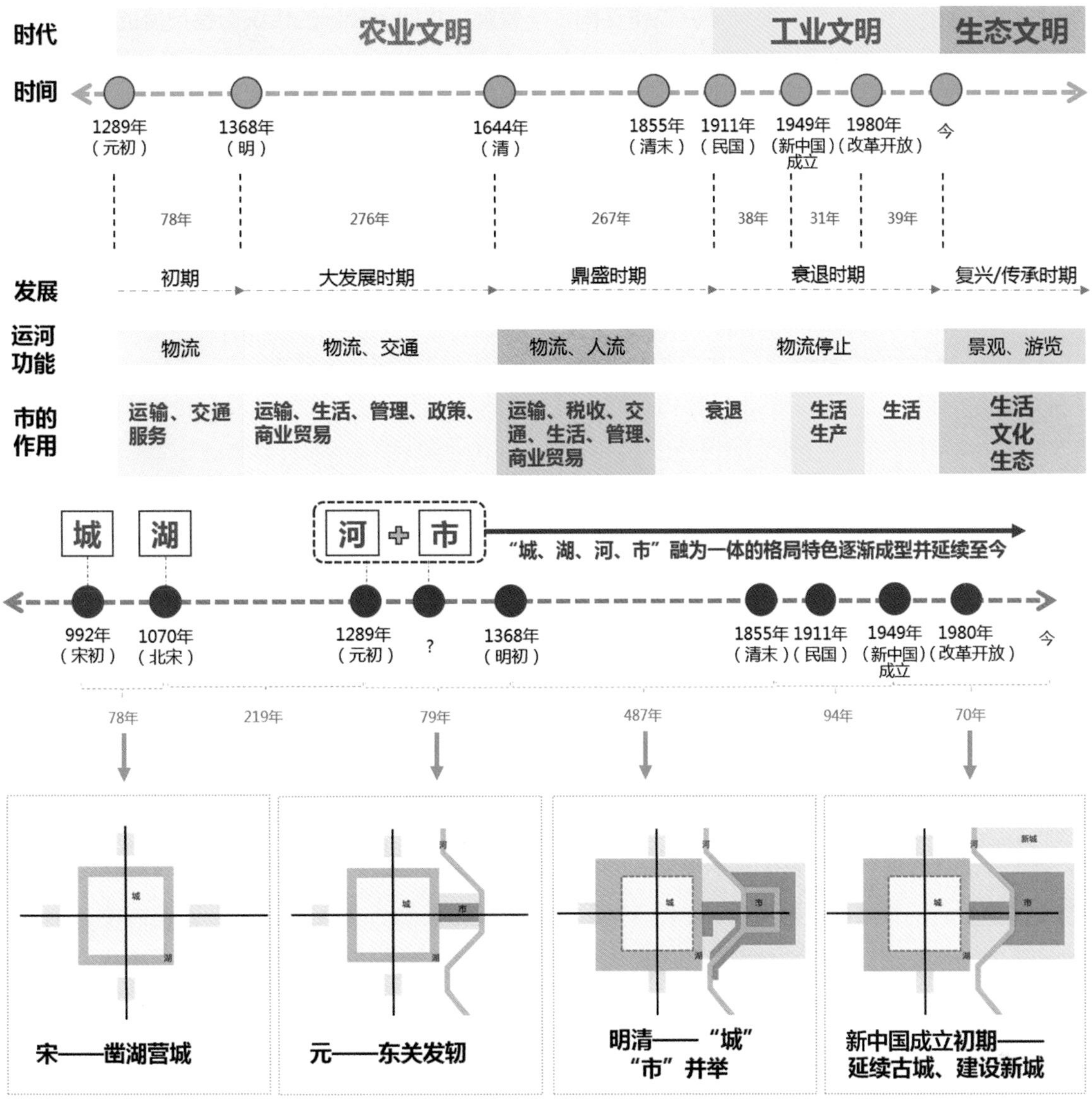

时代	农业文明			工业文明			生态文明
时间	1289年（元初）	1368年（明）	1644年（清）	1855年（清末）	1911年（民国）	1949年（新中国成立）	1980年（改革开放） 今
	78年	276年	267年		38年	31年	39年
发展	初期	大发展时期	鼎盛时期	衰退时期			复兴/传承时期
运河功能	物流	物流、交通	物流、人流	物流停止			景观、游览
市的作用	运输、交通服务	运输、生活、管理、政策、商业贸易	运输、税收、交通、生活、管理、商业贸易	衰退	生活生产	生活	生活文化生态

城 湖 河+市

“城、湖、河、市”融为一体的格局特色逐渐成型并延续至今

992年（宋初） 1070年（北宋） 1289年（元初） ? 1368年（明初） 1855年（清末） 1911年（民国） 1949年（新中国成立） 1980年（改革开放） 今

78年 219年 79年 487年 94年 70年

宋——凿湖营城

元——东关发轫

明清——“城”“市”并举

新中国成立初期——延续古城、建设新城

图3 聊城城市空间格局及功能演变分析

Fig.3 Analysis on the functional evolution and the urban spatial structure evolution of Liaocheng

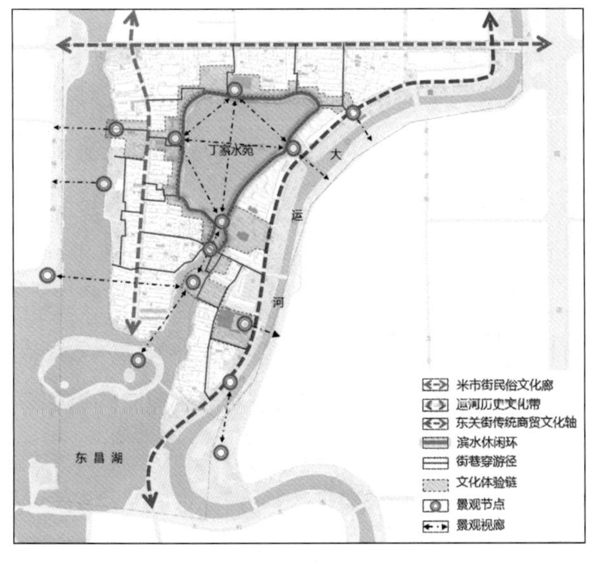

图4 街区空间格局织补示意图

Fig.4 Optimization of the spatial structure of the area

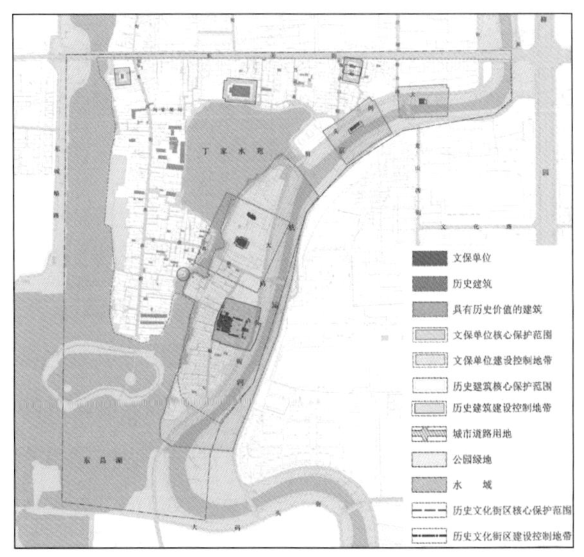

图5 保护区划图

Fig.5 Protection zoning plan

护的历史建筑已达30余处，街区的保护工作又向前迈出了重要一步。

在保护历史文化资源的同时，将上位规划的保护原则细化为具体、可操作的管控措施，从保护界线、街巷体系、建筑肌理、建筑高度等方面对《街区保护规划》中的保护措施进行补充与完善，具体包括：对街区保护范围提出优化调整方案，使其完整纳入大运河、生态岛等构成街区历史风貌的自然景观；将保留较好的传统街巷尺度的支巷补充纳入街巷保护体系，对街区的街巷格局进行织补；基于对传统民居院落肌理的研究，对院落建筑布局提出分级、分类的控制要求，保护传统合院肌理，弥补了上位规划在建筑肌理保护方面的内容缺失；在此基础上，以院落为管控单元，采取“建筑高度+建筑层数”双重指标控制，对上位规划中高度控制的原则要求进行细化落实。

4 促更新：突出重点内容，设计引导、设施提升

4.1 街区民居风貌保护与整治引导

目前街区的规划管理中最为突出的问题就是居民住房的整治引导：街区内大量民宅质量不高，长期缺乏维护，居民改善住房条件的需求迫切，同时居民自发改造更新的意愿也较为强烈。尽管《街区保护规划》已对街区内的现状建筑提出原则性的分类保护和风貌整治要求，但由于缺乏明确和具体的整治更新措施指引，难以对居民自我更新行为进行有效引导。因此，本次规划设计针对技术难度最大、产权最复杂、需求最多元的街区住房修缮维护开展了建筑风貌分类保护与整治设计专题研究，为街区量身定制了一套通则、导则、细则相结合的技术引导体系和管理框架，兼顾“大家”的整体风貌和“小家”的个性需求。

（1）制定导则

本次规划设计首先基于《街区保护规划》制定基本通则，明确整治重点内容和政府管控底线：将街区内文保单位和历史建筑以外的现状建筑分为维修类、改善类、保留类和整治类，明确各类整治措施的底线控制要求，作为政府管理的核心依据；在此基础上，对通则中的控制要求进行分项、分级细化，形成实施导则，明确建筑外观和内部设施的设计要求与管理办法；为了向居民提供更加“接地气”的指导，本次规划进一步编制建筑分类整治更新细则，为居民提供步骤指引、样式选型和效果示范，为建筑整治工程提供步骤指引、样式选型和效果示范。

（2）使用细则

细则的使用方法可以分三步走：第一步，落位置、对导则，即首先在建筑整治细则编码图中根据位置确定对应编码，根据编码获得建筑风貌分类和整治分类信息，明确改造力度。第二步，查索引、看做法，即查看建筑分类整治与更新细则索引表，按照分类、分项、分级等各项信息查找整治措施，选择样式参照。第三步，提申请、抓落实，即居民基于合理的居住改善诉求提出的改造申请，符合细则要求，可报有关部门审批，获批后即可动工。民居修缮、整治全过程需由有关部门进行必要方式的跟踪记录、核查监管，以确保整治行为与审批方案一致性。完工后需由有关部门进行验收，以确保审批方案与实施效果的一致性，确保自发整治行为不破坏街区建筑风貌。

细则将建筑外观分为屋顶、墙体、门、窗和附属设施5类要素，并进一步细分为21项，分项提出三级改造力度，明确各级改造力度对应的措施要求和样式参照。以建筑屋顶为例，细则针对平屋顶、坡屋顶、囤顶等各类屋顶提出在不同改造力度下的整治措施，并结合典型建筑给出样式选型和改造示范（表1）。

平屋顶分级改造措施要求和样式选型 表1

Renovation measures and style options for flat roof Tab.1

改造力度	Ⅰ级改造力度	Ⅱ级改造力度	Ⅲ级改造力度
现状典型照片	MSX-13	MSX-89	MSD-81
改造措施	平屋顶屋面收束部分无挑檐，增加装饰性女儿墙，根据建筑高度，对于两层及以下的建筑，女儿墙高度约为800mm，女儿墙采用真砖砌筑的工艺，可结合地方特色做镂空处理	条件不允许增加女儿墙的情况下，对屋面收束部分用深色铝板进行包边或压顶处理	红砖墙选用红砖砌筑或贴砌做两层直檐
样式示范	女儿墙墙体材质与建筑墙体材质一致，女儿墙高度约为800mm，镂空墙样式从地域元素中提取	对屋面收束部分用深色铝板进行包边或压顶处理，增加线脚层次丰富屋顶形式	拆除屋顶疑似违建

（3）整治示范

本次规划设计选取米市街北段作为建筑风貌保护与环境整治示范段，试点实施建筑细则，结合施工效果和居民意见反馈，总结经验教训，优化细则内容和组织管理模式（图6）。示范段坚持见物、见人、见生活的设计原则，改善建筑风貌，重视传统工法，综合考虑房屋质量和工程预算，对示范段沿街建筑提出立面微整治方案，逐栋明确整治更新措施，为全街区的建筑整治提供经验探索和示范参照。整治更新后的示范段将保留米市街多个历史时期的典型建筑风貌，展示街巷历史信息和文化特色，在提升街道风貌环境的同时保留城市记忆。

针对街区中建筑与院落空间紧密结合的特点，结合各类院落的保护要求，本次规划设计对街区中不同保护等级的民居院落提出整治更新的细则要求，鼓励以院落为单元整体改善建筑风貌和院落环境；并选取有代表性的民居院落，由表及里、从街面走向院落，给出建筑风貌和院落环境协调改善的示范方案（图7）。

4.2 市政基础设施优化提升指引

街区长期以来处于老城与新城间的过渡位置，城市建设缺乏重视，基础设施欠账突出。2019年，街区内实施了一系列市政改造工程。改造后，市政系统基本满足正常使用要求。但由于本次改造的各项工程缺乏统筹，部分设施存在设计缺陷和施工问题，设施运行的安全性和服务质量仍有较大提升空间。

为减少对居民日常生活的影响，规划明确近期上下兼顾、逐步提高，争取达标使用；远期系统统筹、对标完善，实现幸福人居的市政设施改善目标。即近期不再实施涉及全路段地下管线的工程项目，仅对部分节点的管线问题进行局部改造；远期市政管线主干线路全部入地铺设，其他街巷市政管线最大限度入地。

图6　示范段现状及整治方案示意图
Fig.6　Status quo of the project site and the renovation scheme

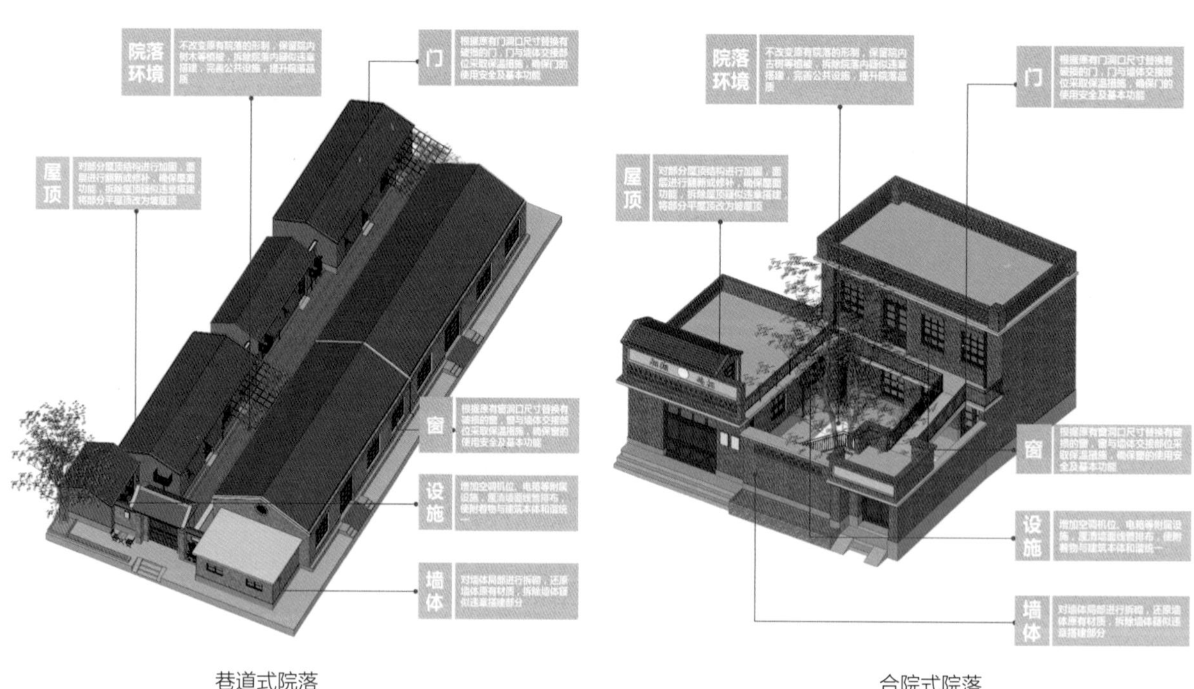

图7　建筑与院落结合整治方案示意
Fig.7　Design Scheme for the comprehensive improvement of the courtyard

为更好地统筹后续各项市政改造工程，本次规划设计对街区内不同尺度街巷分别提出管线综合布置指引（图8）。针对部分街巷空间难以满足规范要求间距的特殊情况，明确特殊处理原则和安全处理措施。

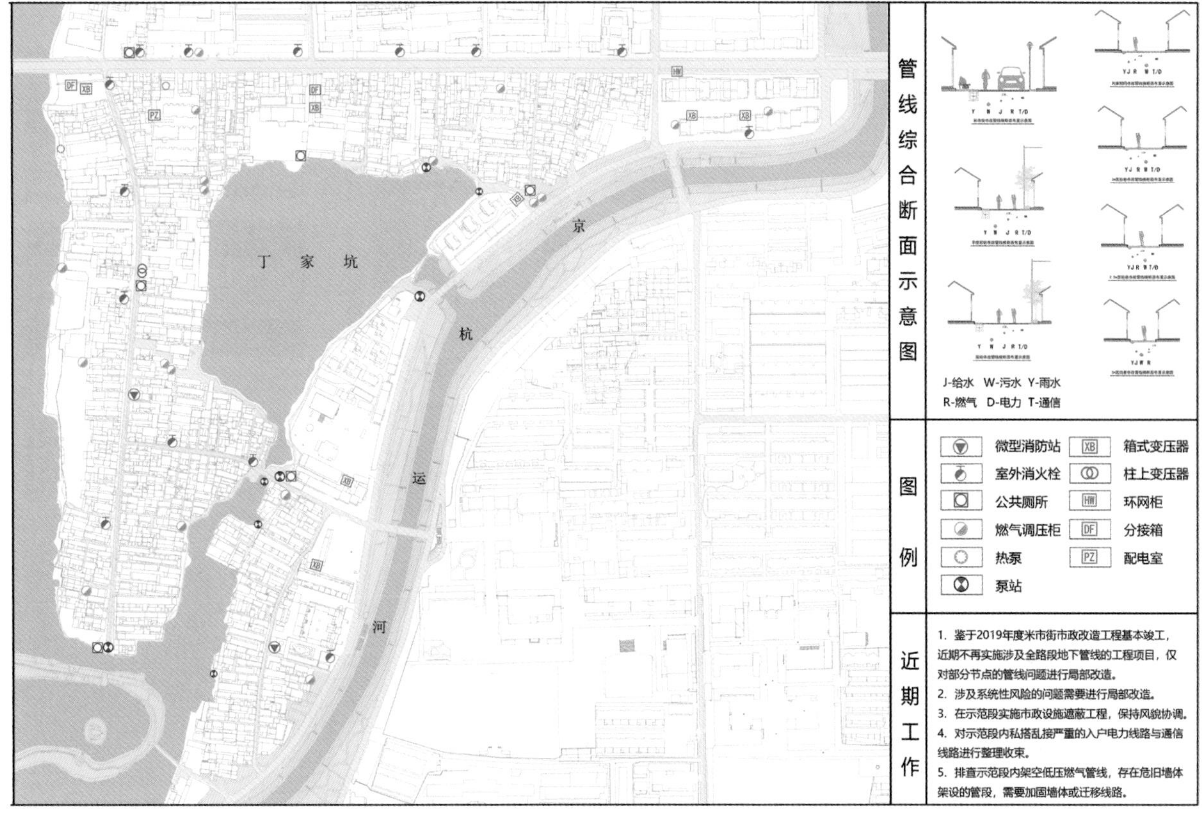

图8 市政基础设施近期优化提升指引

Fig.8 Guidelines for the short-term improvement of the municipal infrastructure

5 规划实施：近期试点带动，分期推进

为更好地落实《街区保护规划》中的保护要求，同时增强本次规划设计方案的可操作性、对居民自我更新行为实现有效引导，规划以具体项目为抓手分期有序推进街区的整治和提升工作。

规划明确各项目的行动时序和组织方式，建立米市街历史文化街区保护整治项目库，对于近期试点行动，制定设计引导，明确项目时序，积极推动实施；对于中远期项目，提供内容策划和组织方式建议，持续跟进协调（图9）。从而分期、分批、分类落实保护整治规划设计，实现传统风貌的有效保护和街区活力的持续提升，持续推进和指导街区整治更新工作。

规划从风貌环境提升、建筑整治示范和市政设施完善三个角度为街区制定近期试点行动，先行先试，带动街区更新，激发街区活力；总结经验，优化细则方案，完善管理模式。同时，统筹安排各类重点项目的施工时序，为近5年街区整治更新工作的有序开展奠定基础。

综合借鉴北京崇雍大街、上海田子坊、扬州文化里等历史街区的实施经验，规划从组织管理、实施机制、公众参与、资金筹措4个方面明确实施要求，应采用政府主导统筹、部门配合协调、居民全程参与的组织模式，在街区整治更新过程中逐渐实现共治共管、共建共享（表2）。

6 后记

历史文化街区如何在有效保护的同时，循序渐进地进行改善更新一直是规划专业的重要议题。本次编制工作是一项针对聊城城市管理需要和米市街历史文化街区保护与改善需求的任务导向型工

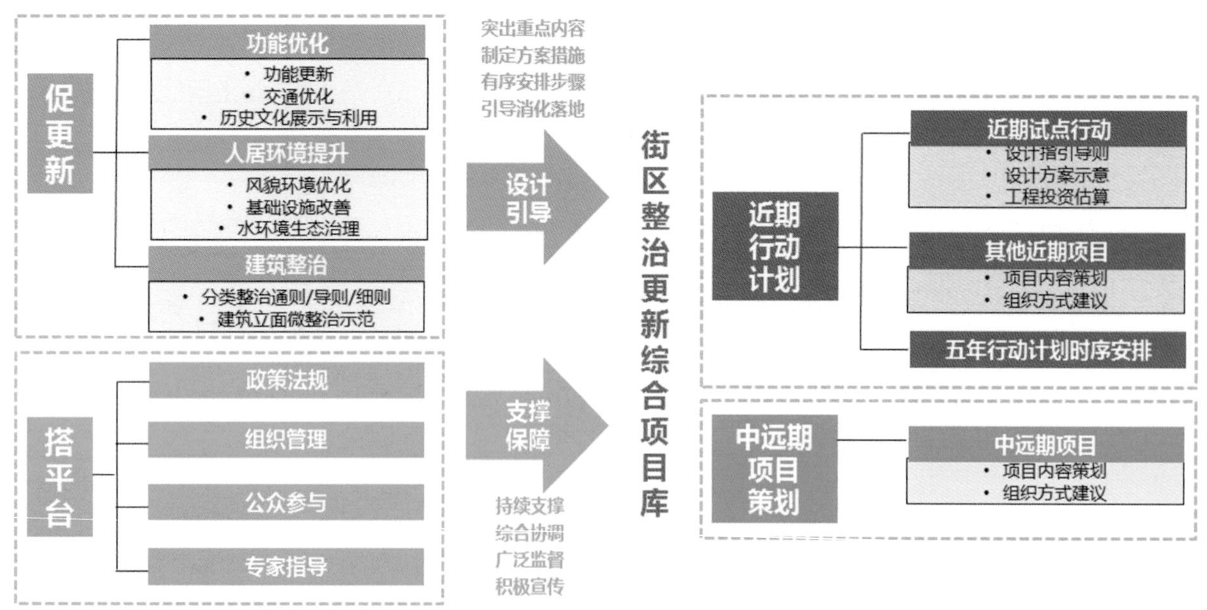

图9 规划分期实施框架

Fig.9 Framework of planning implementation by stages

街区整治更新实施模式比较 表2

Comparison on implementation modes for the renovation of different historic areas Tab.2

街区	组织管理	实施机制	公众参与	投资主体
北京市崇雍大街	前期政府主导，全面统筹	自上而下为主	全过程、全覆盖、多手段	政府投资统包统建
上海田子坊	前期自发自建，后期政府介入	自下而上，居民为主，自发开始，依托名人效应和文化搭台，带动周边，形成品牌	公众自主、全面自治、市场调节	居民和市场是主体
扬州市文化里	政府实施、社区监管、居民自觉	社区发挥重要的中间作用	全过程自主决策、自定计划方案、利益主体共同协商	政府与居民共同承担。政府投资公共设施的改造更新及部分房屋主体结构维修，居民承担院落和房屋内部的环境整治与设施改造费用
米市街历史文化街区	政府主导、启动统筹、逐步调整	政府统筹、技术归口、共建共治	积极引导、鼓励支持、共治共管	广泛开源、合理分担、共筹共享

作，项目的名称和内容均基于项目委托方和项目组双方的认知与需求确定。此项目也是对解决街区保护法定规划实施传递困难的一次摸索，工作中采取规划、建筑、市政、环境等多专业多团队合作方式提高设计合理性，强化规划技术与规划管理衔接的紧密性。

通过米市街这个项目探索出一种模式：从保护和更新两个方面分别进行刚性控制和设计引导，并以一批策划项目为抓手，分期有序推进实施，同时要搭建一个共建共治的平台，持续协调跟进，从而为街区保护规划和街区各项具体整治工程搭建桥梁，让政府清楚在这个全过程中该做哪些、该管哪些，同时吸引居民和社会力量参与进来。

在技术方面，本次规划重点在3个方面进行探索和创新：一是通过格局保护和格局织补相结合，在强保护的同时显特色；二是在建筑整治的风貌引导方面，将自上而下的统一规划和自下而上的自主设计相结合，实现整体风貌的协调和个性需求的尊重；三是在试点选择方面以微改造、微设计先行先试，总结经验教训，动态调整导则，持续跟进实施。

09 乌鲁木齐市老城区改造提升总控规划

General Regulatory Planning for the Renovation and Improvement of the Old City of Urumqi

项目信息

项目地点：乌鲁木齐市老城区

项目规模：173km^2

完成时间：2018年7月

获奖情况：中国城市规划协会2019年度优秀城市规划设计奖三等奖、新疆维吾尔自治区城市规划协会2019年度自治区优秀城市规划设计奖二等奖

委托单位：乌鲁木齐市城乡规划管理局

编制单位：中规院（北京）规划设计有限公司、乌鲁木齐市城市规划设计研究院

项目主要完成人员

主要参加人：苏海威 任帅 王云鹏 李钰 柯思思 毛有粮 叶成康 李胜全 段斯铁萌 韩冰 胡章 刘继强 袁小玲 孙宏伟 张戈

执 笔 人：苏海威 任帅 韩冰 毛有粮 李胜全 段斯铁萌 叶成康

项目简介

为深入贯彻习近平新时代中国特色社会主义思想和国家新发展理念，落实新疆“社会稳定、长治久安”总目标和乌鲁木齐市市委、市政府“一号工程”要求，根据“一年开工、两年见效、三年完善”的标准，推动老城区改造提升建设工程系统实施，2017年乌鲁木齐市城乡规划管理局特组织编制本规划。

总控规划以问题为导向，从解决现状矛盾、满足市民诉求、综合提升城市承载力3个维度出发，紧紧围绕“社会稳定、长治久安”的总目标，统筹协调老城改造的政治效益、社会效益和经济效益，把乌鲁木齐建设成为“繁荣、和谐、绿色、宜居、魅力”之城。

总控规划以“三大效益”为统领，从城市整体层面系统把控，综合提出八大行动策略，解决老城区功能过度集聚、人口过密、特色不彰、文脉不显、配套不足等核心问题。以总控规划为主线，统筹各专项规划，自上而下管控，自下而上修正，真正实现统筹规划、规划统筹。从功能、人口、设施、“蓝绿”、交通、强度、文化和特色风貌8个系统制定提升策略，形成综合方案，增强人民群众的幸福感、获得感、安全感。

以解决问题、构建项目库为抓手，制定年度计划，开展动态评估。构建年度实施行动与计划，进行实施效益评估。即以总控规划为龙头构建项目总库，确定开发建设时序，明确2017～2020年3个年度的项目实施计划，以具体项目引导各区有序开发建设，保证项目按照规划要求落地。搭建实施效益评估机制和管控机制，综合评判政治效益、社会效益和经济效益，不断反馈、修改和完善，实现规划项目的动态更新。

INTRODUCTION

This planning was organized and formulated by the Urumqi City Planning Bureau in 2017 for the purpose of thoroughly implementing Xi Jinping Thought on Socialism with Chinese Characteristics for a New Era and the new development concepts of the state, and with the aim of realizing the overall goal of “social stability and long-term stability” in Xinjiang and meeting the requirements of the Municipal Party Committee and Government’s “No.1 Project”. In line with the objective of completing the renovation project in three years, this planning was targeted at pushing forward the systematic implementation of renovation and improvement projects in the old city of Urumqi.

Being problem-oriented, this planning focuses on three aspects: solving existing contradictions, satisfying citizens’ demands, and comprehensively improving the city’s carrying capacity. Closely following the overall goal of “social stability and long-term stability”, this planning coordinates the political, social, and economic benefits in the old city renovation, with the aim to build the city of Urumqi into a “prosperous, harmonious, green, livable, and charming” city.

Guided by “three benefits”, this planning comprehensively proposes eight action strategies to solve the core problems of the old city, such as over-centralized functions, overpopulation, indistinctive features, unclear cultural context, and insufficient supporting facilities. With this planning as the center, various special plans are coordinated and integrated, so as to realize planning coordination. From the eight perspectives including function, population, facilities, blue-green Space, transport, intensity, culture, and featured landscape, related improvement strategies are proposed and a comprehensive plan is formulated, which aims to improve the people’s sense of happiness, gain, and security.

In the planning process, centered on the general regulatory planning, a project database is established, and the development and construction sequence is determined. The annual project implementation plan for 2017-2020 is formulated, with the aim to guide the orderly development and construction of specific projects in each district. An evaluation mechanism for implementation effects and a control mechanism are set up, which comprehensively evaluate the political, social, and economic benefits, and carry out continuous feedback, modification, and improvement, so as to realize the dynamic update of planning projects.

1 规划思路

以民族融合和美好生活为基本导向。总控规划坚持以人民为中心的发展思想，紧紧围绕“社会稳定、长治久安”的总目标，抓住市民核心诉求，确定了促进民族融合、改善人居环境、推动高质量发展的工作重点。通过统计数据、实地踏勘、调查问卷等多种手段，老城区改造提升行动全面考察老城居民在生产、生活中的困难和需求，提出了“打造和谐宜居、产城融合、富有活力、各具特色的现代城市”的目标，切实解决城市发展不平衡、不充分的问题。

以系统思维和综合施策为逻辑主线。总控规划强调多视角、多系统、多层次的研究思路，采取多部门协同、多专业整合的组织形式，总领生态空间、城市空间、社会空间3个子系统。梳理了老城区功能过度集聚、人口过密、特色不彰、文脉不显、配套不足等核心问题，提出了老城功能提升、人口结构优化、公共设施完善、蓝绿网络重构、交通环境改善、建设强度管控、老城文化复兴、特色风貌重塑八个方面的综合性行动策略，为老城区的发展建设提供系统规划指引（图1）。

以片区指引和动态项目库为实施抓手。为了确保规划意图由宏、中观向微观传导，总控规划探索了面向实施的“图则+项目库”规划管理模式。以29个重点片区为单位，从功能、人口、开发强度等9个方面提出片区城市设计和后续实施要求。同时，每个片区梳理落实规划图则要求的关键工

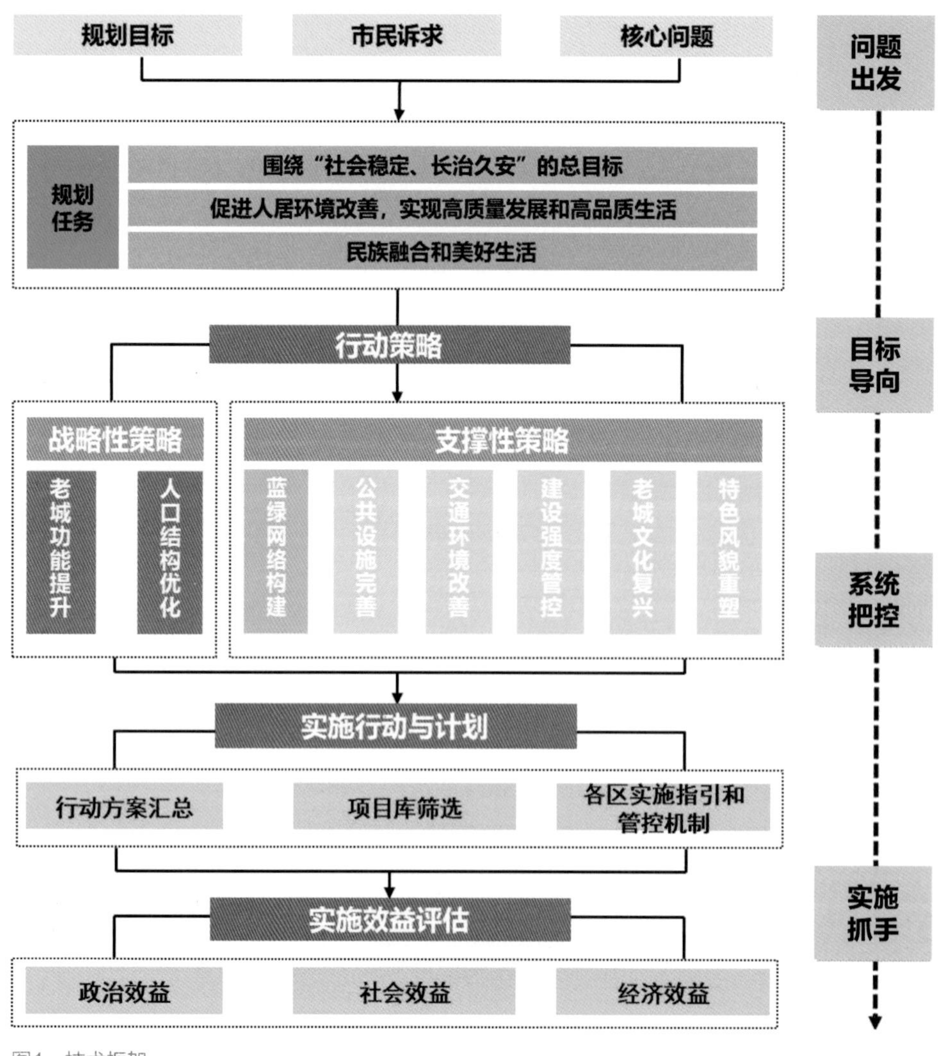

图1　技术框架

Fig.1　Technical framework

程项目，形成片区综合项目库。在此基础上不断修改完善，动态制定年度实施计划，具体指导各片区有序开发建设，对规划实施进行动态评估和管控。

2 主要内容

2.1 疏解非核心功能、植入首府核心功能，优化老城区功能格局

对标首府城市定位要求，明确老城地区核心功能。针对老城地区功能过度集聚、分布不均的问题，规划围绕自治区党委建设丝绸之路经济带核心区的功能需求，以“五大中心”集中承载地为核心引领，确定行政办公、商贸旅游、金融服务、文化科教、医疗服务等核心功能，并对老城区范围内各行政区的功能提升提出了具体要求。

推动老城区非核心功能定向疏解，为城市功能提升提供空间。结合城市新区规划建设和老城区提升改造，将批发市场、大宗物流、一般制造等非核心功能向老城区外定向疏解。统筹城中村、棚户区改造及周边非核心功能疏解，实现城市功能、就业和人口居住的有机转移，为重塑老城区城市空间打下坚实基础。

优化老城区核心功能空间布局，服务城市高质量发展。按照“多中心、组团式”的空间布局要求，改善重大功能过度集中于老城南部片区的现状布局，将“双心双轴”的现状功能分布格局调整为“六园六中心”的总体布局（图2），合理安排城市功能和就业，实现疏解城市功能与优化城市布局相结合，推动建立乌鲁木齐老城区的长效发展机制。

2.2 腾退老旧住宅优化人口密度，引导多民族居住和设施融合

以居住用地调整推动置换更新，实现人口合理分布。针对老城区南密北疏的空间分布特征，规划识别摸排老城区范围内的城中村和棚户区，考虑各区改造意愿，确立了南部减量提质、中部置换平衡、北部适度新增的人口密度调整思路。以低成本居住空间改造置换为核心，结合非核心功能疏解调整、公共服务设施精准增补和公共交通提升改善，实现“居住+就业+服务”系统性调整，将过密片区人口密度由1.9万人/km^{2}降至1.5万人/km^2，引导老城地区人口合理分布（图3）。

全面推动融合式居住，构建民族团结、共生共荣的空间基础。围绕居住空间分异加剧的核心问题，以片区为单元，按照民族聚居程度设立政府管控区、市场引导区和配套完善区，分类制定融合式居住策略，实现老城区民族结构的弹性管理。以技能型就业空间优化布局，支撑多民族共享公共空间塑造，构建支撑包容式发展的“大分散、小聚居”的融合式居住空间。

全方位增补公共服务设施，提升老城居民幸福感和安全感。全方位回应民生诉求，围绕公共服务系统性不足、分布不均、交通效率持续降低等问题，推动市级重大公共服务设施向老城北部转移，实现南北联动、均衡布局，增补完善老城区民生安全类市政设施和街道级公共服务设施，优化道路网络和公共交通系统，构建多民族协同共享的15分钟生活圈。

2.3 推进蓝绿环境综合整治，建设美丽宜居园林城市

秉承园林城市理念，将高质量绿色环境与城市空间有机融合。以“山在城中、城在山下、山城相融”的城区环境本底为依托，通过山体生态修复、水系整治与提升、水系与湿地恢复、公园绿地织补等策略，形成“两纵两横四区”蓝绿网络格局（图4）。

活水入城，修复河渠，实现“水清、岸绿、景

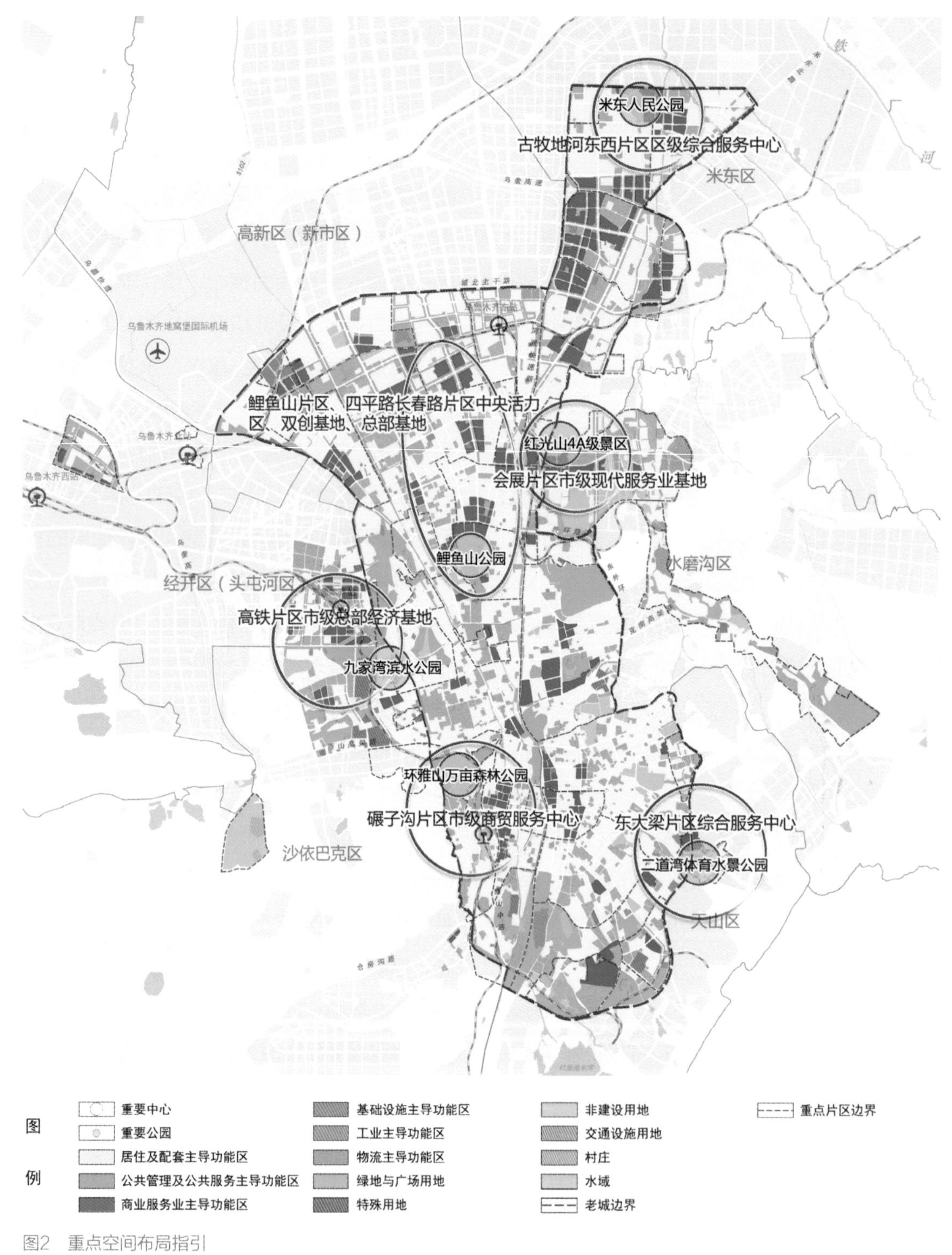

图2　重点空间布局指引

Fig.2　Guidance for main spatial layout

美”。“扩、提、蓄、引水”等策略相结合，充分利用再生水资源进行景观补水，满足和平渠、水磨沟河等主要河道生态水资源需求。通过城区单元联动、上下游协作的方式，开展沿线点源、面源污染整治工程，提升河道水环境质量。结合城区内中心功能和节点地区，恢复被占滨水空间，依水重塑多元水系岸线。

适地植树，保育山体，提升城市绿肺品质。围绕城区内山体被城市建设蚕食、盆景化趋势明显的问题，规划恢复山体完整度，通过建设道路型、河流型等绿色生态廊道，提高城市景观性。采用生物固土、植草覆盖等生态护坡方式，修复山体周边地

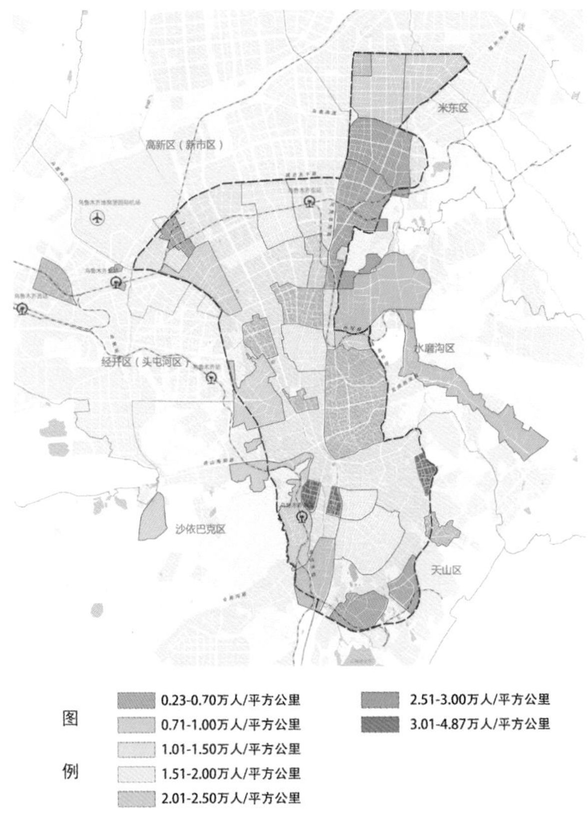

图3　人口密度调整示意

Fig.3　Adjustment of population density

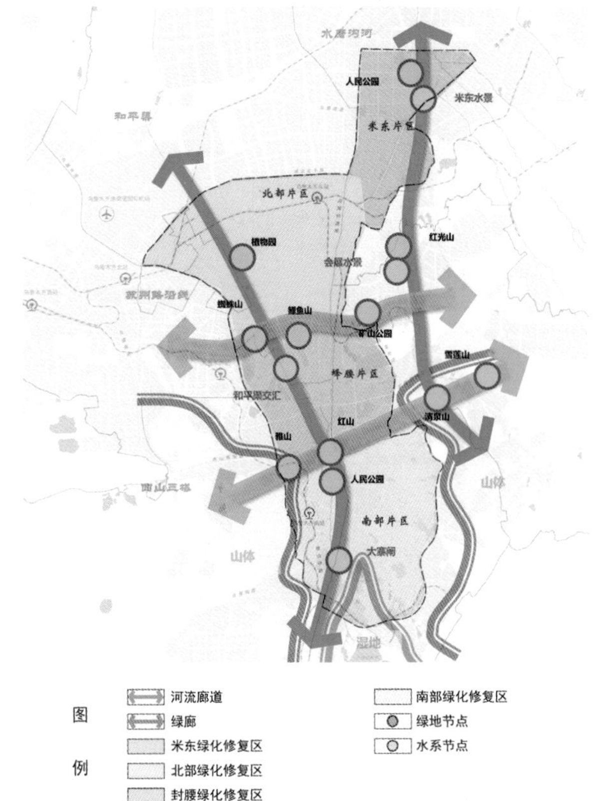

图4　蓝绿系统网络

Fig.4　Blue-Green system network

质灾害隐患边坡，草树结合、多层次立体化配置植被，优先绿化近人区域、山谷山脚区域。治理采煤塌陷区，消除地质灾害隐患，结合景观环境建设，重塑生态和场所活力。

织补城市公园绿地，完善级配体系。依托和平渠、古牧地河、水磨河、废弃铁路专用线等建设带状公园，利用社区边角地块以及小规模斑块状散落空间，近期建设131个社区口袋公园、邮票绿地等，强化北部地区中端、中部地区北端及南部地区东端覆盖，实现“200m见绿、500m见园、5km畔河”的布局要求。

2.4 以中华文化为统领，重塑多元包容的城市魅力

强化中华文化在城市魅力空间建设中的统领地位。针对现状文化身份定位不明确、城市风貌泛伊斯兰化的问题，本次规划强调以老城文化内涵的再梳理明确城市魅力空间的建设方向。落实《新疆的发展与进步》白皮书要求，挖掘文化底蕴，把握四大文脉主线，厘清以丝路商道、屯垦戍边、红色革命、民族工业4条文脉为主线的文化发展历程，明确乌鲁木齐市老城区的文化基本特质，即以中华民族优秀传统文化为基础，融入现代文化，形成了“你中有我、我中有你”的丰富内涵。从文化共识出发，确定老城空间魅力的打造以中华文化为统领，以“现代大气、多元融合”为总体定位。

以多种文化保护行动打造一体多元文化魅力格局。修复文保单位及保护建筑，还原新迪化城、老巩宁城、老八景等历史场景，打造现代文化、近现代文化、历史文化3类文化街区，同时结合大型文化设施构建当代文化新地标，整体以“一心、三带、三片区、多节点”的文化空间体系为承载，打造融合草原游牧、丝路商贸、戍边屯垦、民族团结的一体多元文化魅力格局（图5）。

结合文化展示体系，点面结合、分类施策推进

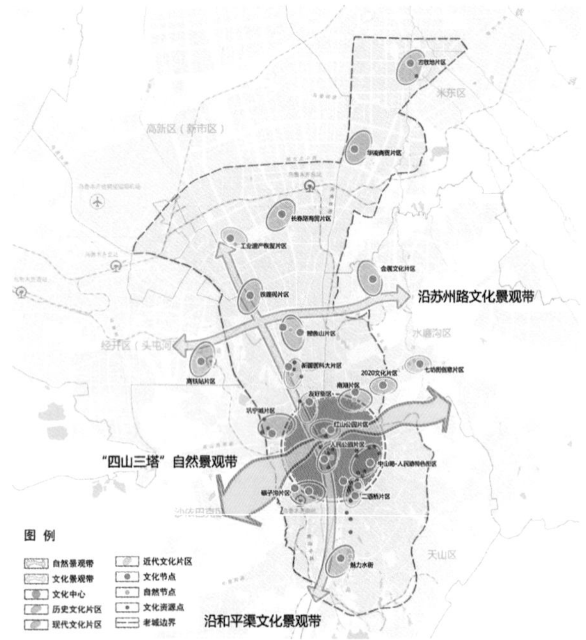

图5 乌鲁木齐老城区特色文化空间塑造指引图
Fig.5 Guidance for the creation of featured cultural space in the old city of Urumqi

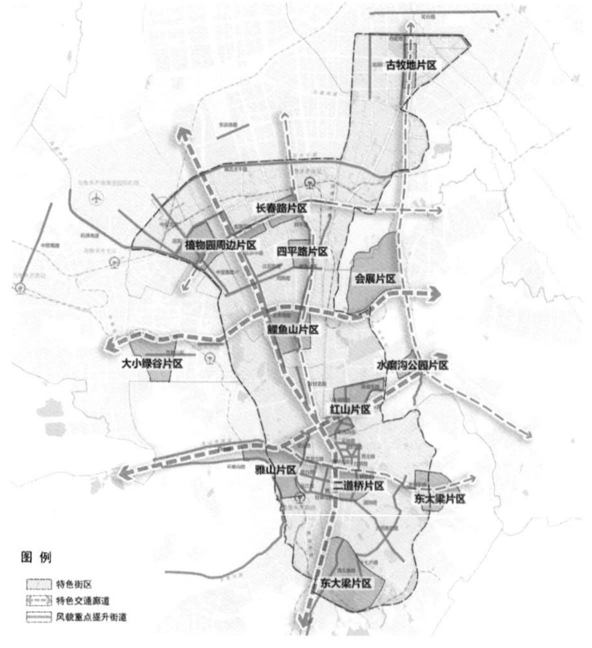

图6 特色街区街道综合风貌整治规划图
Fig.6 Comprehensive landscape renovation plan for featured areas

重塑老城空间特色。针对现状建筑风貌基底同质化、特色缺失的问题，采取整体管控、重点塑造的风貌重塑基本措施。划定6个风貌管控分区，并分片区提出风貌指引。指引转化为具体行动，开展3类13个特色街区的“风貌综合整治专项行动”，打造特色多元文化风貌展示街区、老城山水风貌魅力展示街区、现代时尚大气风貌展示街区3类魅力街区。同时，针对龙泉街、黑龙江路、北京路、喀什路、观园路、府前路等76条特色街道进行“穿靴、戴帽、换服装”专项行动，打造风貌展示廊道（图6）。

2.5 以短期行动总控和长期引导管控为路径推动规划落实

统筹规划策略、专项行动和项目库，建立改造提升总控框架。采用自上而下和自下而上相结合的方式，系统梳理老城区在功能人口、生态环境、城市特色等方面的具体问题。结合八大规划策略，形成包括棚户区征收、市政设施整补、水环境综合治理、水资源保障、城市增绿、道路改扩建、特色街道“穿靴、戴帽、换服装”等23项专项行动。结合专项行动，广泛征求各区政府、相关局委办、市民百姓等建议，采用一个漏斗的方式，系统梳理出1884个项目库，形成“8+23+1884”的老城改造提升总控框架。结合责任单位分工和实施计划，实现老城改造提升的顶层设计。

面向实施主体、形成重点片区图则，实现长期规划引导管控。为便于问题集聚空间识别和项目库空间落位，在老城区范围划定包括天山区的二道桥片区、大湾片区，沙依巴克区的环雅山片区、人民会堂片区等29个重点改造片区（图7），涉及天山、沙依巴克、高新、水磨沟等6个区。为实现老城“社会稳定、长治久安”，更好地对接各区控制性详细规划编制，明确规划内容向下传导路径，编制29片区改造提升图则，以“四图四表”的形式，对重点改造片区的功能、人口、开发强度、设施等9个方面内容提出管控要求，形成指导后续规划建设的长期管控依据。从而形成“6+29+9”的长效管控图则，实现短期专项行动和长期引导管控的有效结合。

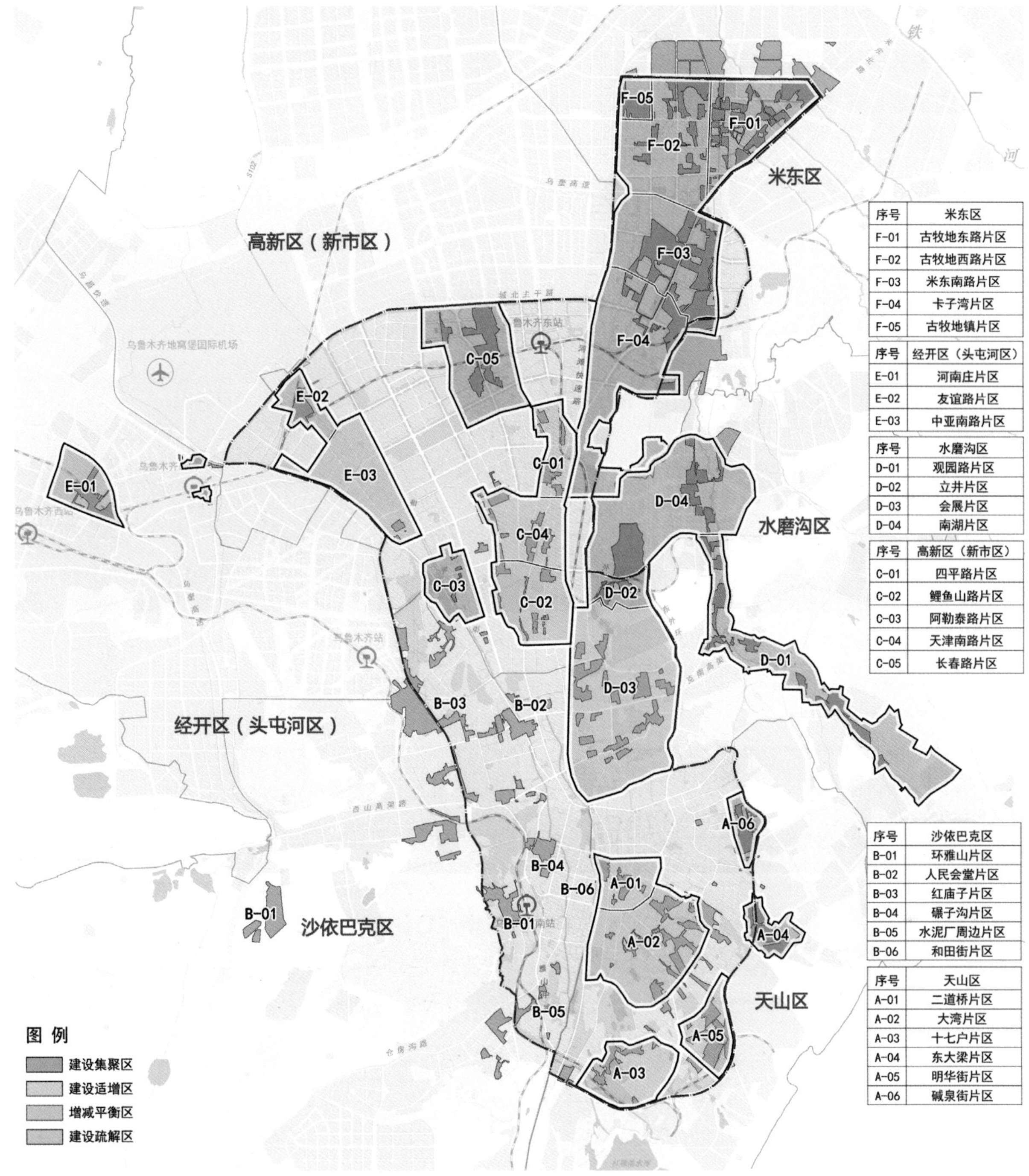

图7　重点片区分类指引

Fig.7　Guidance for the classification of key areas

本次总控规划有效指导了29片区重大民生工程项目落地，推动城市自然生态稳步提升。2018年，环雅山片区推进了雅玛里克山山体修复工程，通过山顶及山体区域的绿化修复，这座老城区内的荒山已成为集城市生态、休闲、运动、游乐功能于一体的城市游憩中心（图8）。2018年底，十七户片区湿地公园主体建设全部完工，形成了“一水串四园”的城市生态景观廊道，实现了城市水系的整治提升和公园织补（图9）。

实现老城地区设施提升，深刻兑现首府城市民生承诺。截至2018年底，改造共完成投资1593亿元，帮助35万余户群众实现安居梦，竣工住房1.9万套，改造修建道路总长95.64km，建设社区、医疗、学校等公共服务设施53.6万m^2。

推动融合式社区建设，老城区民族融合初见成效。老城区变民族隔离为民族融合，二道桥、大湾、红庙子等片区内形成了多个民族团结示范大院，社区居民结对认亲联谊活动在老城社区快速推进，为乌鲁木齐创建民族团结进步示范市打下坚实基础。

图8　雅玛里克山建设实景图

Fig.8　Construction scene of Yamalik Mountain

图9　十七户公园建设历程

Fig.9　Construction process of Shiqihu Park

10 三亚市崖州古城保护提升规划

Protection and Improvement Planning of Yazhou Ancient City

项目信息

项目类型：历史文化传承利用与城市更新

项目地点：海南省三亚市

项目规模：约3km^2

委托单位：三亚市崖州区商务和金融发展局

项目主要完成人员

主 管 总 工：郝之颖

主 管 所 长：胡耀文

主管主任工：慕野

项目负责人：郭嘉盛

主要参加人：陈家豪　孟宁

执　笔　人：郭嘉盛

崖州古城现状航拍图

Aerial view of Yazhou Ancient City

项目简介

习近平总书记指出："历史文化是城市的灵魂，要像爱惜自己的生命一样保护好城市历史文化遗产"。崖州古城在历史上长期为三亚地区的政治、经济和文化中心，具有特殊的历史地位，各种文化在此交汇、碰撞，形成了丰富多元的文化积淀。为响应中央关于建设海南国际自由贸易港的战略部署，突出三亚国际旅游城市的地位，展现三亚历史文化传承，彰显崖州古城历史文化底蕴，规划深入挖掘2.78km^{2}规划范围内的历史文化资源，采取点、线、面结合的方式，打造以崖州古城为核心、以历史文化旅游为内涵、寓旅游于生活的特色城市区域。保护和展现崖州古城山水形胜格局，围绕历史建（构）筑、街道、城廓、河岸、街区等内容，明确保护、修复与提升等总体要求，并结合旅游路线设计、旅游产品策划，将保护提升落实到具体项目的实施上。

INTRODUCTION

General secretary Xi Jinping pointed out that "history and culture are the soul of a city, and we should protect the city's historic and cultural heritage as much as we cherish our own life". Yazhou Ancient City has long been the political, economic, and cultural center of Sanya in history, so it has a special historic status. Various cultures converge and collide here, forming rich and diverse cultural deposits. In response to the central government's strategic deployment of building the Hainan Free Trade Port, highlighting Sanya's status as an international tourism city, demonstrating Sanya's historic and cultural heritage, and displaying the historic and cultural deposits of Yazhou, this planning explores the historic and cultural resources within the planning scope of 2.78km^2, and aims to build a featured urban area that is centered on Yazhou Ancient City, takes historic and cultural tourism as its development impetus, and incorporates tourism into people's life. The planning focuses on protecting and demonstrating the landscape pattern of Yazhou Ancient City, and puts forward the overall requirements for protection, restoration, and improvement in terms of historic buildings, streets, city walls, riverbanks, and featured areas. Meanwhile, combined with tourist route design and tourism product planning, the goal of protection and improvement is realized in specific projects.

1 项目背景

崖州，是三亚之根，崖州古城历史悠久，人文璀璨。2007年5月31日，崖城镇被建设部、国家文物局授予第三批“中国历史文化名镇”称号。为贯彻落实习近平总书记“4.13”重要讲话精神，响应中央关于建设海南国际自由贸易港的战略部署，突出三亚国际旅游城市的地位，展现三亚历史文化传承，彰显崖州古城历史文化底蕴，特以古城为范围编制本规划。

2 现状情况

2.1 历史城墙

城墙是界定崖州古城边界的重要元素（图1）。从1920年拆除东、西门开始，原城墙陆续被拆毁，城砖散落民间。城墙原址上兴建了不少住宅，现仅存南门（为近年修复）、南城墙约170余米，古城轮廓已难以辨识，中国最南端古城的可识别性被严重损害。

2.2 历史水系

古护城河曾是崖州古城重要水系，对界定古城边界、展现古城风貌有着重要作用。现护城河仅存西北角200余米坑塘遗址，南部包括儒学塘在内的宁远河北支流已基本被填，旧河道已被新建民居建筑覆盖。

2.3 特色街道

东门骑楼街、打铁街等曾是极具特色的历史街道，建筑特色突出且商业、手工业繁盛，但现状建筑破损严重，东门街大型会馆不少沦为危房，打铁街仅存一户铁匠铺，物质、非物质文化遗产损坏严重。同时，由于路面垫高，历史街道现路面标高高于建筑室内标高，导致雨季倒灌现象十分严重。与传统风貌不协调的建筑达到相当高的比例，古城传统风貌日渐消失，亟待抢救（图2）。

图1 崖州城池及街巷格局

Fig.1 City wall and street pattern of Yazhou

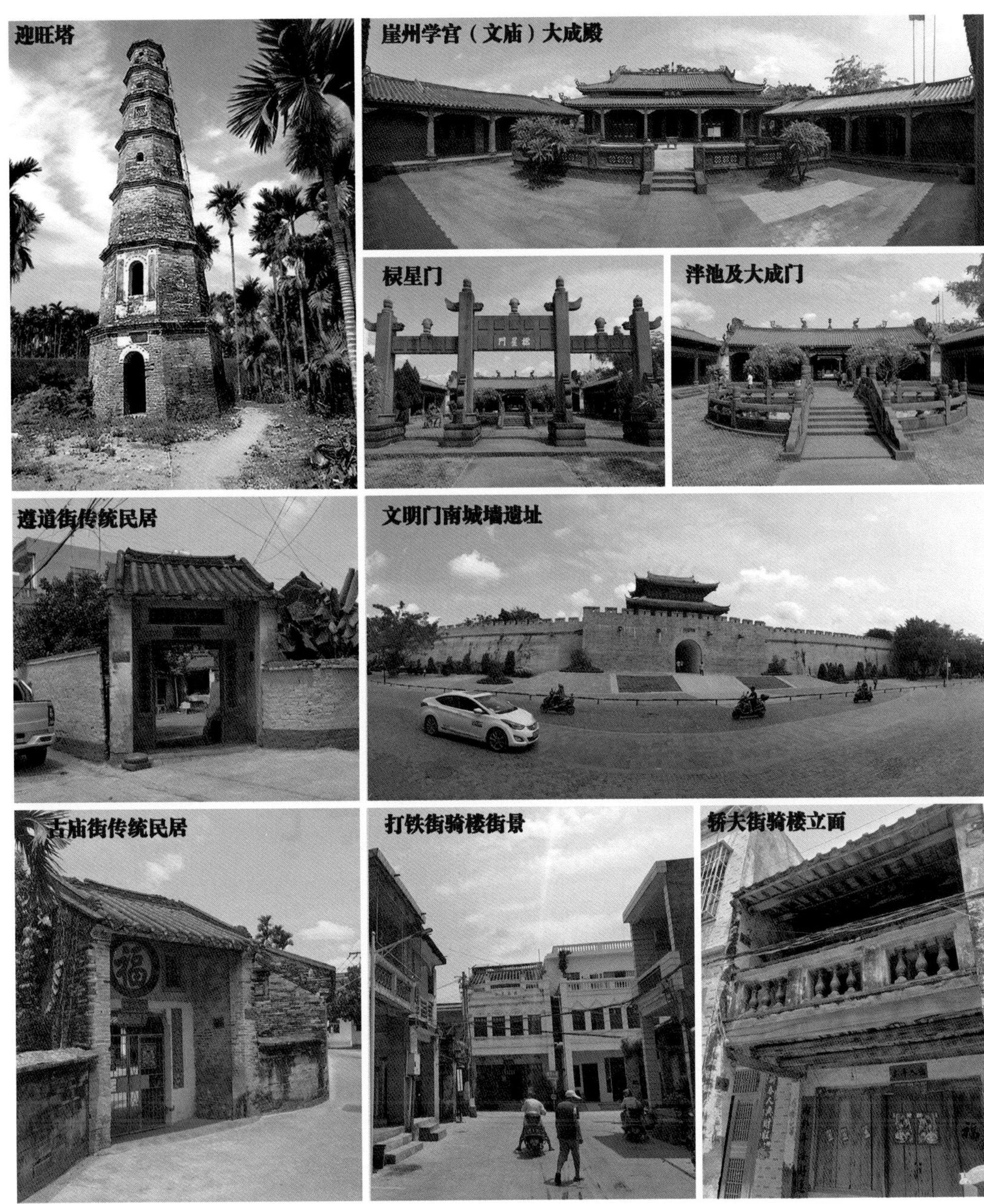

图2 主要历史遗存现状照片
Fig.2 Photos of main historic relics

3 项目意义

3.1 中国经略南海的“文化支点”

南中国海自古以来就是我国不可分割的领土，但长久以来受限于军事、经济和文化方面的辐射力，我国对南海地区缺乏有效管理。当前，我国与南海相关的记载集中在一部沿海渔民的《更路簿》之中，主要记载了往返南海诸岛的航海信息。

崖州作为历史上中国文化向南传播的前沿之一，以古城为核心，围绕“远洋航海”产生了丰富多彩的文化、艺术、宗教等内容，并留下诸多遗迹与记载，既是历史上中国南海的文化支点，也应在未来继续作为南海文化的重要传承载体。

3.2 三亚国家级“大事件”载体

进入新时代，随着改革开放的持续深化，我国以各种形式参与国际交流的机会越来越多，各种类别、级别与面向不同区域的国际会议数量均大幅度增加。

过去，国际交流活动的举办主要集中在城市服务相对完善的大城市中。当今，随着国际交流、交往的日趋深入，各类国际会议的举办场所越来越倾向于选择小型化、特色化的区域，特别是具备优越自然环境与深厚历史积淀的小型城镇受到青睐。

崖州古城拥有优越的“山、水、林、田、海”自然风光，又具备悠久的历史与深厚的人文积淀，同时有三亚中心城区提供便捷的区域交通和旅游服务设施支撑，是三亚乃至海南最适宜承担国家级活动的载体。因此，崖州古城应以保护提升为契机，深入整合现有优质资源，为将来可能承载的国家级活动作好充分准备。

4 保护和提升原则

4.1 对累加历史信息的保护

历史文化的保护不应仅仅是保护包含静态信息的历史遗存，同样包括对累加历史信息的保护。

崖州古城延续千年，一些核心区域累积有自明代到民国时期的历史要素，其本身在漫长历史中的变更和演化过程同样是值得保护的历史信息。

例如，古城东门街一带在明清时期拥有完备的城池体系，因西门与南门具有特殊的礼仪职能，东门“阳春门”也就成了百姓日常出入城中的主要门户，到了20世纪初随着开埠带来的商业发展，东门和城墙被拆除后逐渐形成了数条骑楼街，同样成为古城一景。

当存在诸如此类的叠加历史遗迹时，在保护提升中就不应片面追求年代的“古”和“旧”，而应以保存现状为主，同时通过景观构筑或小品等形式对叠加的信息加以展示和说明。

4.2 对文化内涵延伸的保护

历史文化的保护不应仅仅是对孤立历史要素的保护，同样包括对泛文化内涵延伸内容的保护。崖州文化之所以传承延续不断，并非是机械的物质遗迹传承，而是历朝历代对崖州泛文化内涵的不断延伸发展，即所谓“文脉延续”。

崖州古城及周边区域的许多历史遗迹都曾在自然侵蚀和战乱损毁之下一度湮灭，如唐代名相李德裕曾留下著名诗篇的望阙亭、纪念历代谪宦的五贤祠等，但因为文化意义特殊，不仅留有文献记载它们，也在本地居民口中代代相传，因此后代又多次加以重建，从而延续其文化内涵。

因此，当前崖州古城同样应通过保护与提升，将过去已经湮灭但留有文献记载并具有重要文化意义的历史遗迹以适当方式加以重建，从而重构自身的文化感召力，加强三亚市民对崖州文化的认同感和自豪感，从而自发地进行延续和传承，使崖州文化在当代依然能够继续传承。

4.3 对设施更新需求的保护

历史文化的保护不能以牺牲居民对现代生活方式的追求为代价，不应以阻止“新陈代谢”为前提。崖州古城受到自身历史格局的限制，内部的各类公共设施已经无法满足区域内居民的正常生活需求，如供电、供水、排水等设施，甚至存在较为严重的安全隐患，亟待更新。

对于承载居民生活的历史街区，不能简单照搬文物遗址类的静态保护模式，而应充分考虑到居民生活的便利与舒适，也应允许居民在不破坏基本历史格局和传统风貌的前提下进行房屋的自我改造与更新。

5 保护提升措施

5.1 引导细化功能分区

在不破坏崖州古城规划范围内现有格局的前提下，通过功能植入和功能混合的方式，增加面向旅游人群的城市功能，同时补足现有城镇生活功能方面存在的短板。将崖州古城规划范围内分为7类功能区，分别为文化体验区、风情商业区、旅游服务区、文创产业区、深度体验区、城镇生活区和战略预留区（图3）。

5.2 营造古韵街巷生活

梳理古城街巷格局，围绕文明门、崖州文庙等历史遗迹节点，重点打造牌坊街、臭油街、打铁街等历史格局保存较完整的街巷，在严格考证的基础上修复部分建筑立面，完善各类街道设施，同时植入适宜的精品文化旅游类项目，营造既富有古韵又舒适便捷的街巷生活氛围（图4）。

5.3 打造精品游览线路

环岛高速铁路开通后带来观光客流，规划以高速铁路崖州站为起点，以“画轴·崖州怀古”为主题，串联起自秦汉至当代的崖州历史文化，使现状历史文化遗存与植入文旅功能有机结合，形成具有高识别度和吸引力的历史文化旅游项目（图5）。

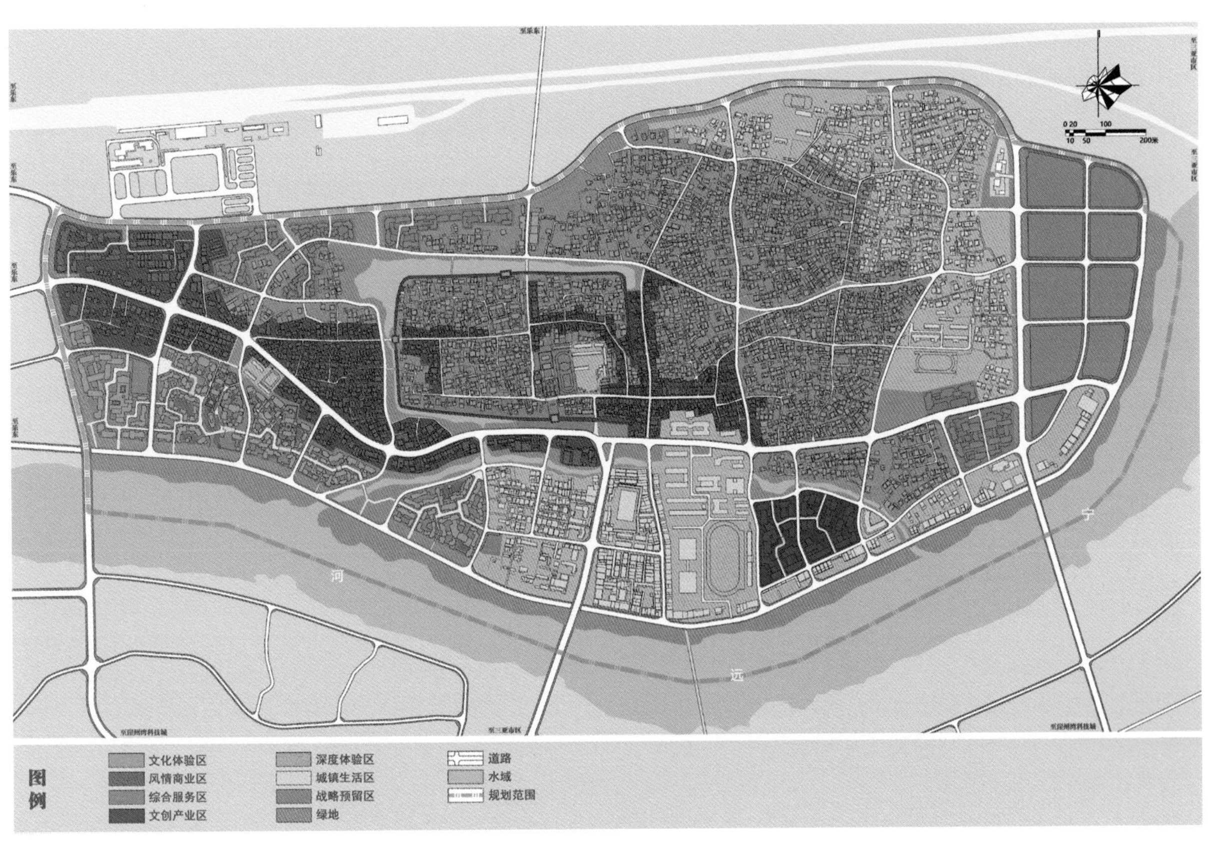

图3　功能分区规划图

Fig.3　Functional zoning plan

图4 城市设计总平面图

Fig.4 General layout of urban design

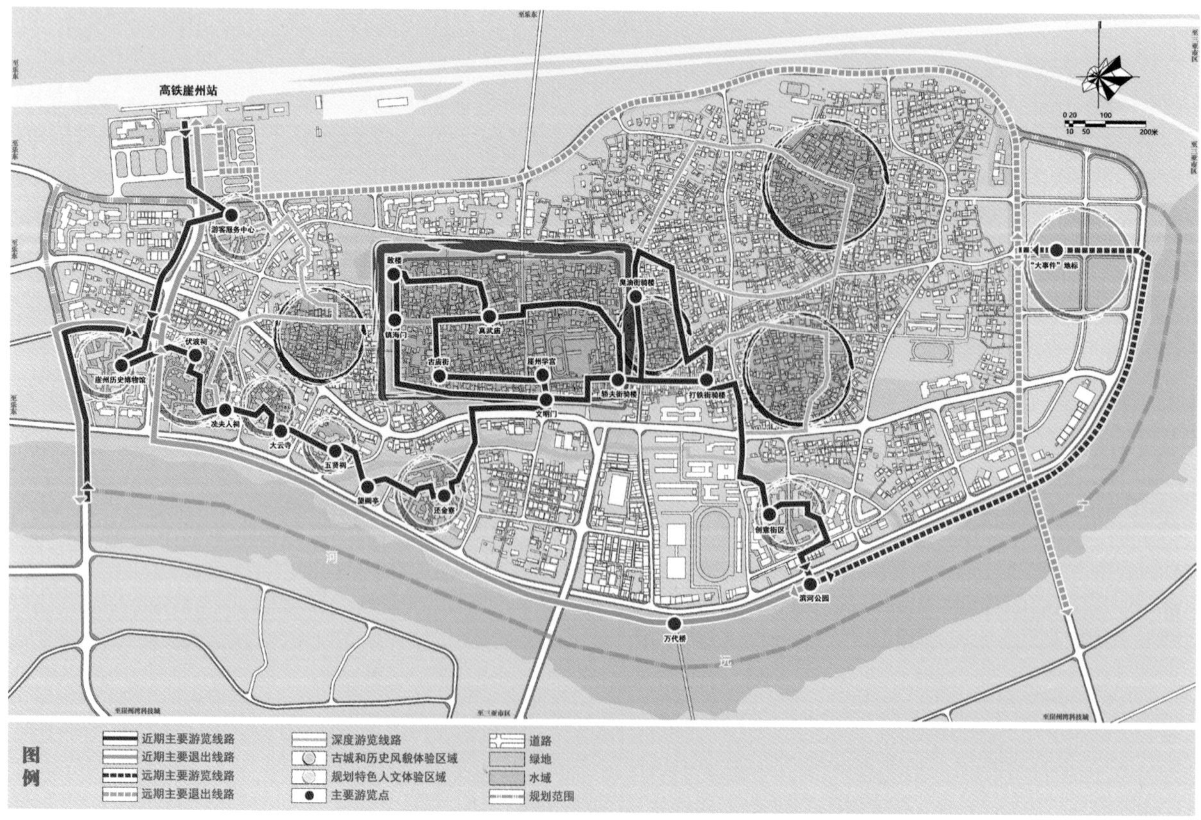

图5 游览线路规划图

Fig.5 Tourist route plan

6 山水形胜格局

优越的山水格局是崖州古城的重要背景和组成部分，应在保护提升中保障古城与马鞍岭、南山、大疍港等远景山水景观节点之间的视线廊道，同时对宁远河、护城河等近区域内水系予以系统恢复和景观优化。

6.1 山体

山体即以南山为重点、北部五指山余脉为主体的古城周边山体山脉。南山是崖州区域内最为著名的山体，是崖州古城自然环境景观的特色部分。北部五指山余脉为主体的山脉连绵不绝，是崖州古城自然环境的重要组成部分，如果要构建崖州古城内的整体特色展示框架，必须立即着手对这些山体山脉进行生态修复与保护。

应强化山体的自然景观特征，尽量保护其原始状态的自然区域；严格保护南山与古城以及南山与五指山余脉之双峰岭、笔架岭、马鞍山等山体之间的互视视线走廊（图6）。

6.2 水系

水系即以宁远河为主体的河道系统。宁远河干流全长90.2km，流域面积986km^2，是继南渡江、昌化江、万泉河之后，海南第四长河流，三亚市第一大河流，被誉为古崖州的母亲河。以宁远河为主体的河道系统是崖州古城生态环境的另一主要组成部分，具有自然生态与历史文化的双重意义。

对崖州古城及周边区域的宁远河段提出如下保护措施：第一，恢复古城南侧的宁远河北支流，并与护城河水系相连通；第二，通过镇域内的整体生态环境改善、控制对地下水资源利用来保证水系统的完整；第三，对雨水汇流入河道的山沟两侧、河

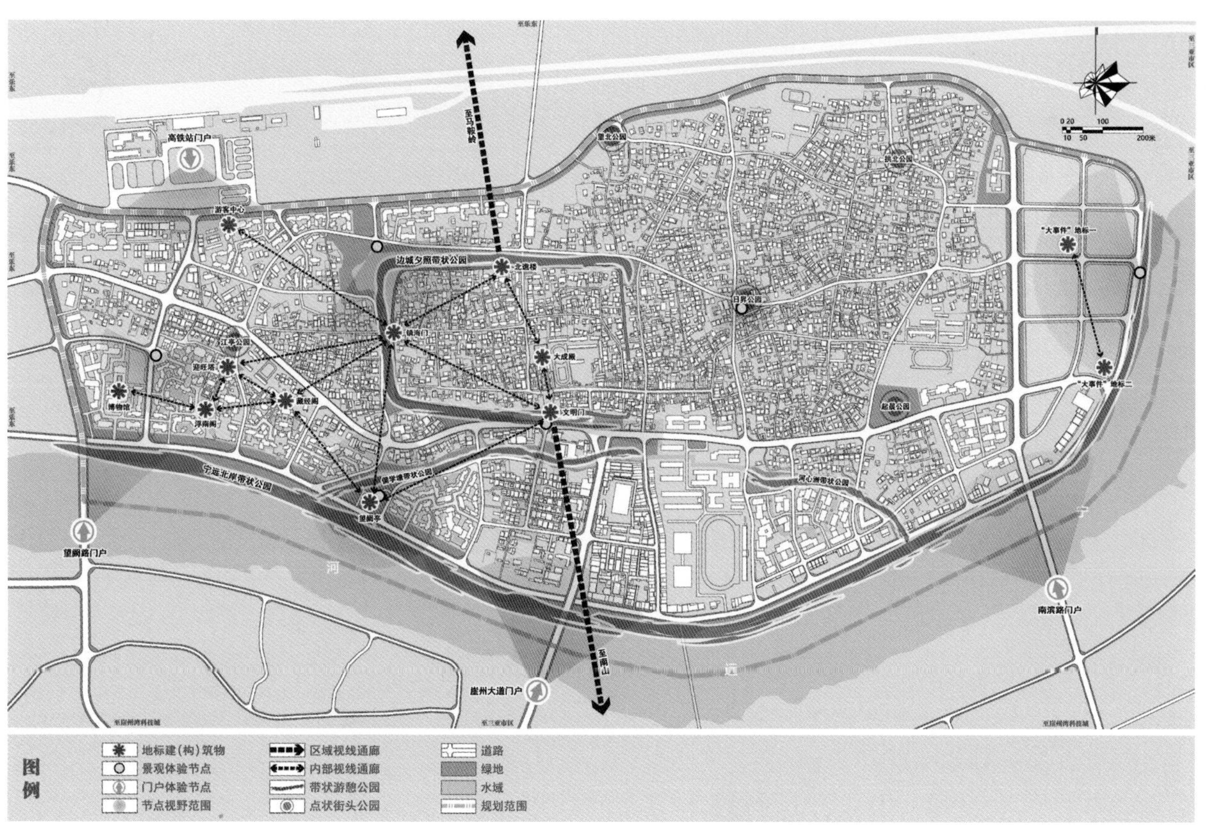

图6　绿地和景观系统规划图

Fig.6　Green space and landscape system plan

道两侧100～200m范围划定生态保护区，禁止在该区内进行有损环境生态的各种活动；第四，治理水污染，完善污水处理系统，改善水质环境，营造崖州古城独特的生态水体氛围。

7 规划空间结构

统筹考虑崖州古城在保护、提升与发展之间的关系，在古城及周边范围内构建“一城引双轴、三心映七片”的空间结构（图7）。

“一城”，即崖州城池体系。凸显崖州古城“三通、四漏、七转、八角”的基本格局，同时恢复部分护城河水系，构成区域文化旅游核心。

“双轴”，即古城文脉轴和宁远怀古轴。古城文脉轴，西起高速铁路崖州站前广场，东至官塘村东侧的宁远河畔，自遵道街和轿夫街贯穿古城，为崖州古城在自然发展中形成聚落区域，代表了古城文脉的延续；宁远怀古轴，位于规划范围内宁远河北岸及宁远河北支流沿岸区域，西段构建自秦汉至明清的历代崖州意象体验区域，同时承载部分文化旅游配套服务功能，东段未来结合预留国家级活动承载区域，发展特色旅游功能。

“三心”，即三个区域游览核心。自西向东分别为博物馆游览核心，文明门游览核心，以及大型活动预留核心。

“七片”，即规划范围内的7个特色游览区域。包括古城周边的3个历史街区，即镇海门外文化街区、日昇坊文化街区和起晨坊文化街区；1个历史风貌区，即官塘村历史风貌区；2个特色风情街区，即古城西南侧的怀古风情街区和古城东南侧的创意崖州街区；1个战略预留区域，即国家级活动预留发展区（图8）。

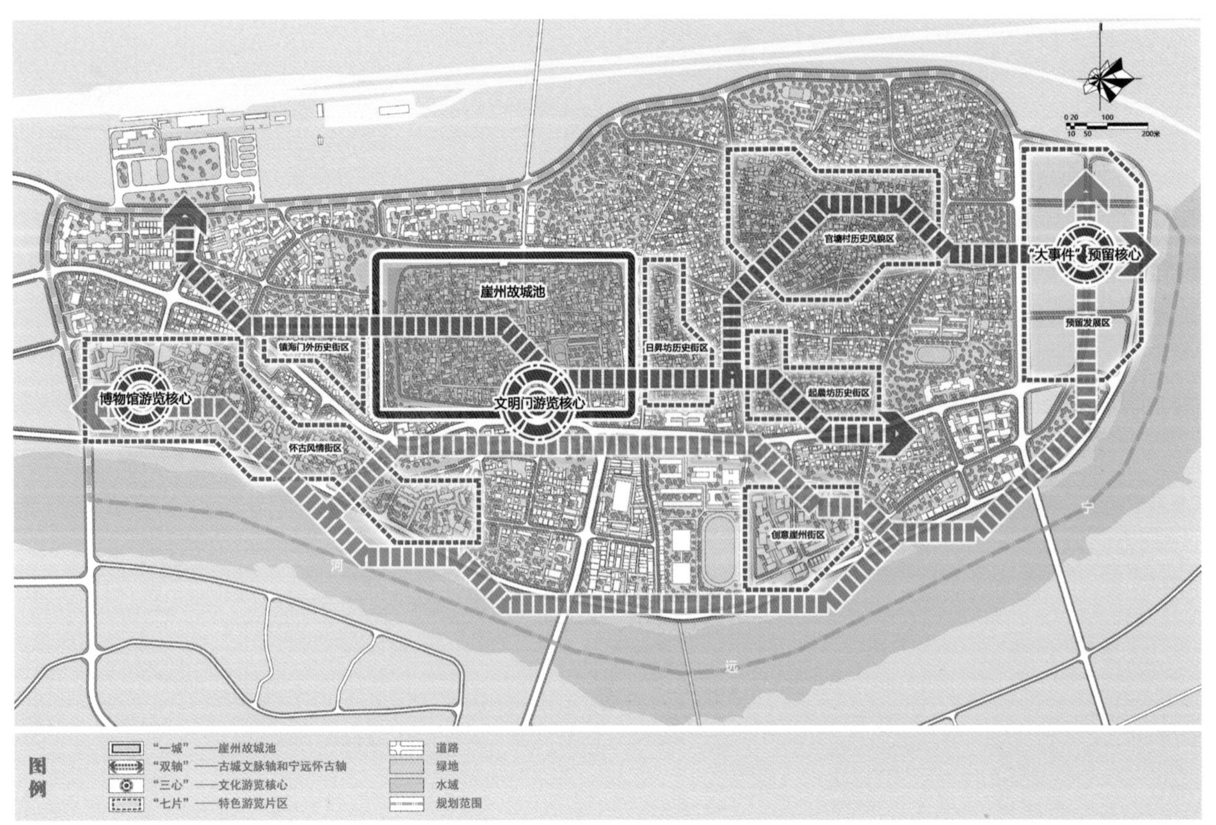

图7　空间结构规划图

Fig.7　Spatial structure plan

图8 城市设计鸟瞰图
Fig.8 Aerial view of urban design

8 游览路线规划

8.1 游览序列起始引导

统筹考虑崖州古城区域的游客人流特征，“画轴·崖州怀古”游览线路分别以高速铁路崖州站和望阙路大桥2个主要门户为起点（远期增加南滨路大桥门户起点），指引游客进入崖州历史博物馆，初步了解崖州古城历史文化脉络，为游客进入游览序列作好充分准备。

8.2 秦汉珠崖文化体验

秦汉珠崖体验区位于崖州历史博物馆东侧，主要提供秦汉时代珠崖地区的历史文化体验，秦汉时期珠崖地区初入中华版图，伏波将军曾多次打击地区分裂势力，有力地维护了国家统一，因此以“伏波祠”建筑群为体验核心。“伏波祠”建筑群的主体功能为纪念两位伏波将军马援与路博德，同时也作为古代军事文化体验活动载体；伏波祠南侧布局“秦月汉关”主题建筑群，配套服务设施，包括适当的商业、娱乐、民宿等。

8.3 隋唐振州文化体验

隋唐振州体验区位于现状城西小学东南侧，主要提供隋唐时代振州地区的历史文化体验，隋唐时期高僧鉴真第六次东渡日本失败流落至振州，并带来大量中原地区的先进文化与技术，因此以“大云寺”建筑群为体验核心。

“大云寺”建筑群主体功能为唐代建筑、雕塑、园林、书法等文化展示活动载体，同时包含“鉴真东渡流振州”主题表演区域；大云寺周边布局隋唐主题特色旅游服务项目，“藏经阁”为特色定制化图书馆，“汉方医馆”为中医药文化展示载体，“振州街市”为特色餐饮文化载体，配套商业、娱乐等设施。

8.4 两宋吉阳体验

两宋吉阳体验区位于崖州古城池西南侧，主要提供两宋时代吉阳军地区的历史文化体验，两宋至元代为崖州地区谪宦文化的高峰，因此以历史上纪念来崖谪宦的“五贤祠”建筑群为体验核心。

“五贤祠”建筑群主体为文化纪念空间，以此恢复“北有五公祠、南有五贤祠”的海南地理文化意向，同时提供谪宦文化表演、展示活动载体；儒学塘遗址保护公园作为宋代砖窑遗址保护、展示空间，周边布局“吉阳瓦舍”主题建筑群，为餐饮、娱乐、商业活动配套设施。

8.5 明代崖州体验

明代崖州体验区位于崖州古城池南侧、水系恢复后的宁远河河心洲西端，主要提供明代崖州地区的历史文化体验，明代崖州社会、经济、文化高度发展，涌现出以钟芳为代表的本土文人官员，黄道婆在崖州学习纺织技术，同时崖州也成为当时“海上丝绸之路”的重要节点，区域内以不同主题的建筑（群）重点展现明代崖州的多元文化。

“还金寮”建筑群主体作为钟芳及其家族的纪念空间，兼作餐饮、商业空间；“织布坊”建筑群主体作为黄道婆纪念空间，同时兼具古法黎族纺织体验、展卖空间；“番人坊”建筑群主要作为明代“海上丝绸之路”与东南亚朝贡文化展示，体现异域风情。

8.6 古城核心体验

古城核心体验区即为崖州古城及护城河围合范围内区域，区域内以展示保护、保留的传统建筑为主要内容。古城内当前格局和现存建筑主要成型于清代，因此该区域主要体验清代崖州古城文化。

崖州古城池应按照古代“版筑包砖”工艺，采用宁远河泥烧砖，恢复城墙主体及附属构筑物，包括北谯楼、西北敌台和镇海门；以遵道街、古庙街间区域作为崖州古城内的主要生活体验空间，营造出古色古香的生活氛围；结合粮所搬迁，恢复与北谯楼一体的真武庙，并按照崖州传统民居打造高级民宿接待设施；以关帝庙为载体，与当前崖州学宫一并作为古城文化表演与展示空间，从而恢复古城中轴线“左文右武”的传统文化意向。

8.7 民国骑楼体验

民国骑楼体验区位于崖州古城东门一带，包括轿夫街、臭油街和打铁街及其两侧区域，主要提供民国时期崖州古城地区的历史文化体验。

通过现代化测绘手段，对轿夫街、臭油街和打铁街两侧建筑主体及立面进行精细化、数字化测绘，并在此基础上进行修复与提升，骑楼内部按照建筑空间特性，可提供民宿、商业、餐饮等适宜功能，增加业态的游客参与度，使之成为崖州古城池范围内的旅游商业服务核心。

8.8 创意崖州体验

创意崖州体验区位于崖州古城东南侧、现状崖城中学东侧，主要为当前已具有一定基础的文创产业提供孵化平台，既为崖州古城文化的传承也为面向未来的崖州文化提供民间土壤。

9 后记

《崖州古城保护提升规划》深入挖掘崖州及整个三亚的历史脉络，强调了文化传承对一座古城保持生命力的重要性，成果多次向崖州区和三亚市政府有关领导进行汇报，获得高度肯定。在市、区政府的大力推动下，各项历史建筑档案整理、护城河考古发掘、骑楼街测绘等工作持续推进，为古城下一步的保护与发展打下良好基础。

同时，各项依托历史文化资源的旅游项目陆续开展：崖州古城于2019年8月举办首届崖州古城文化节；于2019年11月举办“千古崖州月、追梦科技城”无人机灯光秀主题快闪活动；于2019年12月作为“古韵崖州展区”举办三亚国际文博会，举办“创意崖州，传播文化”首届三亚市崖州古城创意市集；2020年元旦举办“寻味崖州”崖州美食节；2020年春节举办“山海崖州”中国名镇崖州历史文化专题展……崖州古城的魅力也随之进一步远播全国乃至世界。

导言

黄少宏

城市设计于20世纪80年代引入我国，其后逐渐融入规划治理体系之中，并在城市建设管理中发挥了重要作用。

城市设计与城市规划相比具有其独特性。首先城市设计关注的是人与城市形体环境的关系和城市生活空间的营造，具有较多文化和审美的含义，以及使用舒适和心理满足的要求，环境效益是城市设计追求的主要目标。其次，城市设计可以起到深化城市规划和指导具体实施的作用，城市设计运用综合的设计手段和方法，可更为具体地处理城市空间的物质形态关系，使城市各组成要素、各地区之间的空间关系更加完善、更加协调。在管理上，城市设计在城市规划与建筑设计中起到桥梁作用。

城市设计在我国规划体系中，经历了从无到有逐步规范的过程。1991年《城市规划编制办法》提出“在城市规划的各个阶段，都应当运用城市设计的方法”，首次在规范性文件中明确了城市设计地位。进入新世纪，我国城镇化已步入高质量发展阶段，在此背景下，2015年12月召开了中央城市工作会议，会议指出：“要加强城市设计，……要加强对城市的空间立体性、平面协调性、风貌整体性、文脉延续性等方面的规划和管控，留住城市特有的地域环境、文化特色、建筑风格等‘基因’”。中央城市工作会议的召开对城市设计工作起到了很大推动作用。继而住建部于2017年发布《城市设计管理办法》，进一步强化城市设计技术工作的针对性、合法性、系统性、规范性和可操作性。2021年自然资源部为贯彻落实《中共中央 国务院关于建立国土空间规划体系并监督实施的若干意见》，制定发布了《国土空间规划城市设计指南》（以下简称《指南》）。《指南》强调“城市设计是国土空间规划体系的重要组成，是国土空间高质量发展的重要支撑，贯穿于国土空间建设管理的全过程。”《指南》还体现全域、全要素特点，进一步明确城市设计内涵由“城市”设计拓展为涵盖城镇、乡村地区的生态、农业和城镇空间的统筹设计。强调对国土空间规划体系的生态、农业和城镇空间进行协调把控。这体现出国土空间规划对城市设计工作的新要求、新变化。

回溯过去40年，城市设计伴随国家城镇化发展取得了令人瞩目的实践成果，对广大城镇环境品质提升起到重要作用。城市设计从内容上是对城市规划强调二维平面空间要素组织的有益补充，城市设计对城市的引导作用主要通过衔接各层次法定规划实施管理，从而引导和控制城市建设中的城市空间形态、风格特色、历史文脉、生态环境，以满足人民的物质文化生活需求。城市设计的应用类型主要包括总体城市设计、重点地区城市设计及概念设计（城市中心区、城市新区、高铁片区等）、重点地段节点城市设计、系统设计（街道、滨水区、开敞空间、建筑风貌、城市色彩、夜景照明、城市家具等）。此外，近些年在“城市双修”、特色小镇、城市更新等规划实践中均有城市设计方法的应用。

自2015年中央城市工作会议以来，我公司承接了大量城市设计项目，这些作品均遵循新的发展理念，在尊重文化延续文脉、顺应自然绿色发展、以人为本、注重品质、突出特色创新发展等方面做出有益探索，本篇介绍6个具有代表性的城市设计作品与规划同仁分享。

Part Three

| 第三篇 |

城市设计引导与提质篇

Urban Design

11 海口市江东新区起步区城市设计

Urban design for the Starting Area of Jiangdong New Area, Haikou

项目信息

项目类型：城市设计
项目地点：海南省海口市
项目规模：1.79km^2
完成时间：海口市政府于2019年7月22日批复
获奖情况："2019—2021年度北京公司优秀规划设计奖"一等奖
委托单位：海口市自然资源和规划局

项目主要完成人员

项目领衔大师：李晓江
主 管 院 长：杨保军
主 管 总 工：尹强
项目负责人：胡耀文　白金
主要参加人：慕野　曾有文　朱胜跃　王萌　张辛悦　郝凌佳　陈栋　陈佳璐　陈欣　王琛芳　左梅　段苏桐　陈晓伟等
执　笔　人：胡耀文　白金　段苏桐

城市设计鸟瞰图
Aerial view of urban design

项目简介

海南省委、省政府决定将江东新区建设成为中国特色自由贸易港的集中展示区，起步区作为海口江东新区的先行发展区，具有一定的示范性。规划贯彻落实国家对海南自贸区港建设的战略要求，围绕海南省委、省政府发展要求，起步区秉承江东新区"全面深化改革开放试验区的创新区、国家生态文明试验区的展示区、国际旅游消费中心的体验区、国家重大战略服务保障区的核心区"的总体定位，以"共生、共荣、共享"为设计理念，严格避让各类生态安全限制空间，营造生态CBD的绿色共生基底，创造多维、立体、生态的花园空间场所；采用"窄路密网"的形式，构建开放式的街区，打造中央活力空间，营造多样、复合、均好的活力场所体验；塑造整体蓝绿交织、水城相映、时代风尚的风貌形象，形成疏密有序、尺度宜人的空间形态；将城市设计控导理念贯穿顶层设计至实施管控，通过精细化城市设计导则，强调地块三维形态的实施管控引导。

INTRODUCTION

Hainan provincial government decides to build Jiangdong New Area into an intensive demonstration area of free trade port with Chinese characteristics. The starting area, as the prior development zone of Jiangdong New Area, is expected to play a role of benchmarking model. This urban design fully meets the strategic requirements of the state for building Hainan Free Trade Port. In line with the development requirements of Hainan provincial government, the starting area adheres to the overall positioning of Jiangdong New Area as "an innovation area for the comprehensive and deepened reform and opening up pilot area, an exhibition area for national ecological civilization experiment area, an experience area for international tourism and consumption destination, and a core area of national major strategic service guarantee area". Meanwhile, it takes "co-existence, integration, and sharing" as the design concept, and strictly avoids all kinds of ecological security restricted space, so as to create a green and harmonious environment for ecological CBD and build a multi-dimensional ecological garden space. In terms of road network structure, the design adopts the pattern of "narrow road and dense network" to build open blocks and create a central dynamic space with diverse and comfortable place experience. In terms of urban landscape, the design aims to create a harmonious and stylish urban image, in which green spaces and rivers are interwoven with each other and a reasonable and orderly spatial structure with a pleasant scale is formed. The urban design control and guidance concepts run through the process from top-level design to implementation, and the control and guidance on the three-dimensional form of the area is carried out through detailed urban design guidelines.

1 项目背景

2018年4月13日，习近平总书记在庆祝海南建省办经济特区30周年大会上郑重宣布，中央支持海南全岛建设自由贸易试验区，支持海南逐步探索、稳步推进中国特色自由贸易港建设。

为贯彻落实《中共中央国务院关于支持海南全面深化改革开放的指导意见》精神，2018年6月3日，海南省委、省政府决定规划建设海口江东新区，作为海南自由贸易港建设的重要功能平台，成为展示中国风范、中国气派、中国形象的重要窗口。

江东新区规划总面积298km^2，其整体定位为“三区一中心”的集中展示区。起步区作为江东新区“一港双心四组团”城市空间结构中重要的功能核心，定位为生态CBD总部聚集区，是近期启动建设的重点区域。

起步区位于白驹大道延长线与江东大道交叉口地带。其北部紧邻琼州海峡，西起道孟河，东至芙蓉河，南至江东大道，总面积1.79km^2（图1）。

秉承“世界眼光、国际标准、海南特色、高点定位”的原则，高水平建设海口江东新区起步区（以下简称“起步区”），海口市自然资源和规划局委托中规院开展《海口市江东新区起步区城市设计》的编制工作。

图1　起步区规划区位图
Fig.1　Planning location of the starting area

2 规划思路

为更好地体现“世界眼光、国际标准”，规划之初便组织了一系列国际方案征集和专题研究工作，为本次规划编制提供了较为坚实的基础。作为江东新区先期启动建设的核心区域，规划聚焦以下重点问题的解决。

一是起步区紧邻滨海地区，面临台风、洪潮、地震断裂带等潜在建设风险。因此，规划必须充分考虑滨海地区独特的地理气候条件及建设本底，以确保城市建设安全为前提，创造更舒适的城市体验。

二是规划必须落实新时代生态文明理念要求。

避免传统CBD单纯注重城市功能的弊端，应体现生态优先，摒弃“宽马路”与“水泥森林”，围绕人的感受创造高品质空间环境。

三是起步区远离海口主城区，而新区也尚处于开发初期，配套设施与人气不足。若想实现短期集中建设形成人气的目标，必须处理好企业及人的需求与功能培育的关系。

因此，在技术思路与方案构思上，以“开放创新、绿色发展”为总纲，秉承“共生、共荣、共享”的设计理念，突出“城市安全、绿色低碳、以人为本、繁华活力”的核心思想，彰显规划的先进性与示范性。

3 规划内容与亮点

3.1 创造生态交融的城市生境

（1）以安全韧性为前提，构建多维、无界的生态CBD绿色基底。规划严格避让各类生态、安全限制空间，按照百年一遇标准确定限制建设区域。通过构建片区、街区、街坊、庭院、建筑5个层次的绿色景观系统，打造浑然一体的城景生境，整体蓝绿空间占比近50%，绿化覆盖率近80%。

（2）通过自然与城市融合渗透，创造生态CBD活力场所。规划利用外围生态绿色空间，形成滨海生态过渡环：构建通海景观廊道，加强陆海生态景观渗透。建设总规模约6hm^{2}的中央绿楔公园，东西向贯穿整体起步区开发建设用地中部，使其成为重要的生态化海绵过水通道，也是兼具游憩、休闲、购物、文展于一体的复合功能空间场所（图2）。

（3）以绿地内庭院设计实现环境、建筑、文化的高度融合。各类城市生态绿色空间与开发地块内绿色庭院进一步渗透链接，建筑内绿色分层一体化设置，为居民提供了日常休闲、散步游憩、健身康体的场所。

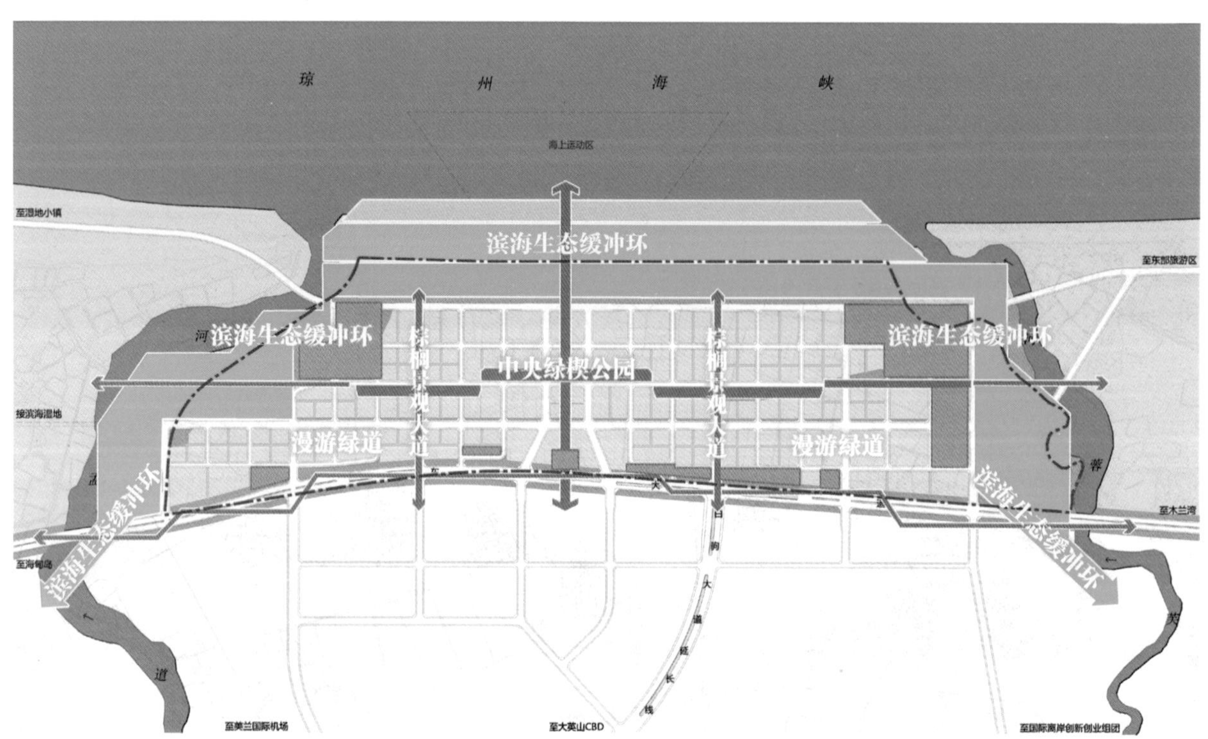

图2　多维无界的生态绿色本底

Fig.2　Multi-dimensional and unbounded ecological base

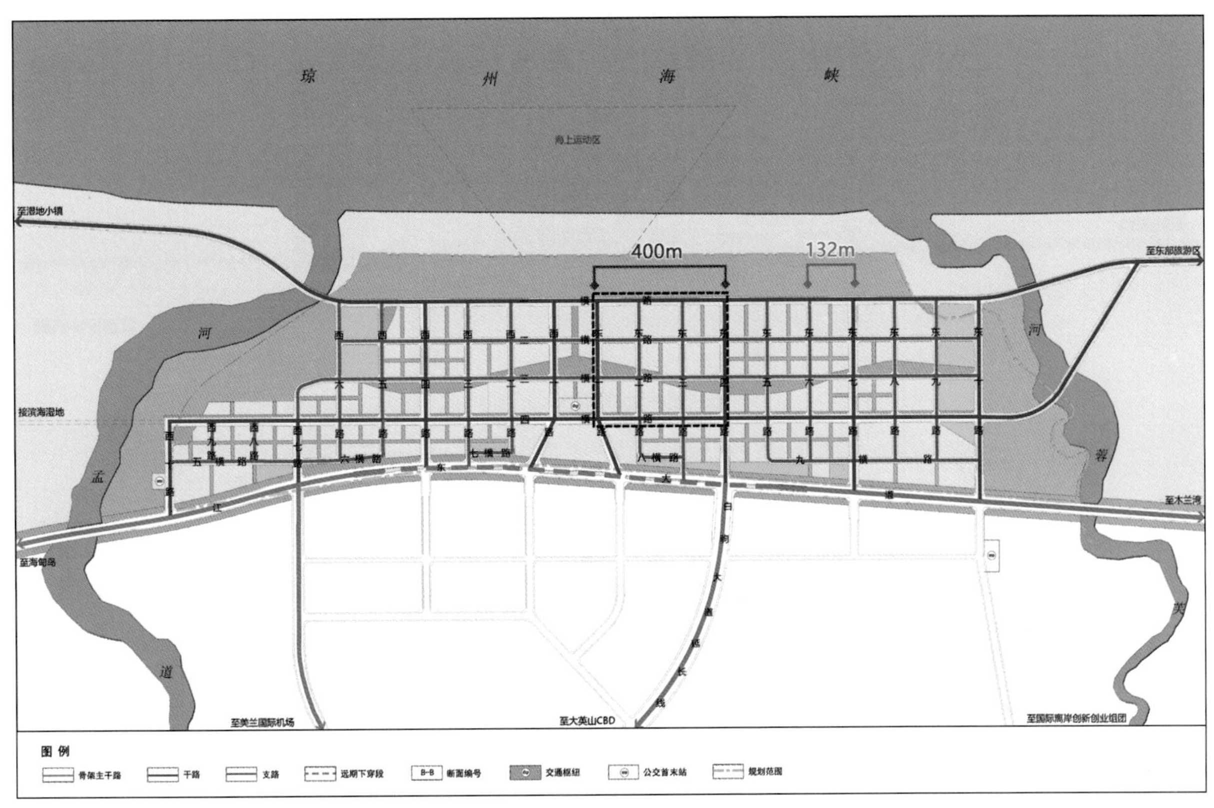

图3 “窄路密网”的路网结构
Fig.3 Road structure of “narrow road and dense network”

3.2 打造复合开放的生态街区

（1）构建“窄路密网”的路网结构，营造绿色开放街区格局。规划采用“窄路密网”，构建开放式街区，单个街坊占地约1.8hm^2。干路网间距400m、支路网间距132m，道路网密度达到15km/km^{2}以上，道路面积占比控制在28%以内（图3）。

（2）鼓励用地功能混合，预留足够发展弹性。规划采取高度混合的土地开发模式，通过用地混合增强功能弹性，以适应后期不同开发意图的需求。在街区层面通过平面与垂直混合的方式创造多元混合的复合街区，实现内部产城服务的需求平衡；在地块层面则采用混合用地替代传统单一功能的建设用地性质（图4）。

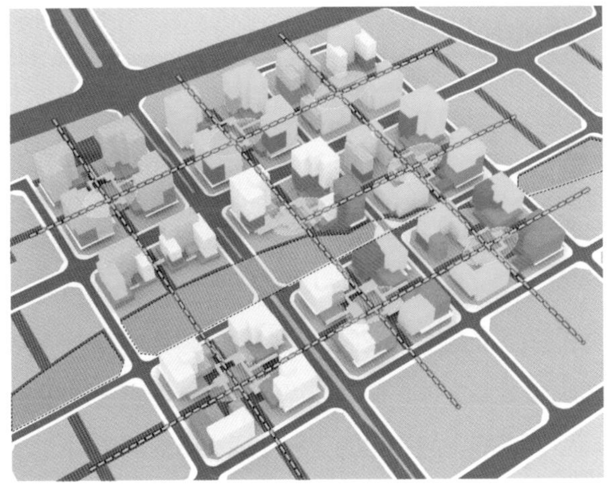

图4 多元混合的复合街区单元
Fig.4 Composite block units with diversified and mixed use

（3）街区灵活开发，满足不同企业的入驻需求。以50m×50m，划定0.25hm^{2}左右的企业基本建设模块，每个单元模块的建筑面积控制在5000~6500m^2。立足大型企业、中小型企业、初创孵化型企业的不同建设需求，可进行一个模块或多个模块的联合开发。同时，各企业可根据自身需求建设集成办公、服务、景观、休闲混合功能的总部空间。

（4）引导地上、地下三维立体空间开发集成。通过地上、地下连通开发，打造集区域商业中心、组团商业中心、主要商服街道、空中商业连廊于一

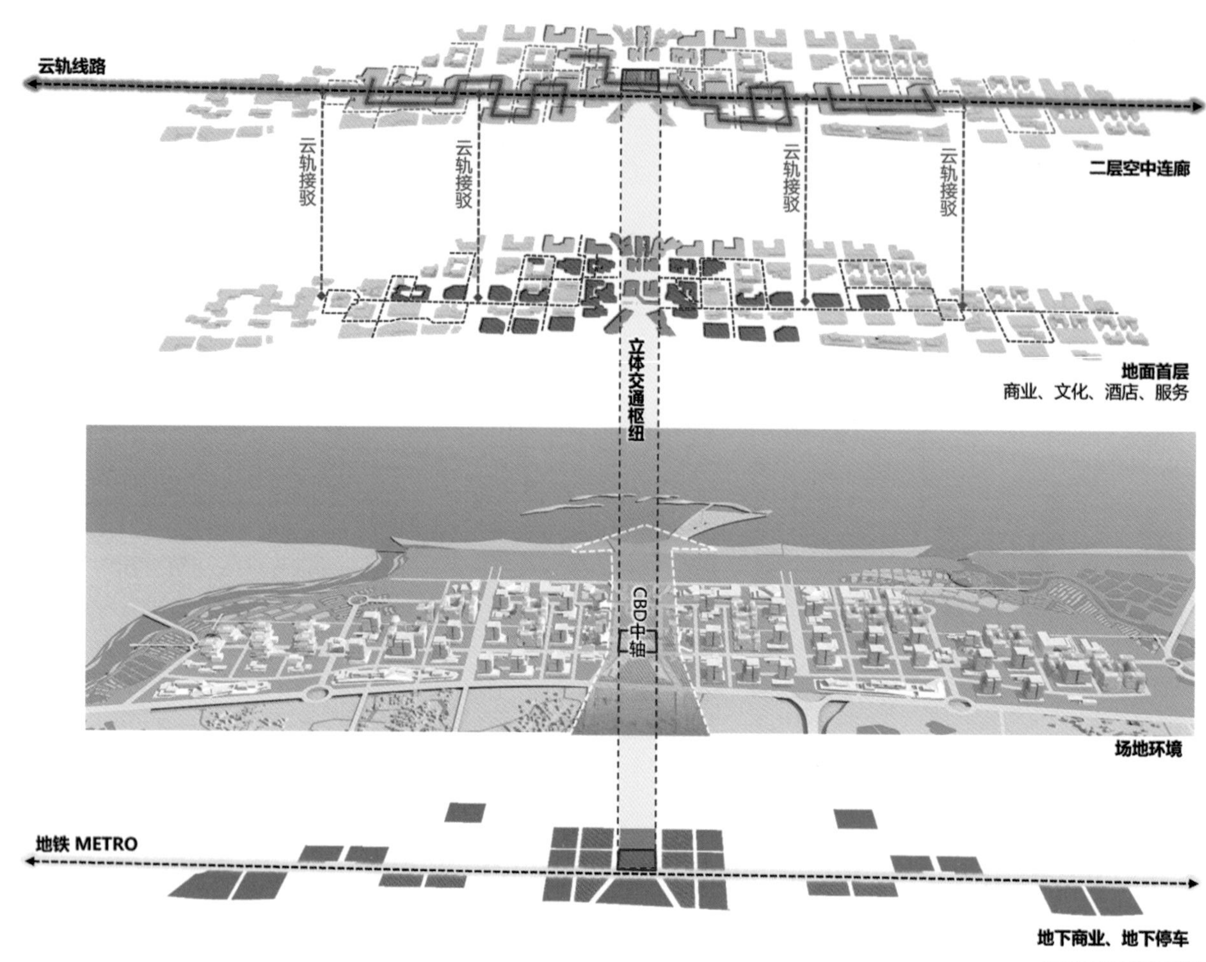

图5　中央活力复合轴线示意图

Fig.5　Central dynamic composite axis

体的多层多维的商业服务体系；构建连接交通转换核、重要商业体、交通节点、各商业体全天候空中商业连廊的无缝衔接的人行交通。以支路街坊作为地下空间开发的最小单元，分两层开发；同时，结合空间和使用特点采用分区开发模式，其中包括公共活力轴地下空间进行综合开发、总部街坊进行整体开发、车位设施共享共建（图5）。

3.3 营造饱含温度的绿色清凉城市

（1）塑造疏密有秩、尺度宜人的整体空间形态

起步区空间形态体现全新生态CBD的人性与宜居，除局部总部地标建筑外，整体以40～60m小高层为主。重点控制滨海及滨河的建筑高度，形成从滨水向中心逐级升高的空间形态，塑造高低错落、起伏有序、景观优美的城市天际线。整体形成，南北向看，中央高、东西两侧低的天际轮廓线；东西向看，滨海低、沿江东大道高的天际轮廓线。

（2）创造穿梭于森林中的街坊慢行体验

结合规划布局，塑造舒适宜人的环境空间设计。规划在中央绿楔街道空间设计中，通过两侧分层退台及底层商业建筑架空连廊，形成连续丰富的特色界面，塑造绿色、宜人、复合的活力街道空

图6　中央绿楔街道空间示意
Fig.6　Central green wedged street space

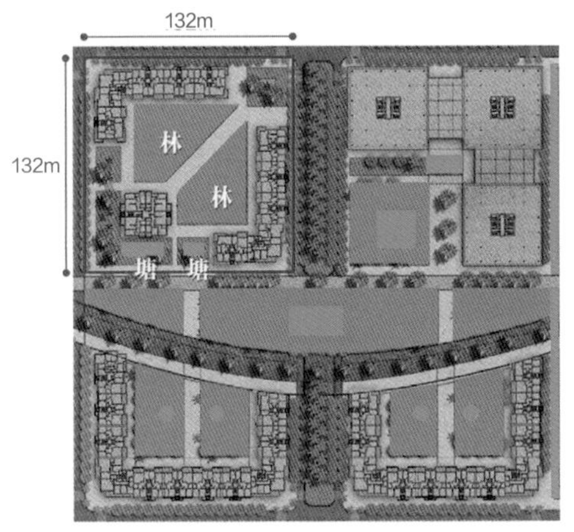

图7　前塘后林的庭院布局模式
Fig.7　Courtyard with “pond in the front and woods at the back”

间，而街道空间则控制1：1～1：2的高宽比，沿街建筑首层要求通透开敞，三层以上建筑形成退台空间，增加视觉交流（图6）。

（3）打造有情怀的、符合海南本地文化与气候的本土绿色建筑

借鉴本地前塘后林的街坊院落模式，以场地内均好布局的公园绿地及水体改善街区小气候，提升人居环境品质。在建筑设计方面，采用大分散、小围合的整体布局方式，形成破风面，引导自然通风；考虑台风、遮阳、高温等气候因素，综合运用建筑语汇及本土化建筑材料，通过二层连廊、多层垂直绿化、分层空中花园、顶层遮阳平台、立面栅格遮挡等打造与当地气候紧密结合的建筑风格，营造秀、雅、清、透的建筑风貌（图7）。

3.4 创建绿色快捷的交通网络

（1）强化起步区与周边区域的便捷交通系统

规划通过整体一体化交通方式的构建，加强起步区同其他城市区域的交通联系。起步区通过以骨架干路、轨道交通衔接海口中心城区、海澄文地区，连通美兰国际机场；以快速路、单轨串联江东新区各组团；并通过干路网东西通达东部旅游区及湿地小镇，向南连接美丽乡村（图8）。

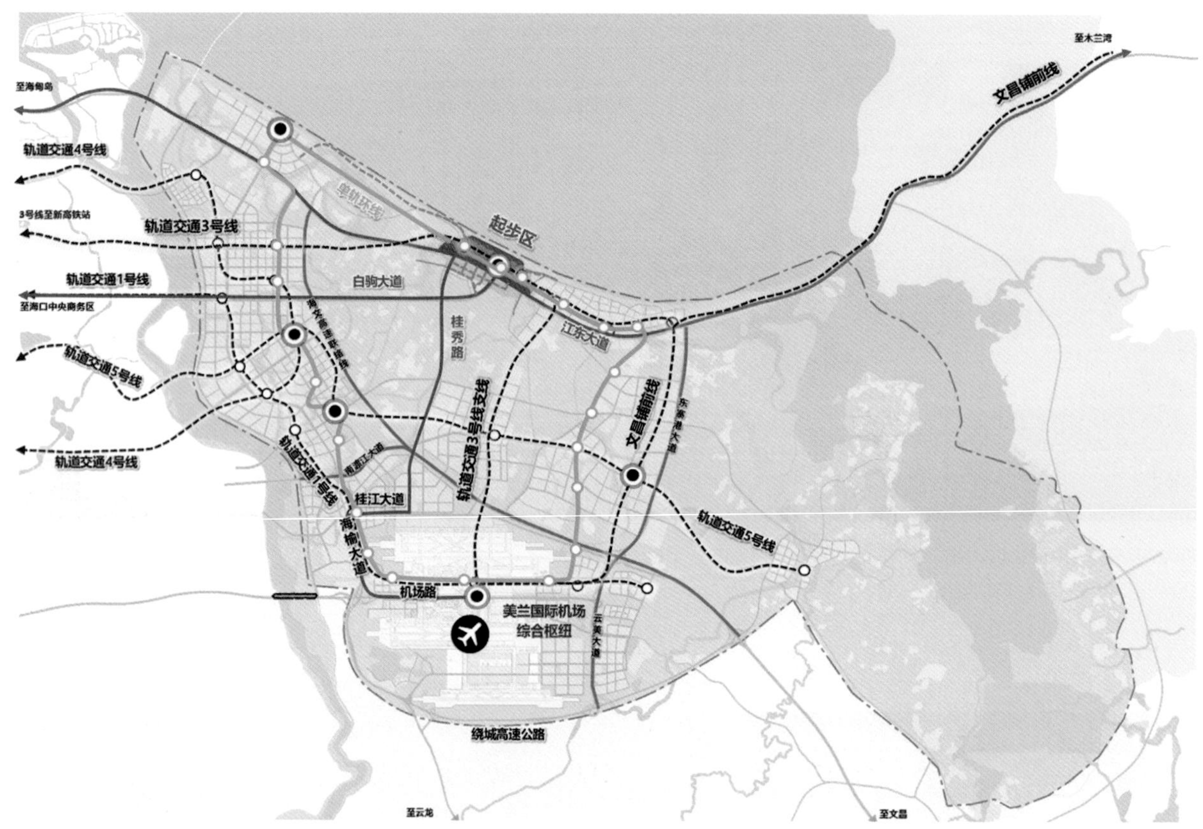

图8　对外交通系统图
Fig.8　Inter-city transport system

（2）建设绿色、复合型轨道交通系统，实现区域出行绿色化

构建“快慢结合”的轨道交通系统。规划一条地铁线、一条单轨线，在起步区共设置1处“地铁+单轨”换乘站和6处单轨站，单轨站与建筑共同规划设计；结合换乘站规划1处综合交通枢纽，融合文化、产业进行立体开发建设，交通枢纽位于地面两层与地下两层空间。

（3）形成“公交+慢行”绿色出行优先的支路网结构

构建公交路权优先、“公交+慢行”无缝衔接的公交系统，实现公交站点300m半径全覆盖。规划4条无人驾驶的公交环线，采用逆时针单向交通组织，适应“窄路密网”道路系统；规划6条区域公交线路，采用“大站快车”运行方式，站距800m～1000m，满足跨区域快速公交需求；于外围东、西两侧布置2处公交首末站，便于公交组织及车辆停放、充电等。构建复合功能的慢行绿道系统，城市慢行绿道以步行和非机动车出行为主，建设长度约6.5km，串联起步区各主要节点，并提供居民日常休闲健身和慢行出行需求。

（4）建设弹性绿色道路与智慧街道

现阶段城市道路采用干路4车道、支路2车道的断面形式，满足最小空间需求；为应对未来无人驾驶技术发展，预留智能化街道改造弹性；预留模块化智慧基础设施空间，实现智慧设施街区全覆盖，同时提供公共服务与资源配置的灵活迭代。

3.5 构建生态绿色智慧的市政设施

（1）建设主动式防洪防潮设施

规划构建四级主动式生态防洪设施，实现100年一遇海潮的安全防护。建设外围防浪沙堤，减轻海浪对岸线冲击；通过防海水倒灌设施，划定淡咸水区，防止淡咸水交替带来的土壤盐碱化；将现状防潮堤生态化改造为防浪步道，同时起步区一横路

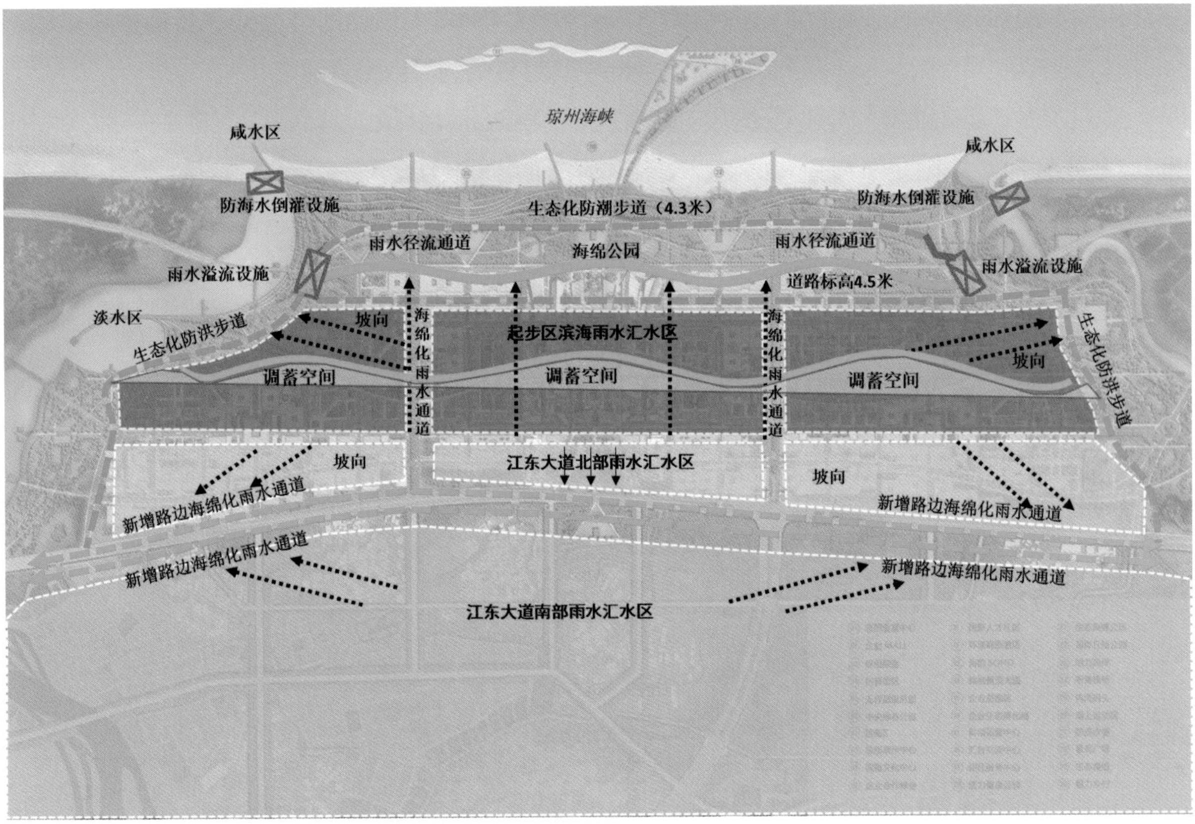

图9 排水系统构成图
Fig.9 Composition of the drainage system

按百年一遇标准进行堤路结合建设防潮堤，实现景观与安全的有机融合；通过沿芙蓉河、道孟河建设生态化洪潮步道，结合防潮步道形成围合的洪潮安全保护圈。

（2）构建多维立体雨洪排水系统

规划构建多维立体的雨洪排水系统，保障内涝安全，实现起步区50年一遇暴雨不积水。结合江东大道现状建设情况，按照周边受纳水体分布，合理分区，形成分散式雨水排放格局；构建东西向的“海绵化”雨水通道，合理引导起步区雨水流向，实现雨水安全排放；充分利用生态空间，构建雨水调蓄、生物滞留、雨水花园等雨水消纳空间，实现100mm降雨安全消纳（图9）。

（3）生态、绿色、智慧街区建设

基于创新的绿色建筑设计理念，规划采用中水回收系统、能源回收系统、导风系统、绿色屋顶等先进技术，将江东新区建设成为国内外绿色建筑的生态智慧街区典范，打造未来城市样板。

3.6 营建人性均好的公共服务设施

（1）构建三级职住圈层，建立合理的职住均好关系

充分考虑职住平衡关系，规划结合各类办公用地的规模及开发强度测算人口规模，并通过构建5分钟职住圈层（20%的住房需求）、15分钟职住圈层（35%的住房需求）、25分钟职住圈层（45%的住房需求）测算住房产品供给量，提供较为合理的职住均好关系。

（2）结合轨道站点构建多维联动、职住均好的生活服务网络

以构建较为合理的职住关系为出发点，通过就业人口测算，明确居住产品类型和规模需求，规划建设4处合计提供近30万m^2的租赁公寓。结合地铁、单轨站点综合设置邻里中心，包括文化、卫生、养老、商业等功能，打造5分钟职住生活服务圈（图10）。

（3）打造全时全季的归属生活

规划充分调研目标国际人群需求，提出以时尚消费、文化交往、运动健康、休闲娱乐为导向的高端公共服务系统；并通过场所营造、功能植入、活动策划等设计方法，谋划一年4季、一天24h的城市活动，打造城市全天候的活力地带。

（4）以人性化的行为动线打造多维联动、均好供给的复合服务网络

结合居民行为动线，沿南北向中央活力轴布局产业配套服务设施，包括金融管理、教育培训、文化交流、会议会展、法律咨询、信息发布等功能。沿东西向公共活力带布置文化消费、服务体验、休闲交往、日常生活等服务设施（图11）。

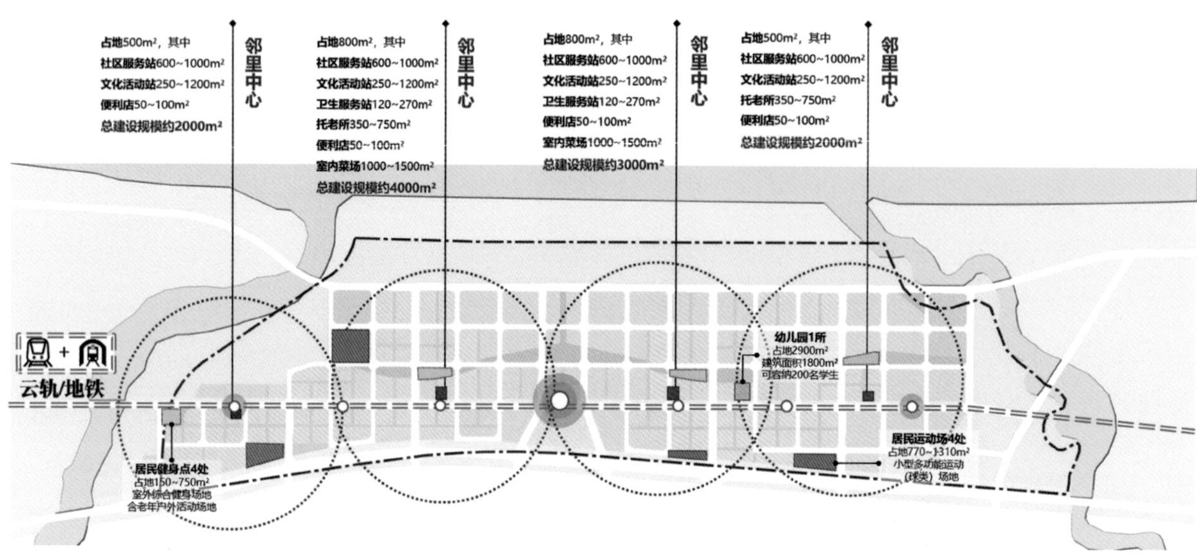

图10　5分钟职住生活服务圈示意图

Fig.10　The 5-Minute jobs-housing life circle

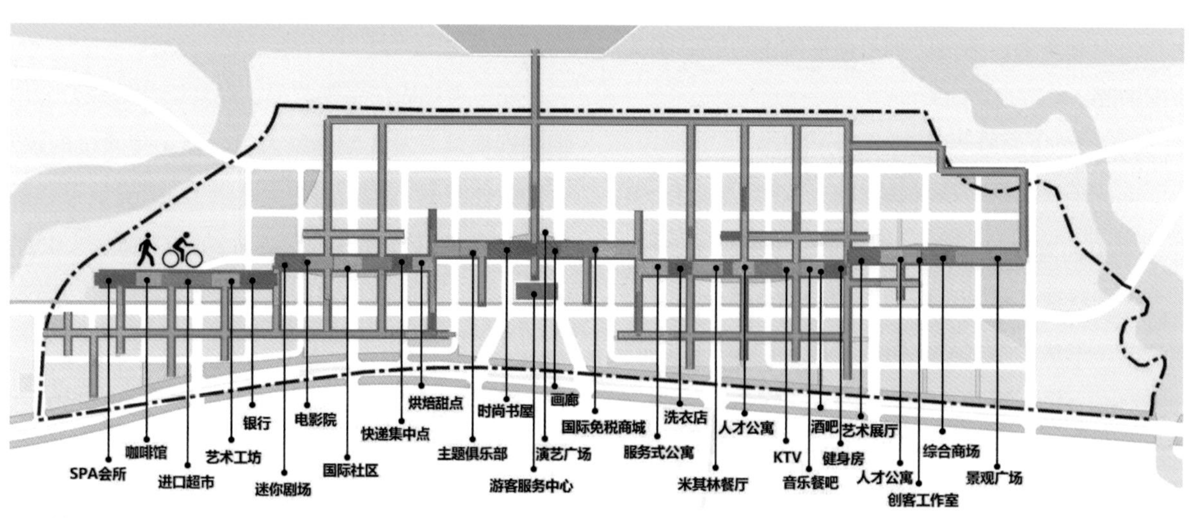

图　例

购物	餐饮	文化设施	办公
大型商业综合体/品牌专卖店/步行街/纪念品店/科技产品体验店/进口超市	西餐/咖啡厅/酒吧/烘焙甜点/当地海鲜美食/米其林餐厅/时尚餐馆	剧场/画廊/艺术展厅/文化展示/会议会展/滨海文化中心/时尚书屋	银行/艺术工作坊/创客工作室/混合办公楼/金融贸易办公楼/咨询机构
酒店/公寓	**生活服务**	**娱乐**	
度假酒店/服务式公寓/商务酒店/国际社区/人才公寓/短租公寓	按摩养生/SPA会所/健身中心/通信服务/汽车及游船租赁/交通中心/速递邮件收发/美容美发/游客服务	海上运动区/演艺公园/景观广场/主题俱乐部/电影院/DIY体验	

图11　东西向公共活力带服务设施布局图

Fig.11　Layout of services facilities along the public dynamic belt in the east-west direction

3.7 引导精细化开发建设管控

按照精细化设计管控要求，规划提出空间形态、标志性建筑、城市界面、功能业态、公共空间、开发建设、运营管理7方面增强引导（图12）。

（1）空间形态增强引导

在总体空间形态上，引导形成整体较为舒展、塔楼错落有致、视线通达性良好的空间形态。在建筑高度控制上，在中央生态绿楔的两侧布置地标建筑，为中央生态绿楔预留公共空间，塔楼的立体绿化与中央绿楔共同形成生态绿谷，全方位感知优良的生态环境，其他建筑高度沿着滨水逐级跌落、沿着中心向东西两侧逐级跌落。

（2）标志性建筑增强引导

加强对标志性建筑和城市天际线的管控，在中央生态绿楔一侧布置地标建筑，地标塔楼高度为150m，两栋较高塔楼高度为100m，其余塔楼按80m、60m、45m高度逐级布置；通过梳理“海、城”关系，加强重要城市界面的天际线塑造，沿滨海界面打造错落有致、高低起伏的滨海天际线；沿江东大道塑造组团分明、起伏变化的天际线。

（3）城市界面增强引导

通过控制建筑贴线率来加强城市界面管控。为强化街道围合空间，采用较高的建筑贴线率，设置80%、70%、60%三类建筑贴线率。根据沿界面建筑的功能和交通特征，主要设置总部商务界面、滨海活力界面、商业休闲界面和滨河生态界面四类城市界面，并根据各界面特点进行相应的建筑贴线率和界面形态管控。

（4）功能业态增强引导

以商务办公、街区商业、购物中心等功能为主，高度混合科研办公、酒店、公寓等功能，并且结合商业布置文化、娱乐、展览等设施。以街区商业、购物中心、酒店、文化设施为活力要素，通

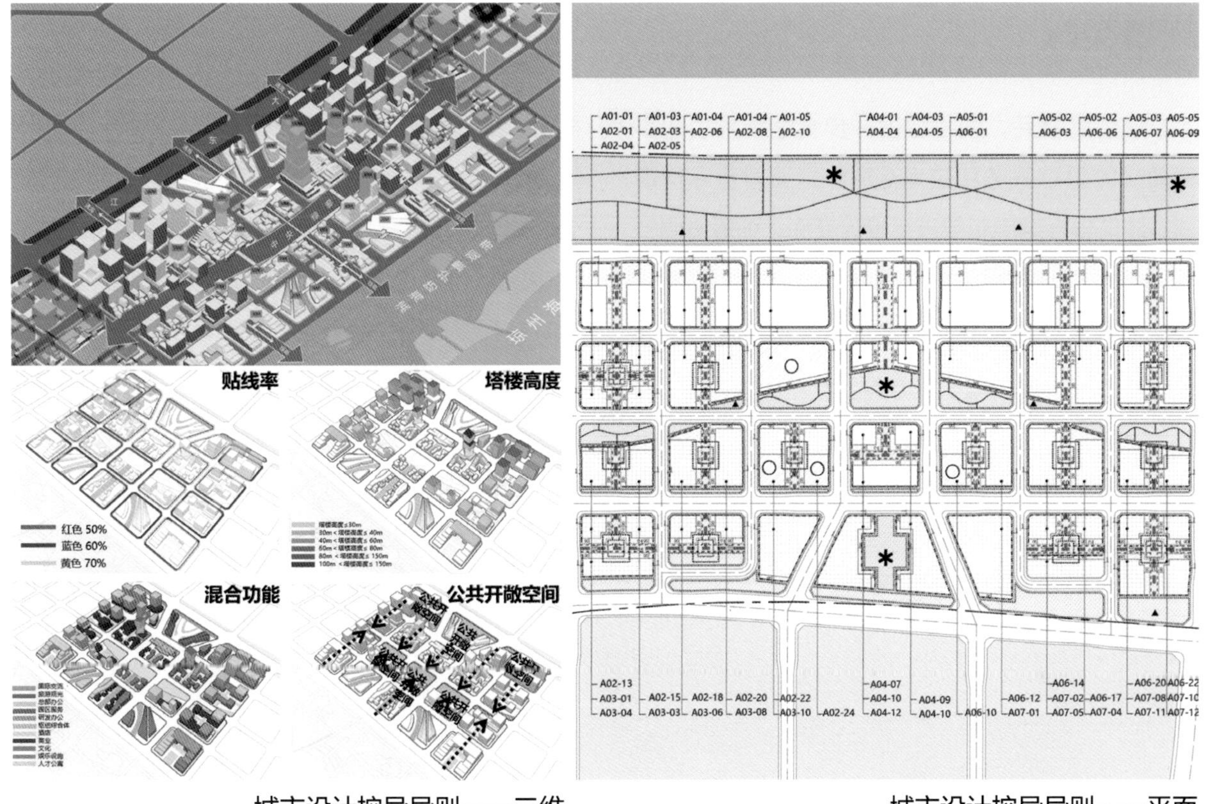

图12 单元城市设计导则

Fig.12 Urban design guideline for units

过底层界面的形式，结合中央绿楔及慢行绿道，形成充满活力的功能业态。以生活、生产的动线为功能业态管控的主线，布局各类活力功能要素，最大限度满足各类人群的休闲、餐饮、娱乐、运动、消费、文化等需求。

（5）开发建设增强引导

充分考虑入驻企业开发模式，规划提出相应的管控要求。在项目选址方面，原则上一家企业最多仅允许拿一个完整街坊用地；在设计管控方面，要求规划街坊支路在设计中不能取消，建筑组合应严格按照开放街区控制线预控公共空间，可采用建筑总量控制，但不允许突破建筑限高要求；在建设管控层面，鼓励单元内建筑之间设置空中连廊，地下空间可整体或独立建设，但应保证地下空间跨街连通。开放街区控制线管控的基本原则是保障南北相邻地块公共开敞空间贯通，对两个街坊连接处的公共开敞空间进行刚性管控，保证开敞空间的连续性；对单元内部公共空间布局实施弹性管控，空间组织模式根据企业的功能组织需求进行空间设计（图13）。

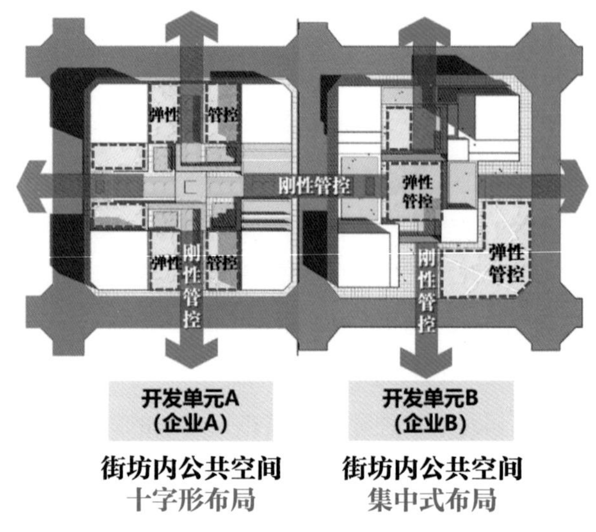

图13　开放街区控制线控制要求

Fig.13　Requirements of open block control lines

4　规划实施

规划批复后，项目组进一步全程参与了起步区建设的跟踪服务和技术支撑。持续对各专项规划、建筑设计编制单位进行设计交底，统筹协调各专项与建筑方案编制，确保设计理念全面贯通，实现城市设计管控要求对全过程开发建设的精准传导。

在规划的有力指导下，起步区各项建设稳步推进，现场一片繁忙景象，数十个项目正在紧张有序施工，如火如荼、昼夜不停。截至目前起步区路网已基本成型，滨海带状公园、芙蓉河和道孟河湿地公园均已建设完成并投入使用，起步区目前入驻包括中国银行、中石化、大唐集团等十余家企业总部，并积极推动包括中冶、中铁等多家意向企业落地（图14）。

图14 起步区现场施工实景

Fig.14 Construction scene of the starting area

12 高铁蓟州站片区概念规划设计

Conceptual Planning and Design of Jizhou High-Speed Railway Station Area

项目信息

项目类型：城市设计
项目地点：天津市蓟州区
项目规模：10km²
完成时间：2019年3月
获奖情况：国际竞赛方案征集优胜方案
委托编制单位：中规院（北京）规划设计有限公司设计三所
项目指导：杨保军　朱波　孙彤　全波　周勇

项目主要完成人员

主要参加人：徐有钢　武旭阳　高文龙　刘颖慧　陈笑凯
执　笔　人：武旭阳　高文龙

"一方城"站前核心区空间效果图
Rendering of the center of the station area of "One Town"

项目简介

在高速铁路深刻改变出行的同时，高铁站作为城市区域联系的枢纽地区，为城市发展提供了新的模式与机遇。在此背景下，天津蓟州区以"推进高铁站周边区域合理开发建设"为指导，凭借地处京唐秦区域发展轴的优越地理位置，因地制宜、规范有序地推进蓟州站周边区域发展，蓟州区政府开展了"高铁蓟州站片区概念规划设计国际方案征集"。

按照方案征集组委会要求，用创新手法解决城市发展问题，项目组对该片区的城市职能、格局、功能匹配及空间拓展等方面进行研究。规划将高铁蓟州站片区放入区域、时代、空间和人文4个更为宏观维度，剖析了高铁站片区作为蓟州城区的文化门户、特色中心和战略支点的使命，明确片区"通京畿渔阳新驿，微协同乐享小镇"的发展定位。在产业发展上，围绕"链接首都圈功能网络"和"激发本地产业跃升"的思路，构建了"旅游消费、文化创意、科技服务、健康管理"四大产业板块，引领蓟州区产业"在地化"和"高效化"转变。在空间构建上，以"延续山水格局和传承历史脉络"为根本，紧紧围绕"城市空间优化"的目标，形成"一核一心一轴、两带两园五片"的结构，实现高铁站片区与城市在生态格局、文化旅游、功能板块、交通网络方面的衔接融合。在设计实践中，更是把握"新驿""小镇"定位，打破传统高铁站片区高楼林立的刻板形象，以"一方城、两文脉、四聚落、百顷林、千年河"的理念为引领，充分结合场地内林田相依、河渠相连、村落相融的特色，构建"高度、密度、尺度"宜人的诗意栖居小镇家园。

INTRODUCTION

While the high-speed train profoundly changes modern life, the high-speed railway station has become a hub area for urban and regional connections and provided new models and opportunities for urban development. In this context, the government of Jizhou District launched the "International Proposal Collection for Conceptual Planning and Design of Jizhou High-Speed Railway Station Area", with the hope to promote the development of Jizhou High-Speed Railway Station Area in a standardized and orderly manner.

Following the requirements of the organizing committee, this planning focuses on solving problems in the urban development in innovative ways. From regional, temporal, spatial, and humanistic dimensions, the planning analyzes the mission of the railway station area as a featured micro-center to display the culture and support the strategic development of the city. In terms of industrial development, targeted at "getting connected with the functional network of the capital metropolitan area and driving the upgrading of local industries", the planning proposes to develop four industrial sectors including tourism and consumption, cultural creativity, technological services, and health management, so as to guide the industries of Jizhou District to become more localized with higher efficiency. In terms of spatial development, based on the inheritance of landscape pattern and historical context, the planning proposes to establish a spatial structure of "one core, one center, and one axis, as well as two belts, two gardens, and five areas", with the aim to incorporate the high-speed railway station area with the urban area in the aspects of ecological pattern, cultural tourism, functions, and transport network. In terms of urban design, following the functional orientation, the planning breaks the stereotyped image of high-speed railway station area, and proposes to create a livable town with an appropriate height, density, and scale by preserving original villages and integrating the forest, river, and other natural elements with streets and buildings in the area.

1 主要内容

1.1 基地现状

蓟州区位于天津市最北部，与北京地缘相接、地域一体。中心城区位于蓟州区中部，西距北京市中心城区88km，南距天津市中心城区115km。项目位于蓟州城区南侧，东至州河，南至京哈公路，西至津蓟高速公路，北至大秦铁路，总面积约10km^2。

本次设计所在的蓟州区是一个仅25万人的京津冀小城。这座远离城区、县城级别的高铁站，如何打破传统以商务功能为主导的“高铁新城1.0”版本，利用高铁枢纽的区域交流前沿的优势，因地制宜实现蓟州高铁站融入区域和城市的目标，打造“高铁新城2.0”，也是这次国际方案征集所需破解的重点。

1.2 战略认知

在蓟州城市建设和产业空间基本成型的背景下，高铁站是城市融入区域网络化的前沿和城市赋能的重要地区，也是城市承担新时期发展使命的重要地区。与传统高铁站新区着重于高铁功能导入和城市空间完善不同，本次设计分别从区域、时代、空间和人本4个维度切入，力求以更为全面的视角看待高铁站这样一个战略性片区对蓟州城市发展的深远影响。

（1）区域维度：京津冀城市群第三圈层的发展机遇期

规划从《京津冀协同发展规划纲要》（以下简称《规划纲要》）要求出发，识别蓟州所在地区协同发展的关键领域为生态协同、交通互连、功能重组、空间重构。随着《规划纲要》的实施，在距离北京30～60km的环首都第二圈层范围内的燕郊、香河、固安等地已经承接了首都疏解的大量制造、商贸、居住等功能。随着首都功能疏解进一步推进，距北京60～100km范围的城镇逐渐形成具有国家意义的产业基地、国际性休闲旅游区、专业化职能城市，并承接了一批重大的国际事件。蓟州正处在环首都第三圈层内，既是“非首都功能”的重要承接地，也承担了区域生态环境保护的重大责任，蓟州在文化旅游中突出的特色更是环首都功能网络重要组成部分（图1）。

在此背景下，结合对都市圈发展规律的研究，规划研判围绕北京的功能外溢和疏解是地处环首都第三圈层城镇应该把握的发展趋势。从都市圈发展规律来看，围绕中心城市形成多元化、专业化城镇功能网络节点是都市圈发展的普遍规律。顺

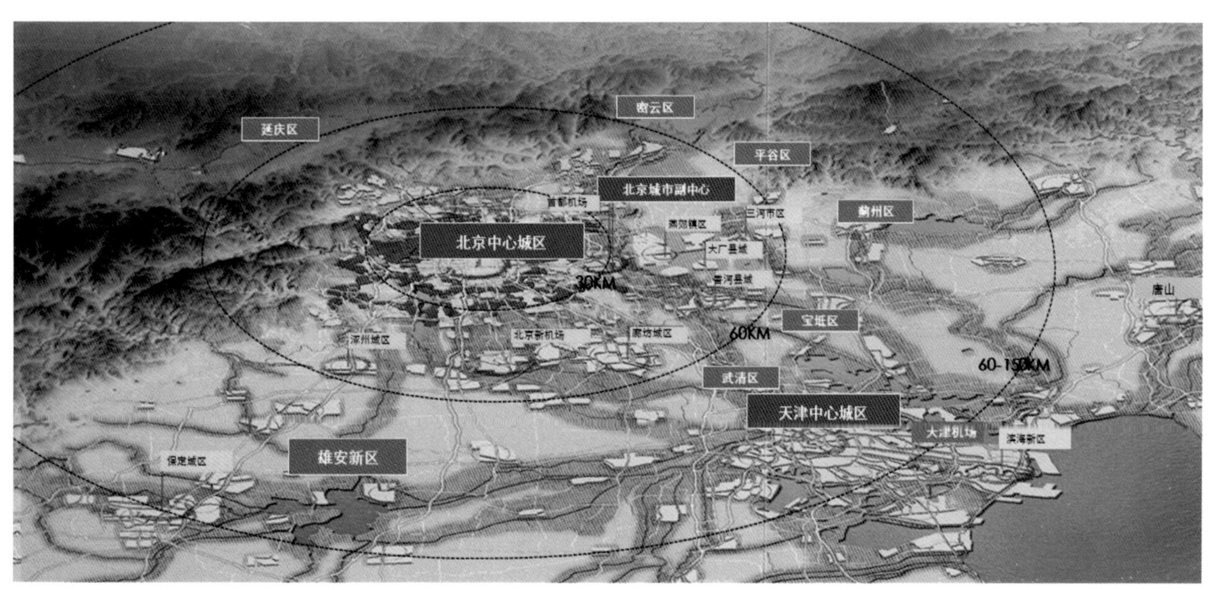

图1　蓟州在环首都第三圈层示意图

Fig.1　Location of Jizhou in the third development ring of the Beijing Capital Circle

应城市发展规律，规划梳理了蓟州高铁站在环首都第三圈层能够承担的优势产业职能，其中包括健康产业、文化创意产业、文化旅游产业、科技服务产业。依托以上产业，蓟州高铁站片区打造京津冀特色功能微中心和特色服务承接地。

（2）时代维度：蓟州资源赋能和独特气质呈现的关键期

在国家大力推进生态文明建设的背景下，蓟州区丰富的生态与文化资源也成为时代发展的独特优势，蓟州的生态和文化特征可以用“一卷山水画，一方文盛地”来概括。

“一卷山水画”表达了蓟州山水环绕的地理生态格局。蓟州城区位于燕山与山前平原的生态过渡地区，北部倚靠区域生态安全屏障区，区内的蓟运河生态廊道、于桥水库和青甸洼湿地是重要生态廊道和生态绿心，可以说山川绿屏、襟河连泽，充满田园诗情。

“一方文盛地”表达了蓟州千年来京畿文化一脉相承的积累。从京津冀地区的历史发展来看，蓟州自建城以来，依靠其独特的地理区位塑造了“扼北方之咽喉、处塞外之要关”的地位，也逐渐形成蓟州“京辅要镇、山前文枢、驰道门户”的文化特质，孕育了蓟州代表性的长城文化、古城文化、宗教文化、皇家文化（图2）。

此外，蓟州还孕育出独特营建文化、田园憩隐文化。其中，蓟州古城、独乐寺、静寄山庄的营建成就在我国古城、古建筑和皇家苑囿建造领域都有特殊地位。而依托于蓟州纵横交错的田园风光与山水环绕的自然环境，蓟州也形成“广成子问道”的仙道传奇，蓟州八景中，“蓟野新耕”“采村烟霁”反映的田园憩隐也成为华北地区独特的文化特质（图3）。

在城镇化进入“下半场”时期，生态文化资源成为京津冀世界级城市群最稀缺的资源，以“文化+生态”双轮驱动为核心，已经成为中小城市生态文化经济崛起模式。与此同时，首都的文化产业目前也正在逐步向东转移至环首都第三圈层地区。尽管蓟州的生态和文化资源在区域内有突出优势，但未能转为全区的发展动能。一方面，蓟州旅游客源市场辐射面小，以近距的津京市场为主，与北京联系较弱（客源占比天津为65%、北京为20%），未能融入环首都旅游圈。另一方面，区内的景区综合效益低，农家乐消费占比较高，整体旅游效益较低，同时带来的污染却显著增加。

随着消费时代到来，背靠京津冀市场，联系更广的腹地，蓟州的优势在于山水和文化资源的结合，进入到资源赋能和独特气质呈现的关键期，而高铁站地区也将成为重要的引擎和示范地区。本次

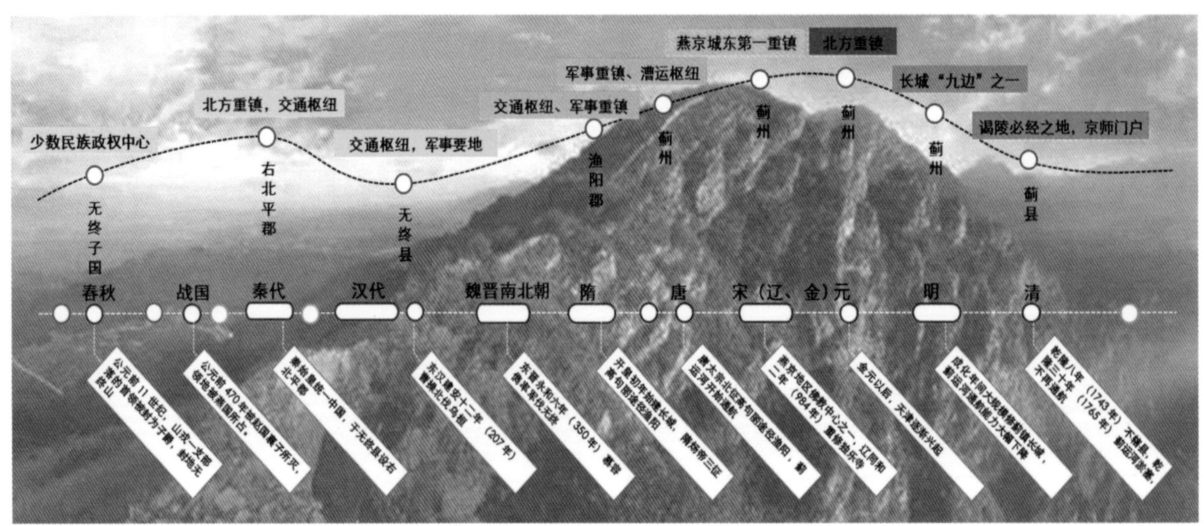

图2　蓟州区历史文化沿革与城市职能变革示意图

Fig.2　Historical and cultural evolution and the transformation of urban functions in Jizhou District

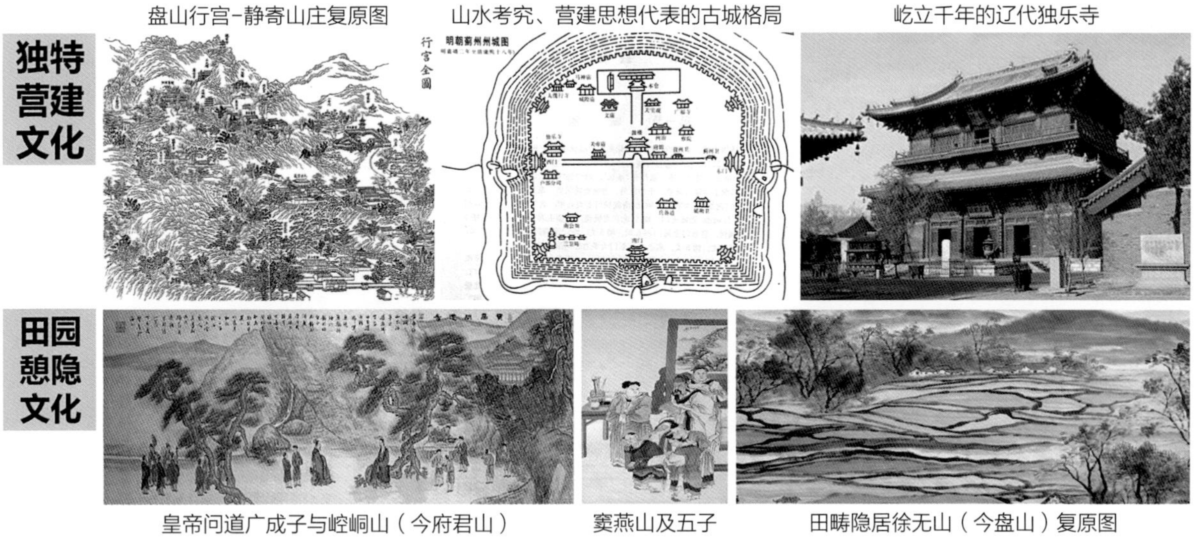

盘山行宫-静寄山庄复原图　山水考究、营建思想代表的古城格局　屹立千年的辽代独乐寺

独特营建文化

田园憩隐文化

皇帝问道广成子与崆峒山（今府君山）　窦燕山及五子　田畴隐居徐无山（今盘山）复原图

图3　蓟州营造文化和田园文化示意图
Fig.3　Culture of construction and the pastoral culture in Jizhou

规划设计紧扣“政策赋能、生态赋能、文化赋能”的思路，聚焦“构建生态文化新经济空间”以及“在地文化引领空间设计”，以求为蓟州高铁站片区赋予独特的时代气质。

（3）空间维度：布局整合和建设模式转型的窗口期

现状蓟州区尚未融入京津冀城际铁路网络，与北京城区和天津主城均缺乏快速铁路联系。目前蓟州站过境停靠车次过少，交通成本较高，也成为难以融入首都圈的症结所在。随着规划津承城际、京秦二城际、京平线蓟州连接线等线路引入蓟州站，区域“十字形”大通道能够有效对接首都交通圈，形成服务蓟州、通达区域的铁路综合客运枢纽。高铁站地区将成为蓟州区城市轨道交通组织中心，也是城区四向连接的重要枢纽和门户地区（图4）。

从城镇发展来看，蓟州城区北部山区连绵，生态压力较大，为避免北部地区的过境干扰和功能干扰（北部主要功能为历史文化、旅游和生态涵养），蓟州城市空间重心南移，有利于带动南部平原地区发展。此外，现状城市中心和州河产业园区布局分散、互动性差。随着蓟州站的开通，高铁站片区成为重要的城镇空间转换的地区，作为提升南部的门户功能和联系南北产城融合地区，一方面能够带动蓟州区南部旅游拓展，促进南部城乡统筹，疏解北部山区的游客压力统筹旅游空间；另一方面也是城市与产业园区有机融合的重点地区。高铁站片区面向消费服务和生产服务，能够实现从“城市片区的边缘区”到“城市功能链接和组织的节点”的空间升级转换（图5）。

（4）人本维度：实现美好生活的想象和社会融合

中央城市工作会议提出“坚持人民城市为人民”，也为新时期的城市建设提出底层的需求：城市不仅是楼房、道路、设施的实体，更是人民实现美好生活的载体。项目组重点针对高铁可能吸引的人群，在地居民以及新型的消费人群进行访谈。据此访谈描摹出了蓟州高铁站片区未来城市使用者的人群画像，这些人群既是未来空间设计的使用者，也是规划实施的评判者（图6）。

据此，规划面向未来使用人群，在蓟州高铁站片区提出了创新的城乡融合微协同发展模式——京津冀微协同示范区，引导大城市中产消费人群和在地村民协同发展的模式，充分考虑蓟州农民守土的特质和宅基地试点的政策优势，开展自下而上的乡建活动，引导更多新型的消费和服务产业的聚集。在京津冀大产业和大设施协同发展的同时，在社区

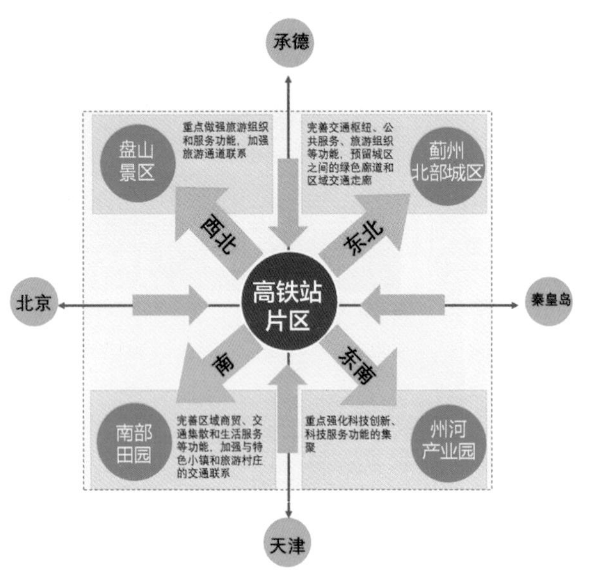

图4　蓟州高铁站片区与城市其他片区联系示意图

Fig.4　Connection between Jizhou High-Speed Railway Station Area and other urban areas

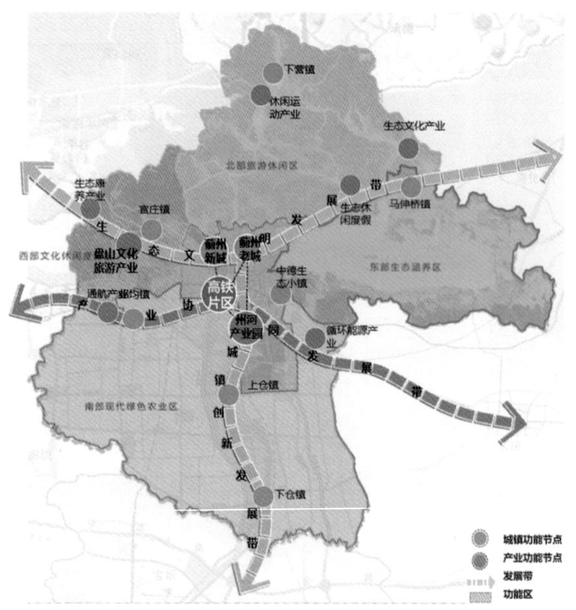

图5　蓟州高铁站片区对城市空间结构影响示意图

Fig.5　Impact of Jizhou High-Speed Railway Station Area on urban spatial structure

图6　蓟州高铁站片区人群画像

Fig.6　Profile of the people in Jizhou High-Speed Railway Station Area

和人的层面形成协同发展的样板，实现社会融合的美好局面。

1.3 功能定位

通过多个维度战略认知，在京津冀协同发展的格局之下，高铁蓟州站片区承担着以下使命：承担完善世界级城市群文化功能体系的重要责任，构建生态文化门户地区；顺应消费和产业升级，改变蓟州“京东洼地”的局面，着力于自身优势资源的赋能；引领城市空间的转型升级，优化城市结构，促进南向发展构建战略支点。同时，也应该顺应新时期新政策的趋势，主动承接大都市人群需求升级，积极实践自下而上城乡治理新模式，探索集体土地和宅基地盘活的政策空间。

在此基础上，规划提出高铁蓟州站片区发展定位为“通京畿渔阳新驿，微协同乐享小镇”。在此定位下以“链接首都圈功能网络”和“激发本地产业跃升”为导向，规划确定高铁站片区重点发展

区域维度　时代维度　空间维度　人本维度

津冀城市群第三圈层的发展机遇期
蓟州资源赋能和独特气质显现的关键期
布局整合和建设模式转型的窗口期
实现美好生活的想象和社会融合

使命任务
文化门户：完善世界级城市群文化功能体系的重要承载地
京东洼地：促进蓟州产业转型升级，资源赋能的激发点
战略支点：优化城区空间结构、促进南向发展的战略支点

＋

趋势政策
需求升级：吸引大都市区中等收入群体的高品质、高特征场所
善治理念：面向自下而上，实践城乡社会治理新模式
政策试点：宅改、集体土地、资产盘活政策的空间探索

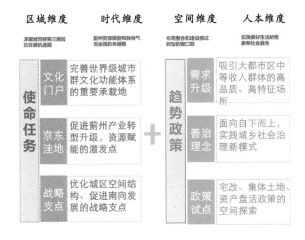

图7　蓟州高铁站片区发展定位
Fig.7　Development Orientation of Jizhou High-speed Railway station Area

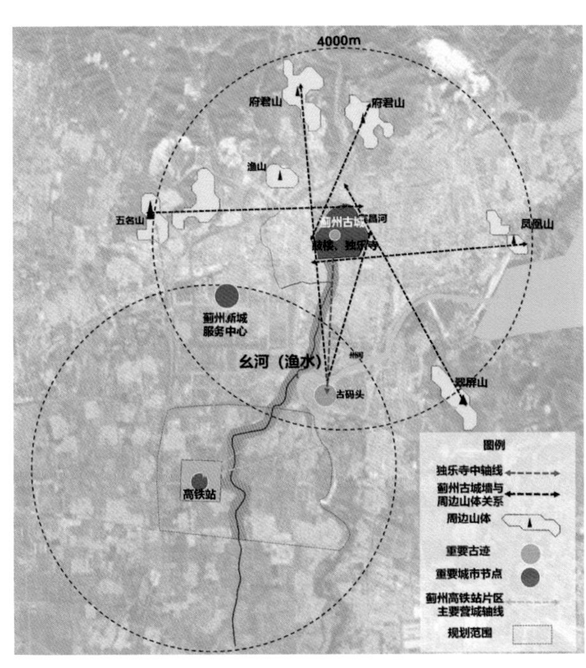

图8　蓟州高铁新城对蓟州古城营造格局的延续
Fig.8　Continuation of ancient spatial pattern in Jizhou High-Speed Railway Station Area

“旅游消费、文化创意、科技服务、健康管理”四大产业板块，引领蓟州产业“在地化”和“高效化”转变（图7）。

1.4 空间链接

在空间设计中，紧扣定位中“新驿”和“小镇”的意向，以“延续山水格局和传承历史脉络”为根本，以“城市空间优化”为目标，从宏观、中观和微观提出了空间构建的核心理念。

（1）宏观“因势赋形”

蓟州站地区作为连通南北、交汇东西的重要战略节点，其发展必须延续山水格局和传承历史脉络，必然要求融入城市的整体发展格局。在顺应和改善整体发展趋势中，寻找自身规划设计的逻辑、秩序参照与空间坐标（图8）。

规划从宏观尺度着眼，识别蓟州营城轴线和渔水两条传统文化轴，通过重点打造“州河”生态绿心，“一脉连双城、渔水绕古今”的人文轴带实现历史文脉的延续。

在城市功能上，通过优化梳理蓟州新区到州河产业园骨架交通、用地功能，沿线构建集文化、创新、旅游、商务、商业、休闲复合功能的发展轴带，构建“一城一园”的转换走廊；通过交通性主干路联系通道、特色专用轨道、公交走廊和枢纽的构建形成“四向通达”的交通枢纽，最终实现高铁站片区与城市在生态格局、历史文脉、功能板块、交通网络的衔接融合，发挥蓟州高铁站地区的战略区位价值（图9）。

（2）中观“因地善构”

设计充分结合场地内优质的林田相依、阡陌交通、乡村聚落的特色，发挥高铁站带动效应，突出城乡的无界融合理念。在中观尺度上，以构建“田园乐享小镇、城乡无界家园”为目标，在高铁站片区内将功能、景观、交通以及城乡用地政策、弹性开发模式等多个方面综合考虑，因地制宜，构建一体化、网络化的城乡功能体系、空间体系、产业体系、公共服务体系和基础设施体系。形成“一核一心一轴、两带两园五片”的空间结构（图10）。

“一核”：依托高铁枢纽形成高铁综合服务核；

“一心”：依托洇溜镇区形成镇公共服务中心；

“一轴”：形成向北联系蓟州新城、向东联系州河产业园区，集文化、创新、旅游、商务、商业、休闲复合功能的城市发展轴；

“两带”：幺河、州河两条延续蓟州古城传统文脉串联区域生态功能的文化生态景观带；

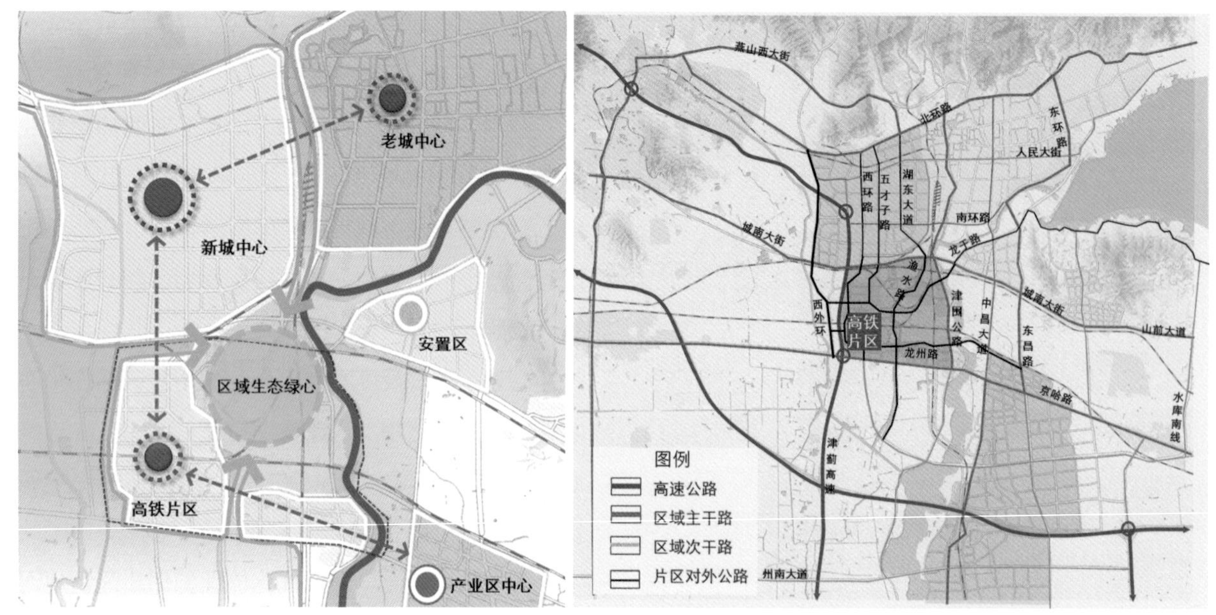

图9 蓟州高铁新区与中心城区的功能和交通联系示意图

Fig.9 Connection between Jizhou High-Speed Railway Station Area and the central urban area in terms of function and transport

"两园"：幺河东、西侧以游憩文创和田园憩隐为主题的两处郊野公园；

"五片"：城市发展轴串联5个片区，分别为生态社区聚落、高铁方城、科创云镇聚落、休闲镇居聚落，东北侧现状村庄经过改造更新形成融于自然的田园村居聚落。

（3）微观"因意筑境"

"城乃上下人心所寄之地"，人们的情感往往寄托在特色场所中。规划突出高铁站片区的开放性、包容性和归属感，在微观尺度上，通过塑造"微协同村落""最优接触街区"，构建"高度、密度、尺度"宜人的小镇空间。在设计上充分结合场地内林田相依、河渠相连、村落相融的特色，营造诗意栖居家园，延续人本的精神特质和生活体验，满足对美好生活的想象力（图11）。

1.5 意境场所

在面向新时期人民对"高品质、慢节奏、乐共享、个性化"生活方式的追求，以"因意筑境"为核心理念，形成"一方城、两文脉、四聚落、百顷林、千年河"的城市设计整体构思（图12、图13）。

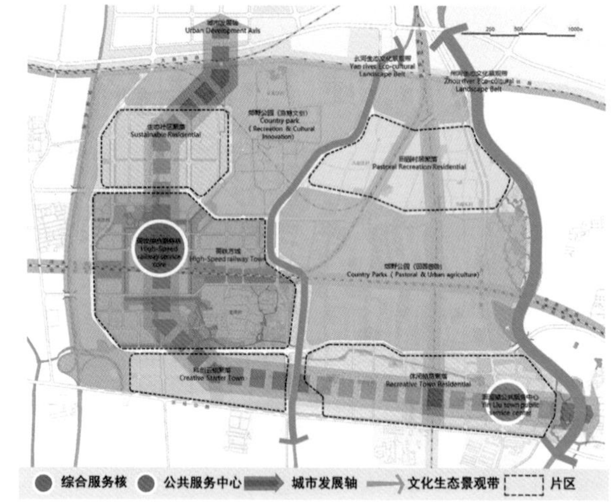

图10 蓟州高铁站片区规划结构图

Fig.10 Spatial structure in the planning of Jizhou High-Speed Railway Station Area

（1）"一方城"

传承蓟州古城"倚山营城，巧借山景；千步为城，一方规模；千尺为轴，窄街密路；公共节点，特征片区"等传统营城思想。通过高铁站前现代城市空间演绎形成蓟州独具风格文化展示体验空间，以及特色商业、文化及旅游等功能集聚的活力地区。

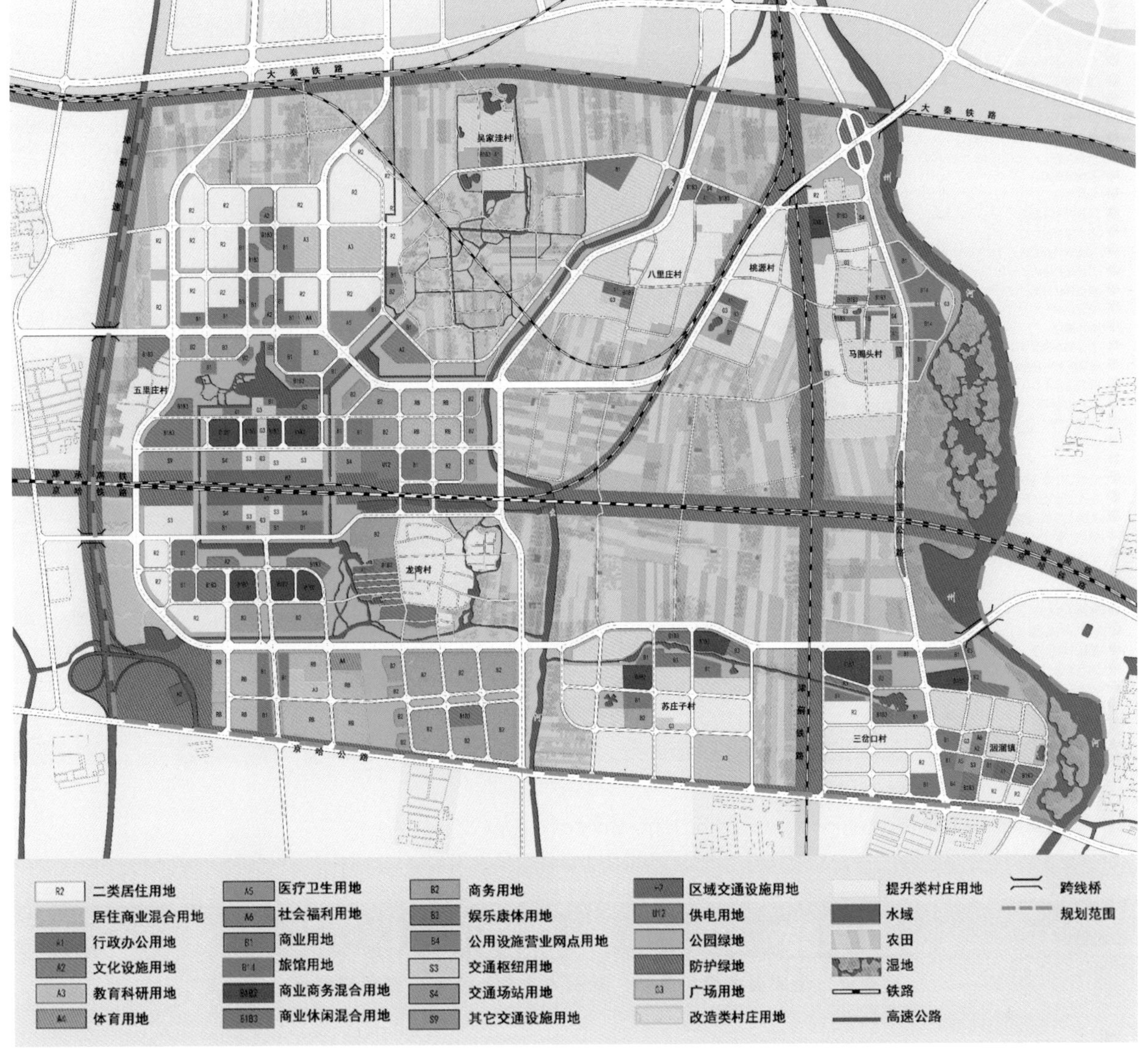

图11 蓟州高铁站片区规划总图

Fig.11 Master plan of Jizhou High-Speed Railway Station Area

（2）“两文脉”

规划识别幺河（渔水）、“独乐寺—白塔—古码头”两条联系古城与高铁站片区的文化脉络。通过沿渔水布局文化功能以及沿“高铁站—古码头”塑造轴线空间，最终形成“一脉连双城、渔水绕古今”的文化脉络。

（3）“四聚落”

综合考虑高铁站片区内村庄布局、景观营造、交通条件、用地政策、开发模式等多个方面，规划形成空间形态、开发模式、功能业态不同的4个开发聚落，筑共赢协同城乡空间（图14、图15）。

（4）“百顷林”

规划顺承“于桥水库—州河—田园绿野”的区域大生态格局，结合场地内现状生境，形成游憩、郊野、湿地3处郊野公园，构筑高铁站片区田林交错、蓝绿互映的风景画卷（图16）。

（5）“千年河”

规划挖掘州河漕运文化，通过古码头等历史遗迹的展示重塑，原生村落田园风貌的保留，河滩湿地的修复，游憩功能的植入，重塑这条古运河的文化风采和生态职能（图17）。

图12 蓟州高铁站片区城市设计总图

Fig.12 General layout of urban design of Jizhou High-Speed Railway Station Area

图13 蓟州高铁站片区城市设计手绘鸟瞰图

Fig.13 Hand-drawn aerial view of urban design of Jizhou High-Speed Railway Station Area

•最优交往的城市型聚落 Healthy and livable urban settlements

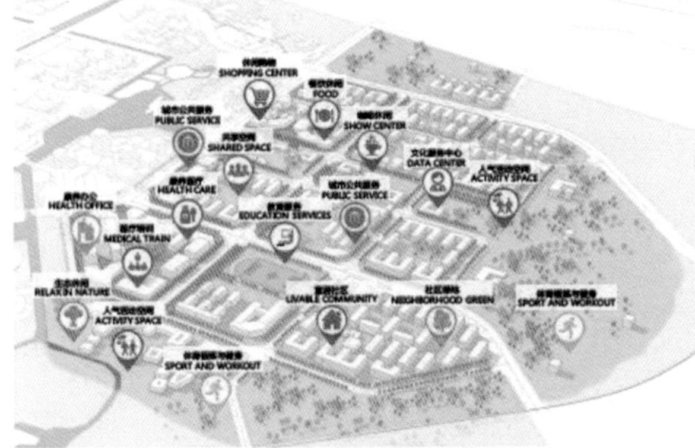

•协同共享的乡村型聚落 The village settlement of unit sharing

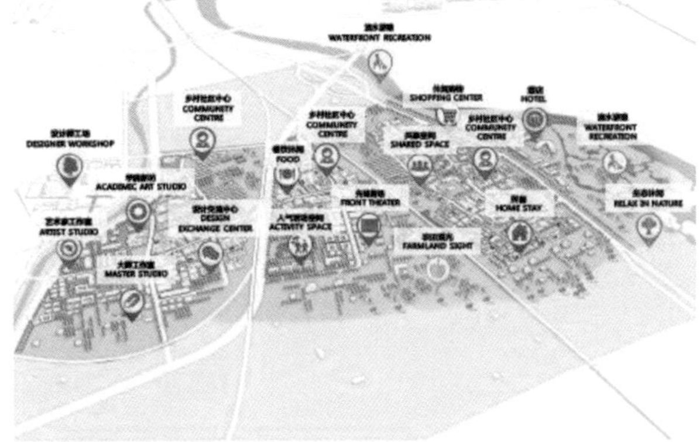

•创新共享的园区型聚落 Innovative and Shared landscape settlement

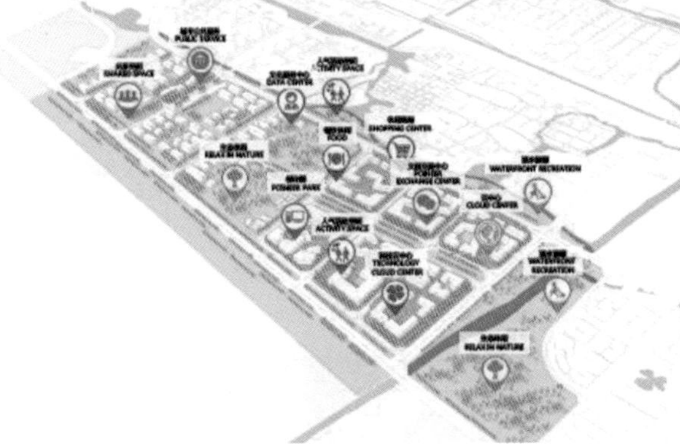

•宜居生态的镇区型聚落 Livable ecological town - type settlements

图14 “四聚落”建设模式引导图

Fig.14 “Four Clusters” construction mode guide

图15 “四聚落”效果图

Fig.15 Rendering of “Four Clusters”

图16 “百顷林”效果图
Fig.16 Rendering of “Hundred Hectares of Forest”

图17 “千年河”州河流经龙湾村效果图
Fig.17 Hand-drawn rendering of “Millennium River”: Zhouhe River flowing through Longwan Village

2 后记

在国际方案征集中，相较于国内外其他设计团队着重通过建筑设计语言表达高铁站片区先锋感、艺术感和乡土情怀，本方案冷静而理性的分析推演显得有些与众不同。以场地在区域空间和时代发展的宏观背景为起点，通过理性而严密的分析，逐步明晰了蓟州高铁站片区功能特色和空间特质；基于对本土文化的深挖和对场地的尊重，中微观环境设计又是进一步对宏观研究的延伸，又赋予了设计方案突出的历史感和极强的可操作性。这样的特点也让设计在方案征集中脱颖而出。

13 淮南市山南新区总体城市设计及五项城市设计导则

Comprehensive Urban Design and Five Design Guidelines for Shannan New Area, Huainan

项目信息

项目类型：总体城市设计、城市设计导则

项目地点：安徽省淮南市山南新区

项目规模：研究范围80km²，建设用地范围约65km²

完成时间：2018年9月通过专家审查，2018年12月淮南市规划委员会批复

委托单位：淮南市规划局

项目技术主管：黄少宏

项目主要完成人员

主要参加人：王思源　孙青林　陈笑凯　王建龙　张乔扬　刘雪源

执　笔　人：王思源

山南新区整体鸟瞰效果图

Aerial view of Shannan New Area

项目简介

淮南市山南新区在成立至今十余年的发展过程中，实现了从乡村形态向城市的巨大转变，随之而来诸多风貌问题日益凸显。《淮南市山南新区总体城市设计及五项设计导则》项目编制旨在重新明确新区在新时代的发展定位，引导新区特色风貌塑造，加强风貌管控，进而保障新区的高品质发展与高质量建设。规划坚持问题、目标和结果导向，提出了未来指引山南新区风貌建设发展的总体定位与相应的城市设计策略，并制定了保障城市设计实施的若干措施。在规划特点上，突出回归人本需求，强化特色空间场所营造，提升城市幸福感和归属感。在规划难点也是创新点上，项目组围绕编制符合管理要求的“实用、管用、好用”的城市设计总体目标，创新了项目工作模式，开展伴随式城市设计，与城市管理方共同开展编制工作，管理方全程参与项目框架、规划内容制定和成果表达过程中，完善了山南新区的风貌管控机制，提出分级、分类、分层管控要求，明确了存量与增量两类项目实施路径，丰富的成果表达形式提升了成果的易读可用性。

INTRODUCTION

In the more than ten years' development, Shannan New Area of Huainan City has been transformed from a rural area to an urban area. Many problems concerning the style and landscape have become remarkable. The formulation of the Comprehensive Urban Design and Five Design Guidelines for Shannan New Area aims to redefine the development orientation of this new area in the new era, guide the creation of featured style and landscape, and strengthen related control, so as to guarantee the high quality development and construction of Shannan New Area. Being problem-, goal-, and result-oriented, this planning puts forward the overall orientation and corresponding urban design strategies that will guide the landscape development in the future, and proposes several measures to guarantee the implementation of urban design. Regarding the characteristics of the planning, it highlights the need to return to humanism, strengthens the creation of featured space, and aims to improve people's sense of happiness and belonging in the area. Regarding the difficulties and innovations in the planning, in order to formulate an urban design that is “practical, effective, and easy to use”, the project team innovates the work mode: the team formulates urban design in collaboration with the urban management departments in the whole process from the establishment of project framework to the determination of planning content, and to the expression of planning results. The planning improves the landscape control mechanism, puts forward the requirements for classified and hierarchical control, and proposes implementation paths for both stock land and new land development projects. Meanwhile, it enriches the expression form of planning results and improves the readability of results.

1 项目背景

中规院项目团队长期服务淮南市地方发展与建设，从编制国务院批复的现行城市总体规划《淮南市城市总体规划（2010—2020年）》开始，见证了淮南市山南新区从谋划设立到快速发展的整个过程。山南新区谋划建设于淮南市经济快速增长阶段，在近15年的发展过程中，经历过外部发展条件和政府决策的变化，在当下发展中面临着一定的困境。甲方委托中规院项目团队开展山南新区总体城市设计工作，除了关注《城市设计管理办法》中总体城市设计规划内容，还想通过本次总体城市设计全面评估山南新区的发展现状，进而为提升城市品质与魅力提供有效策略。项目团队经过实地调研分析，经过与甲方的多次沟通，针对现状问题，明确规划需求，确定了本次总体城市设计的工作内容总体框架，除总体城市设计外，另外编制总体城市设计导则、绿地设计导则、街道设计导则、建筑风貌导则和城市色彩导则，最终形成了《山南新区总体城市设计及五项设计导则》这一系列项目成果。

山南新区位于淮南市中心城区南部，隔舜耕山与东部城区相望，与东部城区共同构成了淮南市城镇结构“一主一副四组团”中的城市主中心，是淮南市的行政中心、文化中心、体育中心所在地。项目规划范围结合山南新区实际管理范围（图1），落实上位规划《淮南市城市总体规划（2016—2030年）》纲要成果，研究面积约为80km^2（含舜耕山），其中城市建设用地面积约65km^2。

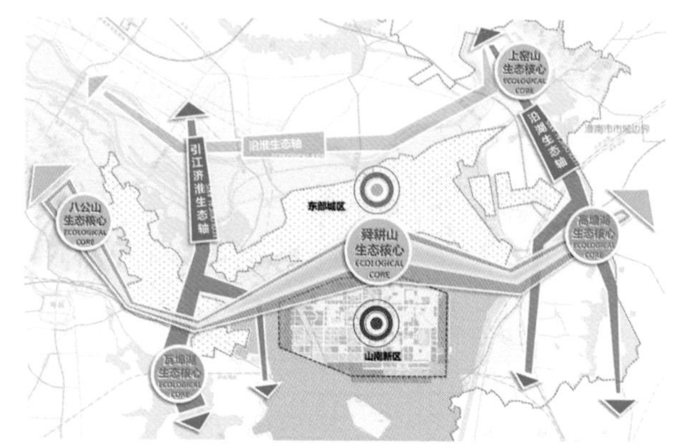

图1 山南新区所处的生态环境与区位

Fig.1 Ecological environment and location of Shannan New Area

2 规划主要思路及内容简介

2.1 山南新区现状风貌要素特征

一山映城、湖链玉盘的山水格局。山南新区四面生态要素环绕，背靠舜耕山，东西为瓦埠湖、高塘湖所夹，南侧为区域交通农林复合廊道；舜耕山为东西走向的城中山，一字绵延10余公里，舜耕山主峰297m，山形优美，起伏舒缓，是淮南城市的绿色脊梁，也是山南新区和东部城区的双面城市背景轮廓线。山南新区内人工沟渠、水库较多，整体呈现蓝绿交织、田园基底的特征。现状已形成了两横六纵的水网体系，中央公园、观澜湖公园等滨水公园的建设极大地提升了地区的环境品质。

多元包容、求实创新的新时代文化精神。从历史变迁来看，各文明时代都在淮南市留下了鲜明的空间烙印，从辉煌的楚汉文化、淮河两岸的淮河文化，到九龙岗民国文化、“百里煤城”的煤矿文化，再到当代以高新区为代表的现代科创文化。山南新区是淮南市承接历史、开创未来的新时代发展建设主体，是淮南各时期不同文化的交汇地，是城市多元文化的窗口，也是融合展示淮南市“楚风汉韵”传统文化和求实创新当代文化风貌的重点地区。

舒朗大气、中轴统领的中华营城城市格局。山南新区的规划建设传承了中华营城理念，城市格局与山水格局具有良好的交互性、渗透性。城市公共空间充分尊重自然生态，将自然水系纳入城市营建中。城市空间采用最具中国传统特色的方格网路网格局，整体城市格局舒朗、开阔，象征展现了淮南

图2 山南新区现状照片
Fig.2 Photos of the status quo of Shannan New Area

新时代发展的大气磅礴之势；规划十字中轴引领的城市格局，形成了最鲜明的风貌特征。目前从舜耕山到市政府到安徽理工大学的纵向轴向已基本形成（图2）。

2.2 主要规划内容简介

山南新区总体城市设计在对现状特征分析的基础上，从系统出发，突出重点区域与要素控制，重点回答了3个关于山南新区发展及风貌提升方面的问题。①突出问题导向，从现状出发，梳理山南新区现状发展情况，分析总结山南新区在城市品质提升方面主要存在的问题，包括山水不凸显、空间不精致、文化不自信、功能不完善及建设碎片化等，明确未来城市空间风貌的提升方向。②着重目标导向，回答未来建设怎样的山南新区。山南新区在发展中缺少稳定的共识，谋清定位是指导山南新区发展的根本，因此规划结合新时代发展要求，从区域和淮南市整体发展分析入手，首先明确了山南新区“生态创新高地、幸福宜居新城”的定位（图3）。从山南新区的特征入手，落实新区总体定位，满足人民期望愿景，提出山南新区“楚汉风韵、淮南风范、创新风尚”的整体风貌定位，并将其细化为山水格局、城市格局和人文底蕴3个方面的具体目标。③加强结果导向，回答如何建好山南新区的风貌。落实整体风貌定位与目标，规划首先确定了新区“双轴引领、双环绕城”的山水共融的总体城市设计结构，提出“北倚舜耕、林田环绕，八水纵横、园囿棋布，三核四区、双十轴线，双环串点、网络共享”的总体风貌控制要求（图4）。具体通过新区五大城市设计策略加以落实，包括塑

图3　山南新区核心区鸟瞰效果图
Fig.3　Aerial view rendering of the core area of Shannan New Area

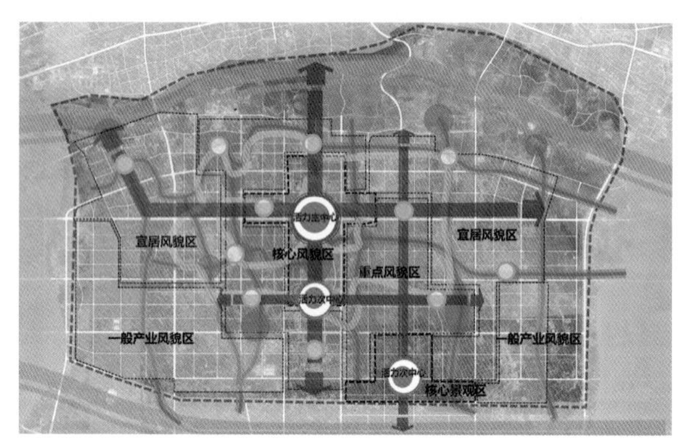

图4　山南新区风貌总体控制结构图
Fig.4　Overall landscape control plan of Shannan New Area

造山南新区“一山、三带、八廊、多园”的开放蓝绿网络本底；合理制定整体开发强度，打造多元和谐的城市空间形态，对主要轴线空间、天际线形态进行控制；结合建筑风貌与城市色彩，形成文化共生的城市特色风貌；识别活力街道系统，重塑活力共享的街道空间；补足现状短板，提升新区生活便利条件，形成宜居共享的品质生活单元，合理配置基层级公共服务设施。

3　规划特点：回归人本需求，强化特色空间场所营造，提升城市幸福感、归属感

山南新区的建设在上一版城市总体规划、分区规划、相关控制性详细规划等规划的指引下，整体建设框架已经展开，但在城市经济发展迅猛、城镇空间快速拓展背景下编制的一系列规划已难以适应新时期、新背景下山南新区的建设。通过对山南新区居民的调研访谈也可看出，城市特色不突出、人性化不足、人气不够等问题较为突出，山南新区大空间、大尺度的设计，对于居民显得过于冰冷。多年来，尽管住宅开发很多，但依旧人气不足、生活不便。在已经建成的城市框架上系统性统筹，精细化设计，回归人本需求，强化特色空间场所营造，提升城市幸福感、归属感，是本项目特别突出的要点。规划通过深入挖掘山南新区乃至淮南市的城市特色，提出以街道、生活圈、文化空间三大要素提

升来改善人居环境，提升城市活力。

3.1 面向多元需求，开展整体空间设计，打造更具活力的街道开敞空间

街道是淮南市传统生活的重要空间载体，加强山南新区街道设计是满足市民对公共产品和公共服务需求的重要途径，也是短期内比较容易出效果的工作。本次城市设计结合街道导则，转变山南新区传统道路设计偏重机动交通和市政工程的思路，以人为本，关注街道上所有人群的活动；系统协调，关注街道网络及沿线用地协调；空间整合，以更安全共享的街道、更活力舒适的街道、更绿色智慧的街道为目标，形成街道道路断面控制与设计指引、街道空间环境设计指引、街墙界面综合设施指引和绿色智慧的技术导引的“3个设计指引+1个技术引导”。

在街道空间环境设计中，综合考虑行人和车辆的通行功能，在保障系统性交通通行能力的同时，合理安排沿街建筑的活动空间设计，按照活力景观大道、公共活力主街、公共次街、商业次街、生活次街和一般街道的分类对街道“U形空间”进行设计。

3.2 构建基于人口结构特点的生活圈，提供更人性化的公共服务

通过问卷调研，分析城市功能业态，山南新区功能以高新产业、改善型居住、高等教育为主，居住群体多为中青年、儿童。总体城市设计从需求出发，基于新区独特的就业类型和人口结构，分类细化15分钟社区生活圈。形成现代创新产业类、体育休闲类、文化教育类、城市更新类这4类生活圈，差别化提出生活圈配置设施要求及配置标准。在城市环境设计上强化儿童友好设计概念，包括提供更便捷的儿童服务设施，在社区为儿童护理、文化娱乐提供共享的空间；街道环境上增加儿童主要行动路线上的步行交通连续性设计，结合社区绿道提升儿童友好交通环境。

3.3 挖掘特色文化，强化重要建筑风貌指引，打造更彰显独特文化气质的空间

明确山南新区作为淮南“楚风汉韵”的多元文化展示窗口的空间载体，形成特色文化点、线、面相结合的风貌展示体系。包括结合门户地区、重要城市街道、重要开敞空间打造文化体验风貌区、风貌街。构建“四廊双环”6条主题绿道（图5），城市内环绿道为“锦绣山南”都市环线主题，突出现代文化特色；城市外环绿道为“畅享山南”文化休闲环线主题，串联重要的文化、体育、休闲活力节点。研究楚汉时期建筑特色，总结其建筑特征及“秩序、庄重、融合、和谐”的文化内涵；在建筑形态上，重点关注因地制宜的秩序空间、高台基强收分的单体形态、细部装饰、朴素典雅的建筑色彩等方面；结合建筑风貌导则，对重要公共建筑、商业建筑和居住建筑分类提出设计要求。

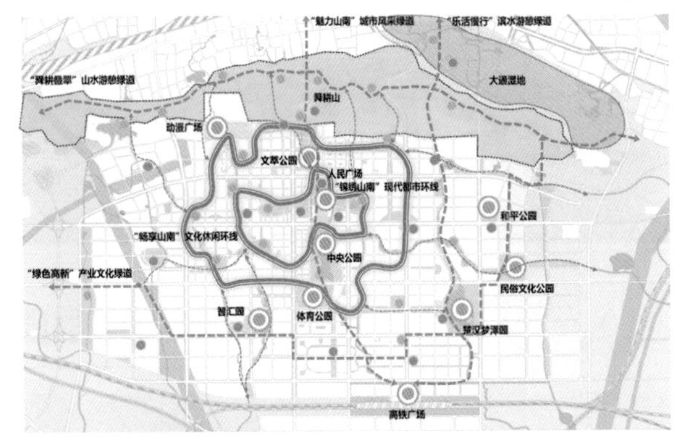

图5　山南新区绿道网络规划图
Fig.5　Greenway network plan of Shannan New Area

4 规划难点与创新点：如何做一个面向地方管理需求的好用的城市设计

“做一个面向地方管理需求的好用的城市设计”是在项目开展之初，项目组和甲方便达成的共识，也是项目的规划难点与创新点。针对淮南市山南新区现状的问题和城市管理的需求，本次总体城市设计在编制过程及成果阶段与山南新区相关城市

建设管理部门共同研究，形成了符合当地管理需求的实用、管用、好用的总体城市设计及设计导则，强化了从技术语言到管理语言转化，摆脱以往总体城市设计只能“墙上挂挂”的窘境，切实为山南新区风貌品质的提升、城市的精细化管理提供了技术支撑。主要可总结为以下4个方面经验。

4.1 完善管控机制，以总体城市设计为统领构建“1+23+N”的山南新区风貌管控体系

山南新区在《淮南市城市总体规划（2010—2020年）》经国务院批复后，开展了地块控制性详细规划全覆盖编制工作。但在实际操作中，由于缺少总体层面的控制，城市的整体性控制在单一地块层面难以得到有效落实，地块控规之间存在很多的衔接困难，其中甚至出现道路红线错位等问题；且不分开发时序地编制地块控规缺少弹性，实际开发建设中多次进行控规调整，影响了规划的权威性、法定性。本次规划提出优化山南新区规划编制体系，将总体城市设计作为指引新时期新要求下的新区总体层面规划，构建山南新区“1+23+N”的城市风貌规划编制体系。“1”即山南新区总体城市设计；“23”即23个城市单元控制性详细规划，落实城市设计要求，是规划管理的重要抓手；“N”即分系统城市设计与重点区段城市设计（图6）。

为保障城市设计内容与法定的国土空间规划体系充分有效衔接，在总体城市设计编制成果中将各层级规划内容分解，逐条明确其与国土空间总体规划、单元控规和地块控规的衔接内容，既加强了城市设计的法定化，又保障了城市设计内容在法定规划层级间有效传导与落实，解决了管理部门在不同规划衔接上的困难。在此规划框架下，山南新区已

图6 绿地系统、街道设计、建筑风貌、城市色彩导则

Fig.6 Guidelines for urban design of green space system, street facilities, architectural scape, and city color

试点编制了高新区单元控规。

4.2 面向精细化治理，创新编制方法，强化风貌分级、分层管控，差异化落实管控要求

在本次总体城市设计中，项目组创新了规划编制与管控方法，既加强对城市重要片区的风貌控制，又为设计留有弹性，通过分级、分层细化的方式，差异化落实风貌管控要求。

风貌分级管控。从新区的总体风貌结构、功能结构、山水资源条件等因素出发，划分了重点管控风貌区和通则风貌指引区。重点管控风貌区包含商业商务风貌区、行政办公风貌区、文化体育风貌区、产业研发风貌片区4类10片，覆盖城市重要的公共中心、交通枢纽等地区（表1、图7）。将临山风貌片区、滨水风貌片区、居住风貌片区和产业风貌片区作为通则风貌指引区，提出通则式的管控和指引要求。

重点风貌区段控制要点一览表　表1

Key control points for main landscape zones　Tab.1

控制地区	控制原则	控制要点
商业商务风貌片区	布局簇群化、建筑特色化、空间品质化、用地集约化、功能复合化	用地功能布局、整体空间形态、建筑高度、绿化覆盖率、街道设计、公共空间、建筑界面、建筑风貌、地下空间利用
行政办公风貌片区	建筑品质化、空间宜人化、环境整体化	建筑高度、绿地率、建筑退线、公共空间、建筑空间布局、建筑风貌、公共步行系统、地下空间利用
文化体育风貌片区	建筑特色化、空间品质化、功能复合化、环境整体化	建筑高度、公共空间、建筑界面、空间布局、建筑风貌、公共步行系统
产业研发风貌片区	环境整体化、空间品质化、布局簇群化	建筑高度、公共空间、空间布局、建筑风貌

用地布局优化

集中展现“楚风汉韵”风貌和历史记忆的片区级主题商业街区，主要为商业、娱乐康体、文化设施用地

B1 G3 B1 B1 B3 B1 G1 B1 B3 B3 B1 B1 A2 B1 B1 G3 B1

开发强度指引

片区整体做中低强度、高密度开发；控制坪区平均容积率不高于1.8，建筑密度不低于30%

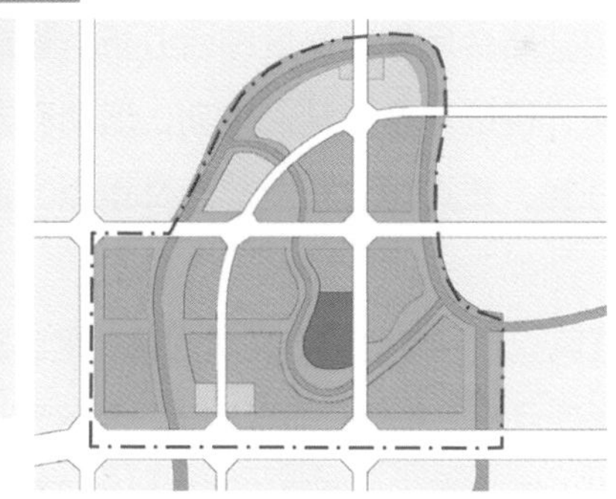

景观结构指引

以片区内主要景观道路与自然水系为轴线，标志性建筑与公共空间为节点，塑造该片区的景观系统

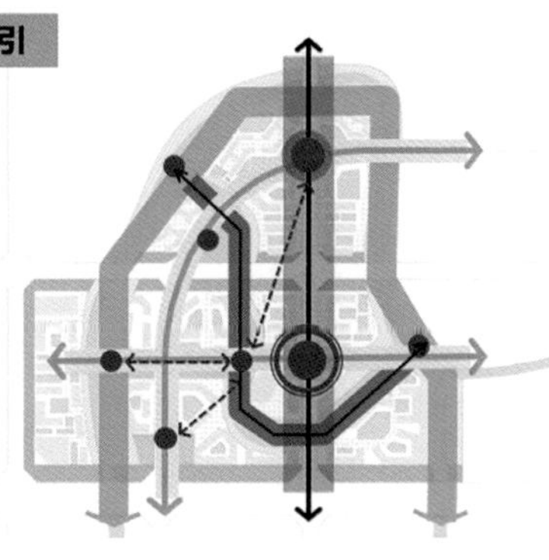

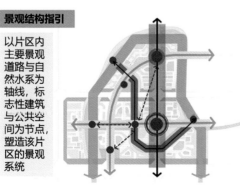

建筑空间布局

“楚风汉韵”建筑风貌展示区；建筑材料指引；多样第五立面塑造，屋顶以灰棕色为主

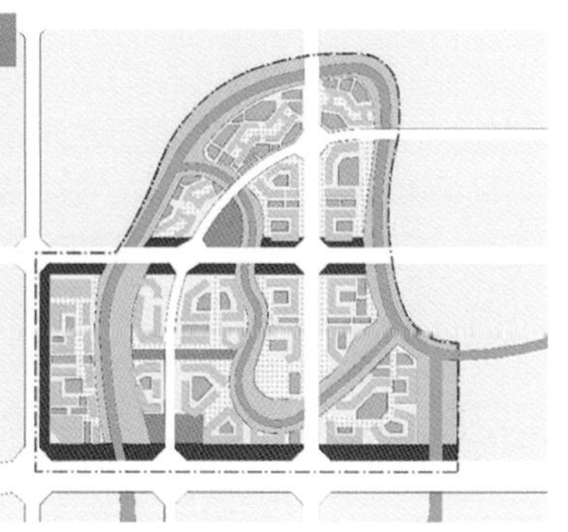

图7　重点风貌区段控制指引（以楚汉商业街片区为例）

Fig.7　Control guidelines for the main landscape zone (taking Chuhan Commercial Street area as an example)

分层引导。除总体层面的风貌管控，规划结合五项设计导则，有针对性地对重点内容进行深化，涉及的规划层次从总体层面扩展到详细规划层面；强化规划传递，加强总体风貌控制与23个单元间的风貌管控要求传递。规划从问题出发，除在总体层面分析了城市问题外，还针对23个控制单元特征开展了新区分单元城市空间风貌绩效综合评估，选取“开发强度—职住关系、便利服务—设施配置、风貌形象—生态宜居”三大类指标，为各单元现状发展及风貌情况进行综合评价，准确把脉各单元问题，在总体策略下，分别提出更有针对性的提升策略。

4.3 面向规划实施，明确开发时序，提出现状风貌提升、新建风貌塑造两类项目库

明确开发时序。通过对山南新区的发展历程分析，其包括风貌在内的现状问题很大程度是由于碎片化的开发模式造成的。规划选取交通区位、公共环境、服务设施、现状建设四大类多因子，对新区土地开发影响程度进行分级评价；以控制单元为基础单位，结合用地成熟度综合分析、城市风貌结构要求，明确新区近期、中期、远期开发阶段的重点任务、重点城市开发单元及重点产业开发单元。

形成风貌项目库。结合现状问题，提出现状风貌提升类项目库，包括公园绿地类、片区整治类、水系驳岸、街道优化、道路连通5大类18项，对每项提出针对性提升策略。对于新建片区地区，形成山水风貌类、空间风貌类、人文宜居类近期重点项目库。

4.4 丰富成果表达形式，落实定量管控，加强图示辅助、编号索引，使成果易懂好用

按照山南新区规划建设管理部门的管理审批监管需求，根据规划对象的不同，形成灵活丰富的成果表达形式，探索了将定性的城市设计语言描述转化为定量化的数据控制，同时配以图示辅助管理，最终形成图文并茂的管理使用导则手册。例如，在街道设计导则中，将街道空间感受、步行环境、绿化空间等定性描述内容分别以控制尺度感的街道高宽比、控制连续性的贴线率、沿街界面占比，以及控制舒适性的设施带、街道小品等要素分类定量明确要求。在建筑风貌导则中，在“建筑风貌设计通则+分区控制”基础上，对于建筑屋顶设计、建筑墙身、建筑基座、建筑材料等直观性内容增加大量形象化意向图片示意，使专业的建筑语言更加直观易懂。

通过对分项导则进行要素编号索引，强化导则的易读性，方便快速明确每个控制要素的管控位置与管控要求。对重点风貌地区，在总体城市设计导则中通过“一图三表”的方式明确管控要求，在“一图三表”中体现街道、绿地、建筑风貌、建筑色彩等要素编号，与相应导则中涉及的控制指引内容的页码位置（图8）。

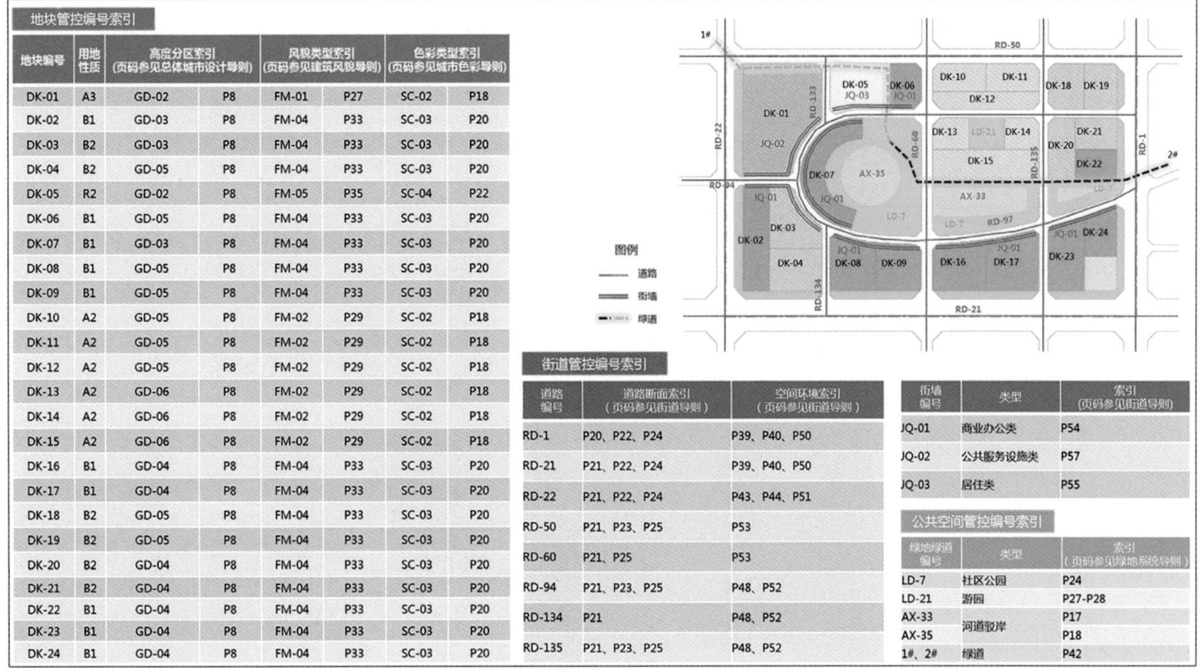

地块管控编号索引

地块编号	用地性质	高度分区索引（页码参见总体城市设计导则）		风貌类型索引（页码参见建筑风貌导则）		色彩类型索引（页码参见城市色彩导则）	
DK-01	A3	GD-02	P8	FM-01	P27	SC-02	P18
DK-02	B1	GD-03	P8	FM-04	P33	SC-03	P20
DK-03	B2	GD-03	P8	FM-04	P33	SC-03	P20
DK-04	B2	GD-05	P8	FM-04	P33	SC-03	P20
DK-05	R2	GD-02	P8	FM-05	P35	SC-04	P22
DK-06	B1	GD-05	P8	FM-04	P33	SC-03	P20
DK-07	B1	GD-03	P8	FM-04	P33	SC-03	P20
DK-08	B1	GD-05	P8	FM-04	P33	SC-03	P20
DK-09	B1	GD-05	P8	FM-04	P33	SC-03	P20
DK-10	A2	GD-05	P8	FM-02	P29	SC-02	P18
DK-11	A2	GD-05	P8	FM-02	P29	SC-02	P18
DK-12	A2	GD-05	P8	FM-02	P29	SC-02	P18
DK-13	A2	GD-06	P8	FM-02	P29	SC-02	P18
DK-14	A2	GD-06	P8	FM-02	P29	SC-02	P18
DK-15	A2	GD-06	P8	FM-02	P29	SC-02	P18
DK-16	B1	GD-04	P8	FM-04	P33	SC-03	P20
DK-17	B1	GD-04	P8	FM-04	P33	SC-03	P20
DK-18	B2	GD-05	P8	FM-04	P33	SC-03	P20
DK-19	B2	GD-05	P8	FM-04	P33	SC-03	P20
DK-20	B2	GD-04	P8	FM-04	P33	SC-03	P20
DK-21	B2	GD-04	P8	FM-04	P33	SC-03	P20
DK-22	B1	GD-04	P8	FM-04	P33	SC-03	P20
DK-23	B1	GD-04	P8	FM-04	P33	SC-03	P20
DK-24	B1	GD-04	P8	FM-04	P33	SC-03	P20

街道管控编号索引

道路编号	道路断面索引（页码参见街道导则）	空间环境索引（页码参见街道导则）
RD-1	P20、P22、P24	P39、P40、P50
RD-21	P21、P22、P24	P39、P40、P50
RD-22	P21、P22、P24	P43、P44、P51
RD-50	P21、P23、P25	P53
RD-60	P21、P25	P53
RD-94	P21、P23、P25	P48、P52
RD-134	P21	P48、P52
RD-135	P21、P23、P25	P48、P52

街墙编号	类型	索引（页码参见街道导则）
JQ-01	商业办公类	P54
JQ-02	公共服务设施类	P57
JQ-03	居住类	P55

公共空间管控编号索引

绿地绿道编号	类型	索引（页码参见绿地系统导则）
LD-7	社区公园	P24
LD-21	游园	P27-P28
AX-33	河道驳岸	P17
AX-35		P18
1#、2#	绿道	P42

图8　重点风貌区地块管控“一图三表”编号指引示意图

Fig.8　Numbering guidelines of “one figure and three tables” for plot control in main landscape zones

5 后记

《山南新区总体城市设计及五项设计导则》工作经过了近一年时间的编制修改，已经顺利通过了专家组和淮南市政府规委会的评审，项目内容和质量得到了一致好评，目前总体城市设计的成果已经指导了山南新区的控制性详细规划进行调整，并为正在开展的国土空间规划提供了有效支撑。在本项目开展中，项目团队建立起与城市管理部门沟通的良好机制，从现实问题出发，投入了更多的精力到厘清规划需求、确定规划内容输出、完善成果内容表达上，可以说是与城市的规划建设管理方共同探索了一个提升山南新区品质魅力的实用、管用、好用的规划。同时，项目在规划和管理上也还有很大的提升空间，尤其是在成果数字化、纳入“一张图”管理系统上仍有待后续不断完善，这也都同时考验着地方的治理水平。虽然本次规划已经告一段落，未来项目组也将继续关注淮南地区的发展，持续开展规划服务。

14 南充市北部新城搬罾、荆溪片区控规及核心区城市设计

Regulatory Planning of Banzeng and Jingxi Area in the Northern New City of Nanchong and Urban Design of the Core Area

项目信息

项目类型：城市设计

项目地点：南充市

委托单位：南充市自然资源和规划局

项目主要完成人员

项 目 指 导：尹强

主 管 所 长：胡耀文

主管主任工：慕野

项目负责人：刘鹏　王兆伟　单丹

主要参加人：杨硕　张凤　严若曦　王禹　曾勇　汪小琦

执　笔　人：刘鹏　王兆伟

整体鸟瞰效果图

Overall aerial view

项目简介

本项目位于南充市主城区北部滨江区域，拥有优越的山水生态本底，作为城市未来拉大骨架、核心拓展的新城板块以及省级新区临江新区的起步区，规划区肩负开发和保护的双重高标准要求。本次规划综合考虑规划区的生态价值、经济价值和社会价值，提出“山水立城、彰显江城本真；古道织脉、还原嘉陵胜境”两大规划设计理念。整个规划过程体现了“伴随式、跨部门、综合性”的工作特点。从明确底线、框定布局来描绘愿景蓝图，到结合项目落地需求和各方发展意愿去动态优化规划内容，再到对接政策实施打造片区综合保护开发协调平台，最终形成了分阶段迭代的规划工作过程。规划工作中尽量寻找方案创新性与政策性的统一和平衡，应对不同的部门、不同的群体采用不同的汇报沟通方式，凝聚最多的共识。

INTRODUCTION

The project is located in the northern riverside area of the main city of Nanchong, Sichuan Province. As a core expansion area of the future city and a starting part of the provincial new area, with a favorable ecological environment, the planning area needs to meet both protection and development requirements. Comprehensively considering the economic, ecological, and social values of the area, the planning proposes two major strategies: building the city in line with local landscape to demonstrate the true nature of the city; establishing the cultural context on the basis of ancient routes to rebuild the scenic spot of Jialing River. The whole planning process is a comprehensive inter-departmental cooperation in an accompanied manner. First, the planning clarifies bottom lines and puts forward related layout to depict the vision blueprint. Second, the planning content is dynamically optimized in line with the project implementation requirements and the development will of all stakeholders. Third, a coordination platform for integrated protection and development of the area is established in combination with corresponding policies. In the end, a phased “iterative” planning process is formed. In the planning work, efforts are made to find unity and balance between innovation and policy, and adopt different report and communication methods for different departments and groups, so as to reach the most extensive consensus.

1 项目背景

南充市地处成渝西昆经济圈腹心，距离成都、重庆均为200km左右。南充一直以来是川东北地区的科教文卫、物流与人力中心。2019年，南充市经济总量突破2300亿元，位居全省第五、川东北第一，成功入选全国百强品牌城市榜。近年，汉巴南高铁开工、成南达万高铁获批、阆中机场新建和高坪机场扩建等一系列重大基础设施的建设，使南充加速成为成渝地区北翼副中心城市。2020年1月，国家提出建设“成渝地区双城经济圈”的目标，同年7月，四川省提出高标准规划建设省级新区南充临江新区。规划区作为省级新区的起步区，对开发保护的要求将更高。

规划区（搬罾、荆溪片区）位于南充市主城区北部滨江区域，占地面积约56km^2。规划区是南充“2010版城市总体规划”明确提出的北部新城重要功能板块，近年来新城建设取得了一定进展。大学城建设正迅速推进，四川电影职业技术学院已建设实施，市内其他几所高校迁入提上日程。

规划区区位条件优越、空间特色鲜明、承载能力较强。受国省政策、重大交通以及公共服务项目建设影响，片区开发蓄势待发，各利益主体在规划区内策划布局，整体开发建设亟待明晰主线和系统统筹。为充分凸显和保护规划区独特的自然山水价值，协调好各类主体的开发建设诉求，高品质建设新区的人居环境，特开展本次规划设计工作。

2 规划思路

综合考虑规划区的生态价值、经济价值和社会价值，提出“山水立城、彰显江城本真；古道织脉、还原嘉陵胜境”两大规划设计理念。规划区内拥有嘉陵江段最优美的江畔水滨环境、最宜人的山麓环绕景观和最悠久的历史文化印记，通过精细化识别特色生态，多元化挖掘特色文化，完善规划区功能定位和空间布局。

3 项目特点

本次规划体现了“伴随式、跨部门、综合性”的工作特点，不同的阶段体现出不同的工作内容。

（1）第一阶段：谋划蓝图、展现未来滨江人居新模式

规划首先提出纲领性的总体方案，完善片区主导功能、主要结构、管控重点和实施策略，迅速形成方案成果并通过各部门、专家以及市规划委员会审议后达成共识。规划的作用更多体现在深化落实上位规划意图、整合梳理各方发展意愿、形成统一目标引领综合开发治理。主要内容如下。

提出“滨江新中心、创新活力谷”的总体目标，聚焦“新科教、新服务、新文旅”三大主导功能，引导高等教育、科创服务、科技研发、新兴消费、政务服务、民生服务、生态旅游、休闲旅游等多元业态集聚。提出“一核、双脉、三厅、三区”的空间结构（图1）。

重点打造中央都市极核，应对南充城市扩能与消费升级，建设南充北部副中心，培育区域性、都市性新兴服务业，以新一代体验式消费综合体引领城市新名片。打造新一代花园式商业消费空间，通过立体化活动平台和互为景观的交流共享场所构建多元弹性使用的城市活力中心。创新培育东、西两大特色脉络，西侧结合滨江路北沿线打造都市服务脉，东侧结合嘉陵江打造拥江服务脉。

依托特色生态资源，打造3处“绿色会客厅”。依托中部大营山特色山谷地，打造复合生态旅游、休闲养生、生态保育等功能的大营山城市“绿心客厅”；围绕绿心，沿嘉陵江古河道，纪念嘉陵江古河道文化，特色营建主题环形绿道串联各组团，打造18km的嘉陵江古道城市“绿环客厅”。保护桑树坝绿岛湿地生态资源的同时，植入适量文化交流展览功能，打造桑树坝湿地城市“绿岛客厅”。

围绕“新科教、新服务、新文旅”三大主导功能分别打造三大城市特色街区，包括北部以“新科教”为主导功能的大学创新活力街区、东部以“新服务”为主导功能的品质生活宜居街区、南部以“新文旅”为主导功能的文旅融合服务街区。

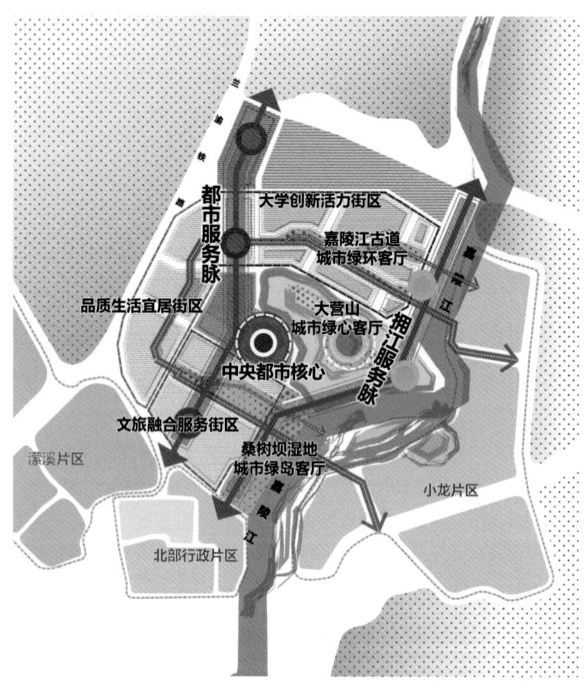

图1 空间结构图
Fig.1 Spatial structure

同时，规划提出“山景融城、有机相生”“开放网络、层级递进”“古今辉映、水脉织城”“景观联城、绿脉纵横”四大设计理念（图2）。最大限度发挥既有生态资源优势，打造特色鲜明的城市门户形象和标志性空间，构建形成蓝绿交织、开合有秩的滨水开放空间序列，强化片区整体景观风貌可识别性。

（2）第二阶段：优化布局、促进区域性重大项目落地

结合近期项目落地对方案进行动态优化，着重对大学城文教科创基地和桑树坝湿地文化公园开展项目策划、实施协调和设计指引，并反馈到总体方案修改完善。

大学城文教科创基地（图3）：规划结合市内4所大学搬迁意向，优化大学城布局方案，在滨江处先期打造大学城文教科创基地作为起步区，布局大学起步区、共享中心、品质住区、企业孵化、文化客厅五大板块，吸引“物联网、云计算、大数据”等科技企业落户南充。

桑树坝湿地文化公园（图4）：规划严格保护湿地半岛的生态资源，充分延续“江城相映、内河曲流、绿岛群浮”的场地特质，在生态观光功能之外，结合不同片区的风貌气质有机布局文化、展览、休闲消费等小功能组团，滨江打造百

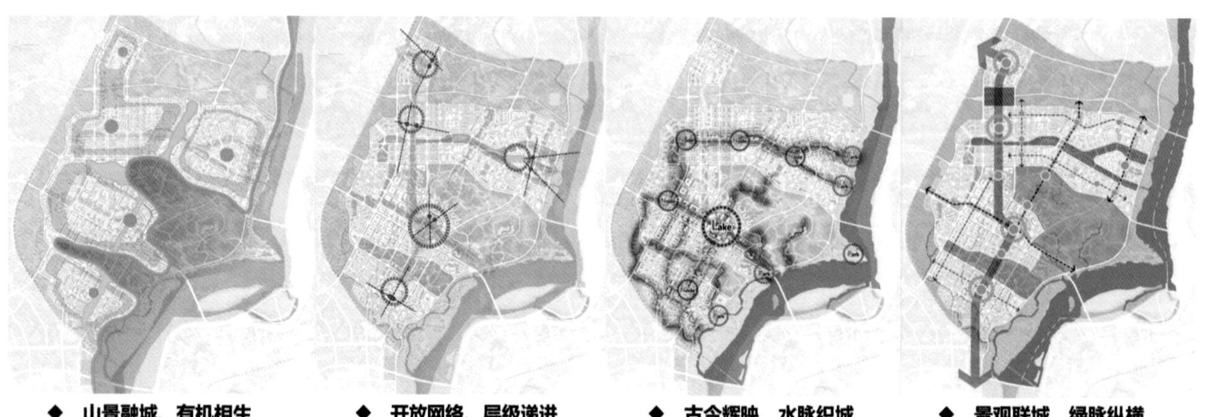

图2 设计理念图
Fig.2 Design concept

米宽度的带状海绵公园，内河构建文旅联动发展轴，串联北部文化艺术展览区和南部文旅消费服务区，整体打造自然生态、开放休闲的滨水湿地文化公园。

（3）第三阶段：优化方案、对接省级重大政策实施

结合省级新区申报工作，按照申报要求对新区的功能定位、产业体系和实施重点进行优化。随着

图3　大学城文教科创基地设计效果图
Fig.3　Rendering of the scientific innovation center of the University Town

图4　桑树坝湿地文化公园设计效果图
Fig.4　Rendering of Sangshuba Wetland Cultural Park

政府发展意愿、市场参与热情、社会关注程度发生巨大变化，规划同步结合各方需求不断完善片区功能定位和空间布局（图5）。

按照新区要求，进一步突出都市服务脉的联动片区和中央都市核心的引领发展作用，结合新区产业发展要求，将科创孵化、总部经济、智慧服务等新功能融入都市服务脉及其周边片区，实现从大学创新活力街区到高教科创城，从文旅融合服务街区到巴蜀文化窗口，从中央都市核心和城市“绿心客厅”到围绕绿心打造的“拥江强城核”。同时，从更大的新区范围，通过多条跨江走廊连接实现北部新城和东部新城的跨江联动，共同构建省级新区的拥江主城。

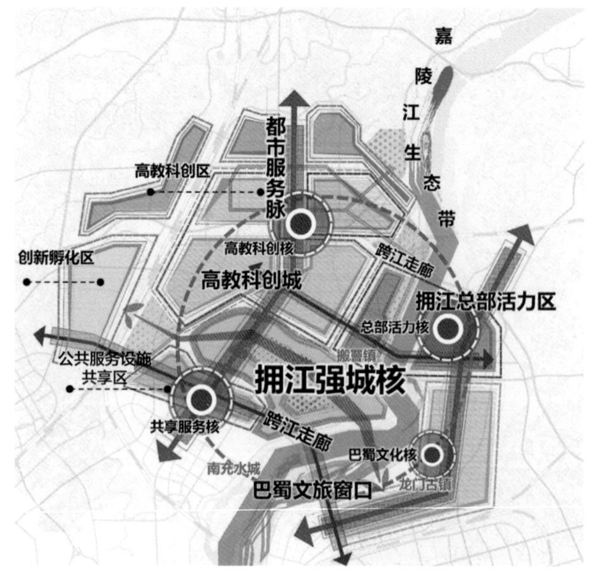

图5　新空间结构图

Fig.5　New spatial structure

4 项目创新

本次规划针对“要素变、约束强、统筹难”三方面工作难点，分别寻找破题点，实现项目的三方面创新。

4.1 针对要素变，以动制变

难点：外部重大因素多变，规划工作推动难。例如，受地形条件、现状建设情况、建设方意愿、工程组织方式等多种因素影响，成南达万高铁线路及站房选址几经变化，空间布局方案除了适应性地进行调整外，还要结合片区自身开发建设诉求、城市骨干交通整体性等因素对高铁线位布局及两侧道路衔接提出建议。另外，学校搬迁诉求的变化、供地市场的变化等多种社会经济因素动态叠加，致使“一张蓝图”一直处于频繁的调整状态，难以稳定。

创新点：以动制变，分阶段、分层次应对各方诉求。第一阶段以明确底线、框定布局、安排近期建设重点为主要内容，描绘愿景蓝图。中后期，需结合项目落地需求、各方发展意愿、政策对接实施等因素动态优化规划内容，打造片区综合保护开发的协调平台。最终形成分阶段迭代的规划工作过程。

4.2 针对约束强，以近谋远

难点：城市建设中，开发和保护的平衡任务艰巨。规划区内分布有基本农田、河流廊道、生态山体等敏感性要素，生态文明建设背景下自上而下的约束趋紧，生态红线、自然保护地划定工作与规划编制同步进行，规划需更精细化地考虑生态空间保护与开发建设之间的关系。

创新点：以近谋远，保护与开发互补互利。规划结合近期可建设区域重点谋划，以高品质的设计策划和多情景的空间方案赢得各方支持并推动规划实施，同时，以精细扎实的分析论证评估生态、农业等敏感空间的布局可行性，为远期分阶段优化调整约束性空间打下坚实基础。

4.3 针对统筹难，以新求和

难点：多级管理、多部门实施，规划统一认识难。成立省级新区期间，发展部门与规划部门共同编制新区建设方案，部门职能和治理方式的不同导致对新区定位和布局的要求及理解不同。例如，发展部门更倾向于“上传下达、均衡一统”，功能定位等规划内容需结合国家政策或上位文件精神确定，并尽量囊括各行各业的发展需求，而城市规划部门更倾向于“自下而上、独特创新”。同时，市级部分规划事权下放区级后，对规划区开发的要求和愿景不尽相同，给规划编制带来一些反复的困扰。

创新点：以新求和、上下互动，多语境沟通凝聚共识。规划工作中尽量寻找方案创新性与政策性的统一和平衡，应对不同的部门、不同的群体采用不同的汇报沟通方式，凝聚尽可能多的共识。

5 项目工作和运营方法

建立“1+N”多专业协作团队。以规划专业为统领，融入经济产业、社会人文、城市设计、建筑设计、生态、农业、地质灾害等多专业技术人员。

建立较为规范的动态优化工作机制。与规划委托部门、相关业主单位、设计单位建立常态沟通平台。探索市级编制总体协调方案、区级编制近期实施方案、未来结合重大事件不断动态优化维护的工作机制。

6 后记

当前，规划越来越受到社会各界的关注，规划编制早已不是单一责任部门的工作，只有充分理解各专业的运行原理，才有可能更充分地协调统筹。在土地资源紧约束的背景下，其他部门和行业对空间和土地问题越来越关注，规划自上而下的严肃传导更加重要。本次规划能够顺利通过各类程序并指导实施的关键是，能够把握不同阶段的工作重点并动态推进。规划实施体现在以相关地块出让条件由规划直接生成、高铁线路实施线位按规划落成、城市设计导则纳入风貌管理规定以及近期启动区域按设计策划方案实施等方面。

但在规划实施中也面临着刚性内容（总建设开发量、基本公共服务设施密度、生态敏感区建筑高度）管控实施难度较大、近期重大项目设计策划与市场需求结合不够紧密等问题。在新的国土空间规划体系下，详细规划作为承上启下的实施性规划，如何更好地把握空间管制与城市文化、产业、社会功能的关系是我们需要进一步思考的重点。

15 太仓市娄江新城概念性城市设计及板块深化设计
Conceptual Urban Design of Loujiang New Town and Detailed Design of Two Areas in Taicang

项目信息

项目类型：城市设计

项目地点：江苏省太仓市

项目规模：概念性城市设计49.16km²，其中深化设计部分高铁站前板块6.27km²，临沪国际社区板块6.91km²

完成时间：2020年10月

委托单位：太仓市高新区管委会

项目主要完成人员

主要参加人：朱杰　鲁鹏　张晓雪　陈翀　申龙　杨熙　葛峰　朱蕾　戴霄　戴忱　陈锦根

执　笔　人：张晓雪　朱杰

概念规划范围城市空间意向

Design proposal for urban space in the scope of the conceptual planning

项目简介

作为上海大都市圈核心区成员和全国十强县（市），太仓于2018年提出打造娄江新城的设想，以此作为融入长三角一体化发展的重要载体，承接新一轮上海都市圈发展红利。随着区域一体化进程的加快，太仓站轨道交通枢纽的突出优势以及新时代规划理念的转型，娄江新城成为太仓把握城市未来、提升城市能级的历史性工程，更是融入长三角一体化发展、虹桥国际开放枢纽建设的前沿阵地。娄江新城规划宜重点突出对区域一体化趋势的顺应、对轨道交通枢纽资源优势的体现以及对新时期规划理念的贯彻。

本次规划范围分为两个部分：一是概念规划范围，统筹谋划娄江新城整体格局，将娄江新城建设成一个运行高效、绿色环保、文化浓郁、活力持久的现代田园新城；二是重点片区范围，即高铁站前区及临沪国际社区。这两个板块作为娄江新城先行启动区，探索新型开发建设模式、先行先试政策、展现新区风貌并为下一步项目实施提供规划蓝图。预期围绕太仓站布局新型城市中心，营造新时代太仓开放合作窗口，协调周边板块关系，打造国际社区新型空间模式。

INTRODUCTION

With Taicang being a core member of Shanghai Metropolitan Area and one of the top ten counties (cities) in China, the municipal government of Taicang put forward the idea of building Loujiang New Town in 2018, with the hope to integrate into the integrated development of the Yangtze River Delta and grasp the opportunities brought about by the new round of development of Shanghai Metropolitan Area. With the acceleration of the regional integration process, the prominent advantages of Taicang Railway Hub, and the transformation of planning concepts in the new era, the development of Loujiang New Town has become a historic project for Taicang municipal government to grasp the city's future and upgrade the city's status, as well as a frontier for it to integrate into the development of the Yangtze River Delta and the construction of Hongqiao International Hub. The planning of Loujiang New Town should focus on adapting to the trend of regional integration, demonstrating the advantages of railway hub resources, and implementing the planning concepts of the new era.

The scope of this planning includes two parts: one is the scope of the conceptual planning, which aims to develop an overall pattern for Loujiang New Town and build Loujiang New Town into a new modern garden town with high efficiency, environmental protection, rich culture, and lasting vitality; the other is the scope of key areas, namely the railway station front area and the Linhu International Community, which are the starting area of the construction of Loujiang New Town. The detailed design of these two areas explores new development and construction modes, carries out pilot policies, demonstrates the style and landscape of the area, and provides technical support for the later project implementation. It is expected to build a new urban center around Taicang Railway Station, create a window for the opening-up and cooperation of Taicang in the new era, coordinate the relationship between the starting area and the surrounding areas, and establish a new spatial model in the international community.

1 发展背景

1.1 区位优势导向

新一轮国家和区域战略机遇：随着国家“一带一路”倡议和长三角一体化发展战略双重推动，长三角大湾区迎来飞速发展的机遇。而与上海紧密相邻的太仓，地处湾区核心地块，近享长江经济带发展“龙头”——上海的区域利好，未来大势可期。

五线并站的突出优势：太仓迈入了五线并站的高铁时代，区域交通枢纽的发展潜力将汇集资金流、人才流、信息流等要素，从而产生综合型功能的未来新兴中心。

1.2 文化优势导向

娄东文化：太仓因地处娄江之东，古也称娄东，距今已有4500多年历史，孕育出独特的“娄东文化”，其中比较有代表意义的娄东画派以叠山理水的设计手段和远山云溪的山水意境为特色，成为中国美术史上举足轻重的流派。

郑和精神：早在元明时期，太仓就是重要的海港和商埠，史称“六国码头”，明代著名航海家郑和七下西洋由此扬帆起锚。太仓自古人文荟萃，教泽绵长，形成了独具风格的江海文化与代表开放创新的郑和精神。

德国元素：作为中国德资企业发展最好、聚集密度最高的地区之一，太仓被誉为“中国德企之乡”。德国体系严谨的工业文化、异域风情的设计元素、热情典雅的生活气息对太仓的城市文化产生了深远影响。

1.3 生态优势导向

“显田见水”：这是太仓的独有风貌，中央田带和环城田带形成了太仓“田在城中，城在园中”的城市格局。

1.4 项目优势导向

设施落位：随着老城区建设空间趋于饱和，娄江新城将成为未来城市拓展建设的主阵地。随着沪通铁路、南沿江高铁的开工建设，太仓站区、江南路、白云渡路、陆璜公路等交通基础设施的实施，西北工业大学、西交利物浦大学的落户，市级体育中心、市级工人文化宫、新浏河风光带等重大项目的推进，娄江新城的框架逐步拉开。多重机遇叠加之下，娄江新城的要素集聚力进一步增强，未来发展空间也更为广阔，娄江新城的未来自此展开。

2 规划范围

概念规划范围：东至沪通铁路，西至沈海高速公路，南至市界，北至昆太高速公路，规划面积约49.16km^2。

重点片区范围：高铁站前板块为东至新苑路，西至飞沪路，南至朱泾路与学院路，北至苏州东路，规划面积为6.27km^2；临沪国际社区板块为东至花园西街，西至沈海高速公路，南至新浏河，北至北浏河路，规划面积为6.91km^2（图1）。

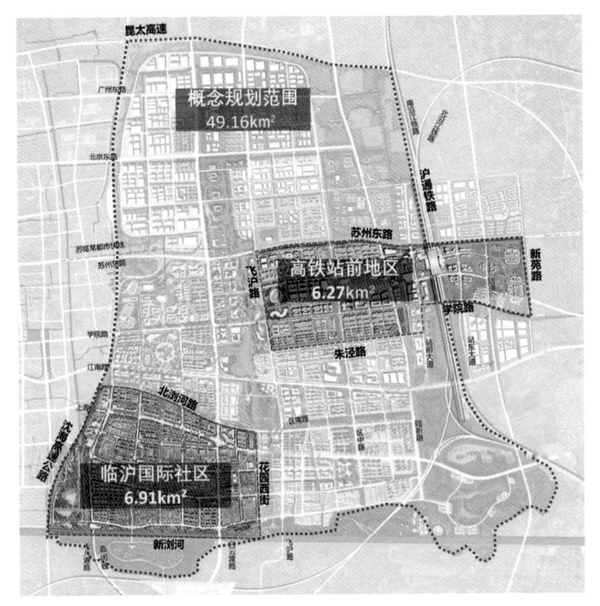

图1 规划范围图
Fig.1 Planning scope

3 规划重点

3.1 概念规划

规划在区域发展背景、大格局以及发展机遇全面认知的基础上，充分理解娄江新城的发展使命，凝练出“江南田苑、沪西文枢”的主题定位。依循生态、产业、交通、空间四大解题线索提出筑底、赋能、通脉、塑形四大策略（图2）。

3.1.1 多元融合的发展框架

规划谋划生态、文化、创新融合的发展框架，打造“一城四廊、八苑九坊”的空间结构。以生态为魂，尊重现状水绿空间肌理，筑造新城蓝绿交织且生态共享的发展基底。打造高铁商务走廊、科创活力走廊纵横交织的活力空间，布局文体休闲、产业服务、商务交往、科研院所等创新载体，打造面向区域的科创综合服务中心。布局苑坊式主题空间，为新城发展提供空间载体，集聚新城人气。围绕高铁商务走廊打造重点片区即高铁站前片区，围绕滨河生态绿廊与科创活力走廊打造重点片区即临沪国际社区（图3）。

3.1.2 谋划全局的理念策略

依循生态、产业、交通、空间四大解题线索，并由此提出了络合水绿、开敞生态的筑底策略，科创引智、开放立城的赋能策略，三脉并举、广达门户的通脉策略以及重城叠苑、秀水芳田的塑形策略。

筑底策略：规划保育优良的生态本底，络合基地内水绿系统，在规划和设计手法上体现生态理念，以开放的生态系统融入区域生态大格局，延续太仓独有的“城乡一体、产城融合、城在田中、园在城中”的生态特色。通过基地生态敏感性分析、城市生态设施布局、“海绵城市”设计策略、绿色建筑技术应用，落实生态文明建设新要求，打造生态城市建设样板。

赋能策略：以科教为引领，智造为基础，服务

图2 用地规划图
Fig.2 Land use planning

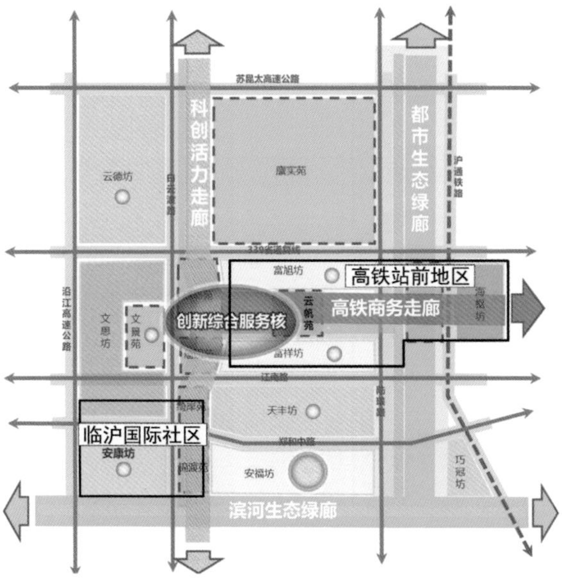

图3 概念规划范围空间规划结构图

Fig.3 Spatial planning structure in the scope of the conceptual planning

为支撑，加大区域开放合作。从区域角度、城市角度、基地角度、经验角度等多维分析，准确定位，明确娄江新城未来功能业态，构建产业体系，分层次、分时序研究娄江新城的产业发展路径，落实产业空间布局，明确主要产业功能发展引导和载体空间模式，促进区域产业结构优化，体现产城融合发展思路。

通脉策略：从区域脉、城市脉、功能脉3个角度，全面打造临沪枢纽门户。统筹安排娄江新城对外交通联系和内部交通组织，优化交通方案，构建高效运作的交通体系。充分考虑娄江新城融入上海的需求制定路线、站点、换乘体系。梳理与老城区、港城、长江口旅游度假区等重要片区的快速化交通路径。

塑形策略：以“景苑”串联城市空间，打造水绿交融的生态田园城市。结合太仓城市发展方向，对娄江新城进行合理化的空间布局，充分体现太仓市城市风貌与空间特色，融入本土文化元素及德国元素，运用城市设计手法，提出公共空间系统、景观风貌、重要界面、高度等相关控制要求，对重点片区进行深化设计，构建协调统一、富有文化魅力的城市形象。

3.1.3 展现未来的城市蓝图

规划强调营造“六分水绿、四分城”的空间意向，通过“绣景苑、筑城坊、绘阡陌”三步进行未来城市的蓝图展示。强调水绿生态与城市功能相融合，打造独具特色的“景苑”空间，形成与各功能板块相匹配的水绿特质。根据各片区功能构筑九大城坊组团，满足不同人群的差异化需求。在规划运行高效的交通体系的同时营造特色慢行空间网络，并强调以人为本的特色街道秩序。

3.2 高铁站前板块

从目标导向出发，力图围绕太仓站布局新型中心，营建新时代太仓开放窗口。在处理片区与周边板块的平行协作关系以及打造站前商务空间的同时，更加注重地段核心价值的挖掘，并以此为目的构建枢纽空间与新兴中心空间共荣的特色功能空间骨架。提出“站城一体化、中央复合廊、田园样板间、创新综合体”四大创新发展理念，从未来、传承、田园及发展4个角度对太仓未来发展进行诠释。

3.2.1 定格局，构建特色功能导向及空间构架

规划采用四维引领的功能导向以及“内外双修”的空间构架。以高铁站为核心圈层，以枢纽经济为强力纽带，重点进行中心营造，打造站前商务中心；规划居住、商业综合体、文娱服务、商务办公、特色商业等配套功能，打造综合商业中心；依托东侧田园生态优势打造田园综合组团；构筑东西向中央复合廊道，串联站前商务中心与综合商业中心。形成“双心联动、复合廊道、田园特色、弹性预控”的空间构架（图4）。

3.2.2 落基底，构建多重混合高效集约的用地方案

在用地布局上侧重于多重混合、高效集约，为营造生态良好的景观环境，打造中央生态绿廊，公园与广场用地高达106.87hm^2，用地占比21.38%，并规划了门户突显、疏密有序的空间方案。地上总开发量约500万m^2，平均开发强度约1.81（图5）。

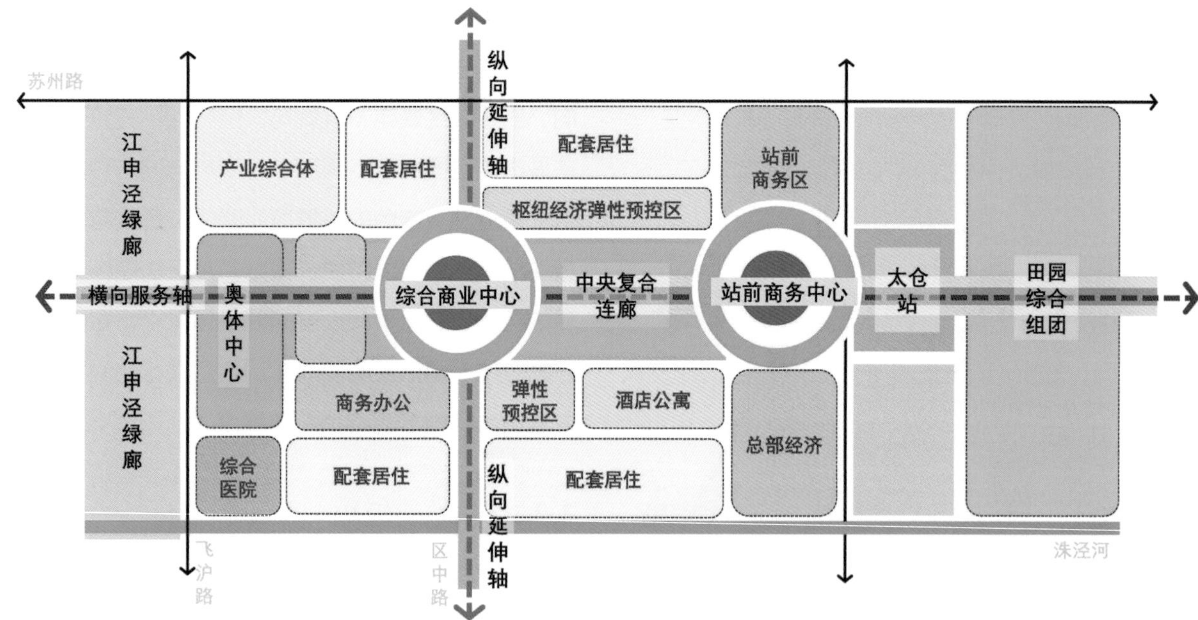

图4　高铁片区空间结构图

Fig.4　Spatial structure of the high-speed railway station area

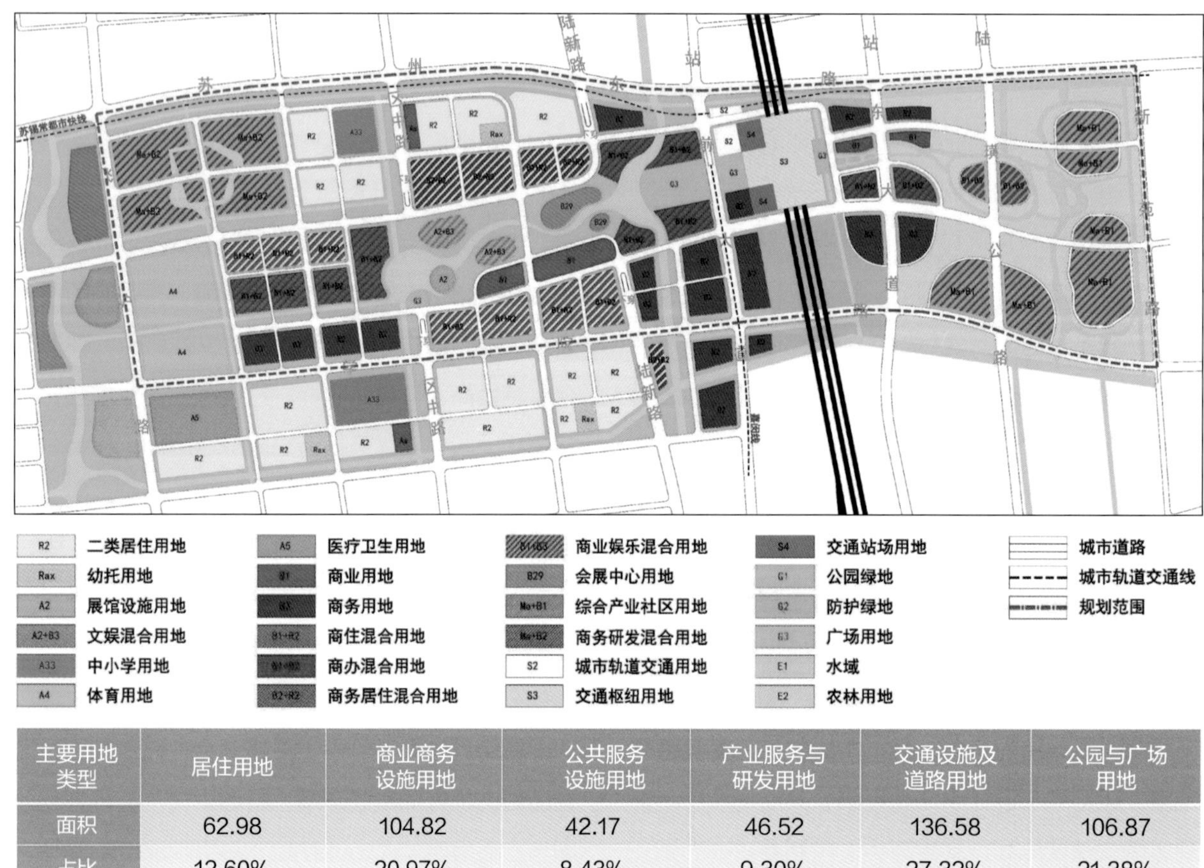

主要用地类型	居住用地	商业商务设施用地	公共服务设施用地	产业服务与研发用地	交通设施及道路用地	公园与广场用地
面积	62.98	104.82	42.17	46.52	136.58	106.87
占比	12.60%	20.97%	8.43%	9.30%	27.32%	21.38%

图5　高铁站片区土地利用规划图

Fig.5　Land use plan of the high-speed railway station area

3.2.3 营策略，构建四大核心设计理念

规划采用“站城一体化、中央复合廊、田园样板间、创新综合体”四大创新发展理念。

站城一体化：站城一体化侧重于功能、空间、交通三维一体化。围绕轨道站点进行圈层布局，划分500m半径的轨道枢纽核心圈层、1000m半径的轨道枢纽延伸圈层以及1500m半径的轨道枢纽影响圈层。在空间上通过连续的景观廊道串联主体空间，并形成连续的韵律界面。有序组织地下商业、停车等其他功能，合理利用纵向交通、下沉广场等联系各层空间，形成地上一体化、地下一体化、垂直一体化相结合的空间一体化形式。在交通上打造有机高效的换乘体系，实现高铁、城际铁路、长途客车、市域轨道、中运量公交、常规公交、旅游大巴、小汽车等各种交通方式无缝衔接并强化分层交通组织，便利各类型交通的到发，保障人车分流（图6）。

中央复合廊：中央复合廊道是侧重于打造连接轨道商务中心与城市服务中心的综合连廊。在整体空间打造上引入叠山理水的娄东画派意境，以高层地标作为出站视廊对景，建筑高度分布呈现内低外高的格局，滨水低层建筑突出与水的互动。通过立体步行系统联系多个景观节点，串联远山、湖泊、云溪、前庭等意象，营造步移景异的景观序列。重点塑造山形建筑与微地形空间，让水系在“群山”之间曲折环绕，构建现代城市山水意境并延伸水绿廊道，围绕廊道布局城市中心服务功能，营造滨水型活力公共廊道（图7）。

田园样板间：田园样板间则重点展现城田关系的处理，力图以田园优势渗透为营城锦上添花，并为未来提供城市拓展的发展样本。在空间上采用生态低影响型开发、组团式布局的模式，打造城乡互促、园村一体的创新型田园产业综合体。以田园特色商务为动力，以产业社区为依托，以田园休闲为补充，打造多元田园产品。规划引导在产业功能基础上分别侧重商务功能、服务功能、研发功能等集产业、文化商业、居住、服务等多功能于一体的功能多元混合的三种模式综合型产业社区。并在主题农业种植的基础上拓展产业链，发展农业休闲文旅项目，为城市游客提供观光、休闲、体验、教育、娱乐等多种服务的农业经营活动（图8）。

创新综合体：创新综合体为科教创新区与高端智造区的服务纽带，以人才服务、金融融资、市场开发、技术深化等为主要功能（图9）。

图6　高铁站前空间意向

Fig.6　Design proposal for the front area of the high-speed railway station

图7　中央复合廊道意向
Fig.7　Design proposal for the central composite corridor

图8　特色田园意向
Fig.8　Design proposal for featured garden

3.3 临沪国际社区板块

临沪国际社区位于对接上海的最前线，与嘉定区毗邻，其设计在引入了国际标准与时代需求的同时增加了德国文化元素，力图打造具有时代特色的集商务、餐饮、休闲、娱乐、购物、居住于一体的人居高地。在规划上力图协调国际社区与周边板块关系，打造新时代太仓国际社区空间模式；并从主导功能、服务体系、空间管控等方面对未来国际社区进行了蓝图展示。

图9　创新综合体意向
Fig.9　Design proposal for the innovation complex

3.3.1 多元包容的主导功能

国际社区具有多元包容的主导功能，强化具有自身特色的特性功能以及服务于规划区及周边地区的基本功能。以未来生活方式为理念，结合多因素构建公共服务设施配置要求，引入系列相关住区服务配置标准。

3.3.2 多元高效的四级服务体系

规划强调多元人群与居住配套的高匹配度，划分为面向多元人群的综合住区、面向高收入人群的高端住区及面向大众的幸福住区。综合住区以小型社区公园结合小型邻里服务中心沿住区内部街道集中布局，实现200m服务半径、5分钟生活圈覆盖。并针对不同人群的年龄、家庭结构等特征，提供差异化的户型选择。高端住区则强调多元服务配套，沿社区主街道布局健身、图书、小型剧演、音乐馆、生态酒店、休闲会所、酒吧等；沿住区外围街道布局兼顾对外服务功能的少儿培训、诊所、家庭护理、农产品配送等；沿住区内部小街道布局与生活紧密相关的功能，包括小型超市、日用品零售、咖啡茶吧、个人护理等。幸福住区则以住区环境提升为主导，构筑“两广场、四公园、五绿廊”。提供高效的四级服务体系，以综合商业节点为核心构筑20分钟生活圈、以社区服务街道构筑15分钟生活圈、以渗透服务廊道构筑10分钟生活圈、以服务街坊构筑5分钟生活圈。

3.3.3 统筹适配的空间管控

规划注重考虑国际社区与东部陆渡镇区、西部太仓主城、北部科教创新区及南部临沪区的空间关系，构筑两条公共景观轴、三个特色型节点、三种匹配型住区、“2+N”式住区服务、开放式居住小街坊等相关内容。

重点打造郑和路社区服务街道及富达路社区服务街道，其中郑和路生活服务街道为集社区生活服务配套、公共休闲、城市社会福利等多重功能于一体的综合街道，富达路生活服务街道为集社区日常服务、文体休闲、社区中心、配套学校、特色休闲等于一体的多元服务街道。重点强调公共设施与水绿环境的结合，打造高端品质街区（图10）。

图10 富达路设计意向
Fig.10 Design proposal for Fuda Road

3.3.4 “以人为本”的建设标准

规划强调匹配地段价值与舒适宜居的开发强度和建设高度、“以人为本”的社区道路体系、生态自然的海绵体系以及智能智慧的社区引导。控制居住用地平均容积率在为1.8，综合商业节点周边容积率为1.8~2.5，环境优良地段容积率为1.2~1.8。限制总体高度在80m以下，居住用地高度在60m以下。倡导“以人为本”，除过境道路外，尽量采用较低道路等级，强化路网密度，小街坊街道人行优先，采取时差化与稳静化措施限制车流。结合生态资源和公共空间布局，强调“海绵城市”的开发理念，在塑造景观层次的同时，提升社区的吸水、蓄水、渗水、排水能力。选择3处住区进行智慧城市试点，引导居家安防设施、电子监控、服务平台建设并沿社区主要道路布置公交信息系统、事故预防系统等设施，实现智慧街道—智慧社区—智慧交通的一体化设计。

4 后记

4.1 后续建设

规划明确了娄江新城的“四梁八柱”。其中，“四梁”即骨干路网、水网、绿网和一体化地下管线网络，“八柱”即太仓高铁站、闵嘉太线三站一场TOD综合体、两所大学、会议会展与文体艺术中心、高新区便民服务和创新中心、三甲医院、娄江新城高中、西交利物浦大学附属太仓实验学校这些重大项目。目前50个总投资247亿元的重点项目正加快运行。太仓高铁站已投入使用；太仓大道（G15—白云渡大道）、滨河新路东延工程、十八港路北沿工程已竣工，富达路、洙泾河等8个基础设施类项目已开工，胡家港、永介路等8个基础设施类项目已进入施工图设计阶段；西北工业大学太仓校区一期项目与西交利物浦大学太仓校区宿舍区即将竣工交付；瑞金医院太仓分院项目、高新区医养服务中心养老运营机构、娄江新城人才服务中心、陆渡街道便民服务中心、临沪国际社区邻里中心等项目均计划于年内实现开工。娄江新城正以惊人的速度强势崛起（图11）。

4.2 借鉴思考

4.2.1 区域一体化下的站城融合发展

面临区域一体化的趋势，城际合作、站城融合成为发展主题，而区域交通枢纽地区将会成为站城融合的首要载体，地段的价值引力势必会吸引城市综合功能的集聚，未来太仓站地区将由原概念规划的商务中心向城市综合中心转变。“站城一体化、中央复合廊、创新综合体、田园样板间”四大创新发展理念的引入为太仓娄江新城的发展指明了方向。

4.2.2 国际标准与时代标准的融合发展导向

临沪国际社区的规划在国际标准中纳入了新的时代标准，在为国际人群建设居住场所的初衷之上纳入与时俱进的“国际建设标准”内涵，实现绿色低碳、服务高效、多元和谐、智能智慧的目标导向。

图11　建设实景

Fig.11　Picture of construction scenes

4.2.3 特色文化基因下的特色城市脉络

在太仓城市形象的塑造上纳入了太仓文化基因的挖掘与利用。将“娄东画派”“郑和精神”等文化基因的延续和创新揉进城市规划与建设进程中，使得城市地域具有自身独特的文化脉络，城市文脉必将成为未来城市地域空间演化及形象展示的重要内容。

5 结语

从太仓城区向东，跨过沈海高速公路，近50km^{2}的城市发展新空间正被打开。这里是娄江新城，一座资源汇聚、机遇叠加的未来之城，一座高质量发展的标杆之城。正携着“重新定义这座城市的时代高度”的厚望与期待描绘一幅壮美的城市发展新蓝图……

16 北京大兴国际机场周边大地景观研究

A Study on the Landscape Around Beijing Daxing International Airport

北京大兴国际机场周边大地景观效果

Rendering of landscape around Beijing Daxing International Airport

项目信息

项目类型：景观规划研究

项目地点：北京市大兴区

项目规模：约300km^2

完成时间：2020年

委托单位：北京市规划和自然资源委员会大兴分局

项目主要完成人员

项 目 指 导：杨保军　朱子瑜　朱荣远　刘继华

主 管 总 工：王宏杰

主 管 所 长：王新峰

主管主任工：王宁

主要参加人：崔家华　路思远　印璇　刘涛　阎柳衣　曹舒仪

执　笔　人：崔家华　路思远

项目简介

北京大兴国际机场是生态文明时代大国首都新国门，机场及周边地区的大地景观对乘客乘机抵达北京的第一印象至关重要。2018年底，机场主体工程结构封顶，航站楼代表的新国门形象已初具雏形，但机场周边飞机起降时可见的大地景观却呈现出破败状态。

此时，距离大兴国际机场正式通航还有9个月，应北京市规划和自然资源委员会大兴分局委托，我公司承接了大兴国际机场周边大地景观研究。本次规划以机场周边10公里为研究范围，旨在面向中轴线南延地区的国门形象塑造和发展品质提升的迫切要求，明确国门地区的形象定位和景观序列组织，构建机场周边大地景观格局。规划强调以生态文明为价值准绳，凸显自然为美、顺势而为的设计手法，展现和美、舒展、舞动的机场大地景观，形成了远看格局、中看肌理、近看地景的多层次景观体系，提出了立足实际、面向实施的“治乱、理序、点睛”三步走景观整治思路，指导了机场周边平原造林、蓄滞洪区建设、永定河生态治理等工程的建设，最终提升了大兴国际机场周边的大地景观品质。

INTRODUCTION

Beijing Daxing International Airport is the new national gateway of the capital in the era of ecological civilization. The airport and the landscape around it are important to passengers when they form their first impression of Beijing at their arrival. At the end of 2018, the main structure of the terminal was capped, and the image of the new national gateway represented by the terminal building began to take shape. However, the landscape around the airport that could be seen when planes took off and landed was in a state of dilapidation.

At that time, it was only 9 months before the official opening of Daxing International Airport. we undertook the Study on the Landscape Around Beijing Daxing International Airport at the commission of the Daxing Branch of the Beijing Municipal Commission of Planning and Natural Resources. Aiming to build the image of national gateway at the southern extension area of the central axis and to meet the requirements of quality improvement, the study put forward the gateway image orientation and the landscape sequence organization, so as to improve the landscape around the airport. Emphasis was placed on taking ecological civilization as the value criterion, adopting the design method of “highlighting the beauty of nature and following the trend of development”, displaying a harmonious, stretched, and dynamic airport landscape, and establishing a multi-level landscape system. In line with the reality and being implementation-oriented, this study put forward a three-step landscape improvement approach that was “control of disorder, establishment of order, and final beautification”, which provided guidance for the implementation of projects such as the afforestation of the plains surrounding the airport, the construction of flood storage and detention areas, and the ecological renovation of Yongding River. Guided by this study, the quality of landscape around Beijing Daxing International Airport had been greatly improved.

1 规划思路

规划从凝聚共识出发，研究了国内外大尺度大地景观整治案例，明确了大地景观整治的基本价值及整治手段。通过研究华北平原的独特气质和景观要素，结合时代发展特征提出大地景观整体立意。在评判超级工程建设对平原大地景观的影响、明晰大地景观的感知层次、确定航线重点视域后，规划提出了修复被破坏景观风貌的“治乱”策略，彰显机场与华北平原独特关系秩序的“理序”策略，回应国门标志性需求、塑造景观序列的“点睛”策略。

2 主要内容

2.1 整体立意：展现“美美与共”文化自信与华北平原生态人文之美

生态视角下，大兴机场地区是首都南部重要的生态绿苑，是一个水绿交融的生命共同体，这就要求在景观处理中对水、田、林、草进行统一保护和系统修复，推动地区生态环境改善；文化视角下，机场地区是北京中轴线的南向收尾，基于“北龙南凤”的寓意，以重视整体性、模糊领悟体验的中国传统审美，展现具有中国智慧的文化自信；发展视角下，机场地区是展现大国风范的形象窗口，以大地景观带动周边乡村振兴，实现城乡共荣。

规划提出了“和美绿苑·凤舞国门”的整体立意。“和美绿苑”强调美丽国土、大好河山才是大地景观之本，展现华北平原的人文历史与自然生态的绿苑特质，顺势而为，真正完善生态文明时代的“山、水、林、田、湖、草”生命共同体；“凤舞国门”突显的是国门标志性，塑造多层次、有韵律、舒展灵动的“凤舞”国门景观序列，引凤迎宾，彰显大国风范，传递文化自信（图1）。

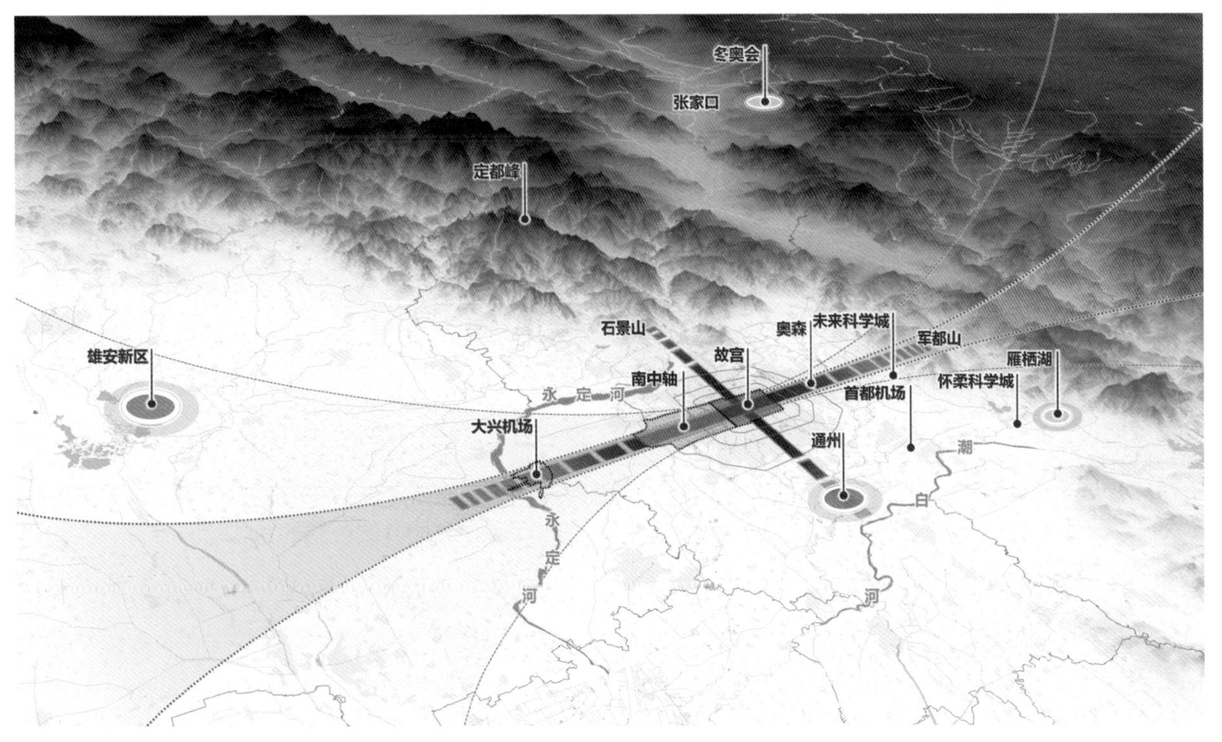

图1 北京中轴示意图

Fig.1 The central axis of Beijing

2.2 五大共识：吸收国内外大地景观整治的共性价值形成设计共识

展示景观本土性。突出地域景观特色，展示原汁原味的人地关系。如此既能发挥本土景观的独特价值，又能降低维护成本，是一种适宜可行的整治手法。

保护基底生态性。机场周边大地景观常被用于消解噪声污染、提高空气质量、改善水环境，保护机场地区既有的生态格局，消解不良生态影响，是国际机场运营后长期关注的议题。

突出国门标志性。机场周边大地景观通过极其突出的地理标识，建构起进入大国首都的第一印象，承载着展现国家形象的重要使命。

考虑功能实用性。机场周边大地景观不仅仅是飞机起降过程中乘客的观赏对象，也服务于临空地区的生产生活、高端服务。因此考虑其功能的实用性是十分必要的。

保证航空安全性。严格控制机场周边景观构筑物及植物的高度，尽量避免光污染，避免湿地及蜜源、果源植物对鸟类的吸引，以保证飞行安全。

2.3 基本手法：以生态文明为价值准绳，顺势而为延续华北平原传统林田肌理

在数千年的农耕历史进程中，华北平原逐渐形成了以农田肌理为主的景观特质。这些块状农田长度多在100～300m，满足农作物日照及通风需求，是一种方便人们进行农业耕作的适宜尺度。“大地连途、平田万顷、长养万物”彰显了这种华北平原的景观特质。华北平原的整体人居环境及人地关系是中国农耕文明的典范代表，这种真实的农林镇村肌理，从空中看，像是一幅巨大的抽象画，具有极高的美学价值。

生态文明背景下，大地景观的核心要义是自然为美，展现具有地域性的真实样貌，在凝聚了文明特质的生产、生活方式中表现大地的自然美，是大地景观整治与提升的根本。在大兴机场周边大尺度景观整治中，顺势而为、充分考虑现状才具有可操作性。从经济效益可行性以及实际意义考量，须贯彻“微设计、易识别、低维护”的原则，并借助景观整治带动乡村振兴，实现城乡共荣（图2）。

2.4 景观体系：尊重人的实际感受，建构分层次、有重点的景观体系

在飞机的起降过程中，处于不同的飞行高度、速度，乘客对大地景观会有不同的体验。高空视角以欣赏地区自然景观和地理格局为主，大尺度山水关系、河流水系廊道等是主要景观；起降过程以欣赏田林阡陌和镇村格局的肌理为主，华北平原的林田交响、阡陌人居是其重点；临近机场时可识别具体景观特征，人文景观和标志地景成为观赏的重要对象（图3）。

飞机起降过程中舷窗可视范围即大地景观整治的重点地区。舷窗中的可视范围可划分为近景、中景和远景视域，考虑到飞机起飞仰角约16°，降落俯角约3°，将航线动向与可视域划分相结合，耦合出各类视域的平面范围，从而聚焦在仅2km^{2}范围内塑造地标景观。这样既提升了大地景观重点地区的景观成效，又大大降低了整治的工程量和成本（图4、图5）。

2.5 整治策略：提出立足实际、面向实施的“三步走”景观整治策略

规划提出了“治乱、理序、点睛”三步走行动计划。“治乱”主要针对高铁建设、村庄拆迁等造成的原有景观肌理被破坏的情况，解决的是“底”的问题，规划识别出破败区域，并提出整治建议。“理序”主要梳理村落、林田肌理及水系、交通廊道的关系，解决的是“图”的问题，通过对要素关系的梳理，恢复华北平原独特的田园景观秩序，形成村庄掩映绿树丛中、机场周围森林成团、阡陌肌理突出的特色风貌。“点睛”结合重点视域塑造门户景观，在起降航线视域景观标志点处，打造易识别、低维护的景观，解决“景”的问题，塑造了“霓裳翎舞”“凤凰于飞”“有凤来仪”三大门户意境（图6）。

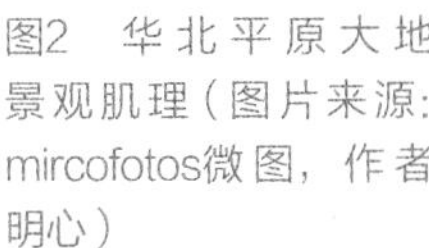

图2 华北平原大地景观肌理（图片来源：mircofotos微图，作者明心）
Fig.2 Landscape texture of the North China Plain

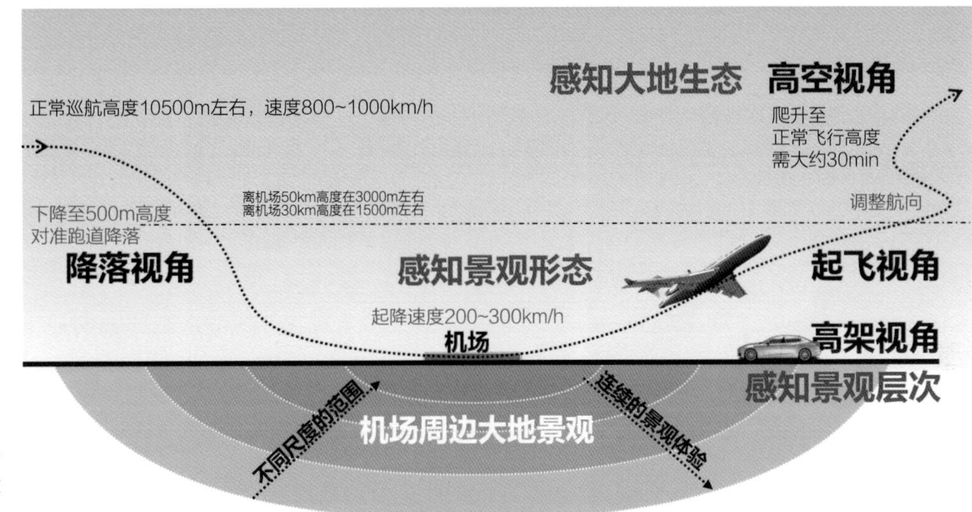

图3 不同飞行高度的景观体验
Fig.3 Landscape experience at different altitudes

图4 大兴国际机场飞机起降路由示意图
Fig.4 Take-off and landing routes at Daxing International Airport

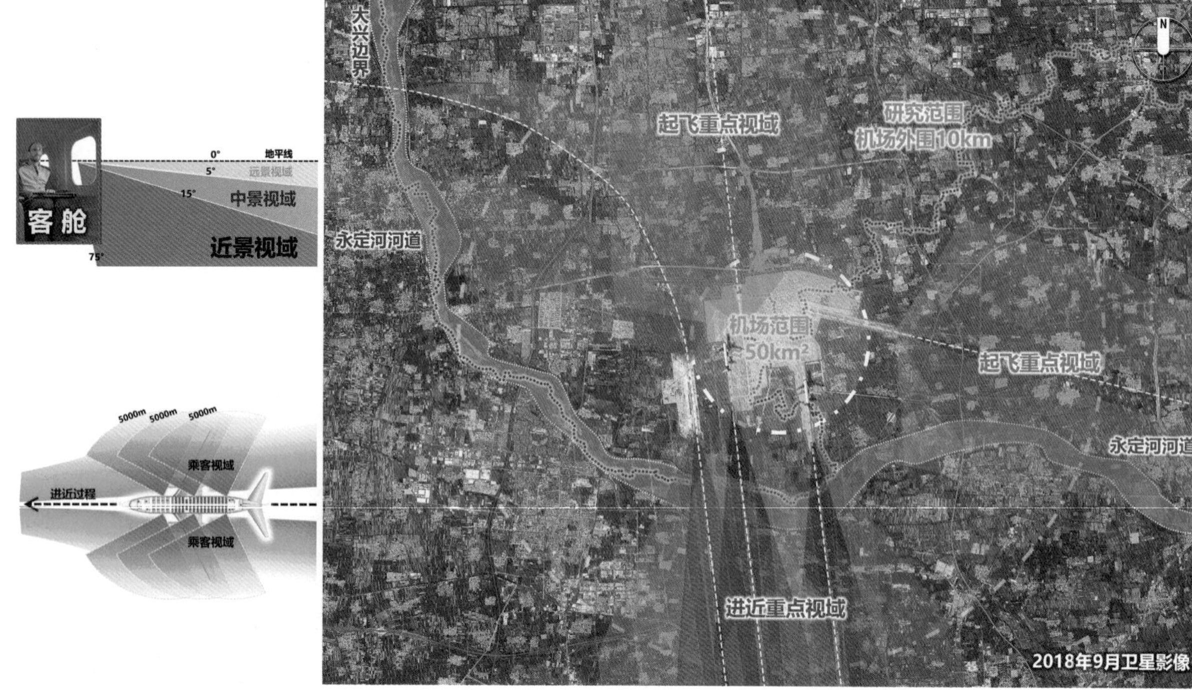

图5 大兴国际机场周边大地景观重点视域分析图
Fig.5 Analysis on key sights of the landscape around Daxing International Airport

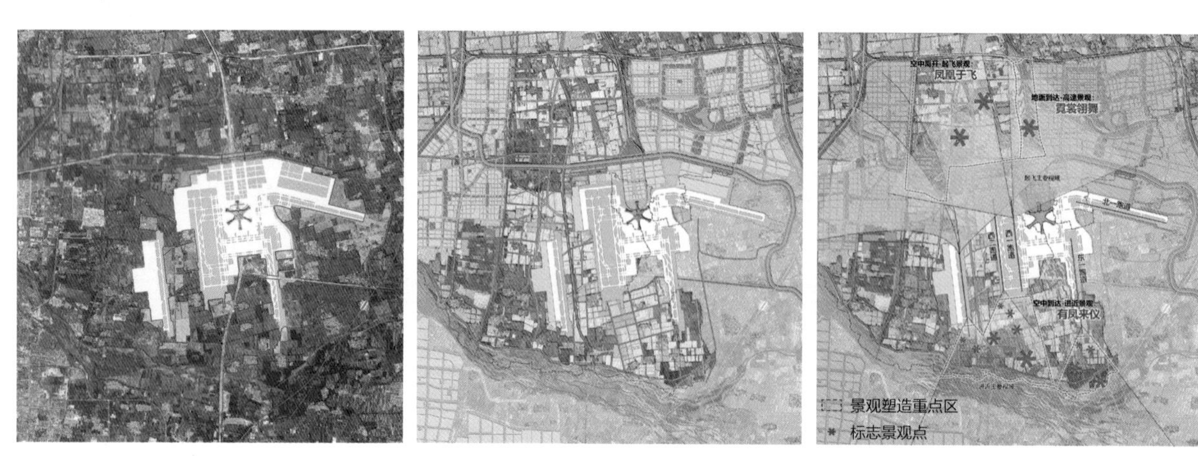

图6 “治乱、理序、点睛”三步走整治策略
Fig.6 Three-step renovation strategy: control of disorder, establishment of order, and final beautification

3 后记

在委托单位的统筹之下，本研究已经用于指导多个专项规划实施，永定河生态治理工程结合重点视域选择恢复水体的最优路径，永兴河景观工程、滞洪湿地工程、平原造林工程等一系列项目也在大地景观研究的基础上逐步落地实施。“三步走”策略初见成效，噪声区已拆村庄已基本完成复绿，废弃大棚、永兴河故道也已完成整治，“理序”的景观要素梳理工作正在进行，并日见成效，“点睛”景观项目已有一定的实施效果，大兴国际机场周边的大地景观体验序列已经初具雏形，在进近时，条带状林田景观特质突出，随飞机行进快速后移，形成大兴机场独特的到达体验。

但目前整体景观基底仍待继续修复，“治乱”“理序”工作仍然有待进一步完善，在重点视域范

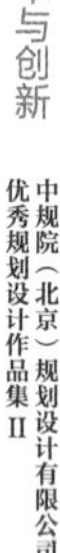

围内已经有节点性的点睛景观塑造，但具体形态还需进一步研究。对于已经实施的“点睛”地景，随着林地的生长，可以进行进一步修整优化。总体说来，大地景观“点睛”不宜操之过急，应把重点放在“治乱”与“理序”上，基底才是大地景观整治的根本（图7）。

北京大兴国际机场周边的大地景观整治在文化上与城市轴线相衔接，在形象上利用华北平原的人地关系做景观意境，展现华北平原的人居环境之美，同时在实施上让自然做功，依托区域“三生空间”（生产空间、生活空间、生态空间）基础展开整治工作，顺势而为地提升机场周边的大地景观。

图7　大兴国际机场通航后的大地景观（图片来源：bilibili，Up主　FL431、许你一世_不会嵩手）
Fig.7　Landscape of Daxing International Airport after being put into use

导言

黄少宏

《中共中央 国务院关于建立国土空间规划体系并监督实施的若干意见》确定"详细规划是对具体地块用途和开发建设强度等作出的实施性安排，是开展国土空间开发保护活动、实施国土空间用途管制、核发城乡建设项目规划许可、进行各项建设等的法定依据。"与原城乡规划体系对比，比较大的变化是村庄规划被纳入详细规划范畴，上升为法定规划。为此，本篇将控制性详细规划、村庄规划安排在一个版块进行介绍。

控制性详细规划（以下简称控规）在原城乡规划体系中即为法定规划。控规起源于20世纪80年代，在我国城市建设管理中发挥了重要作用。控规向上衔接城市总体规划，向下衔接修建性详细规划和具体项目设计。在规划实施中，控规一端连接政府，一端连接市场，是协调各方利益主体的公共政策。传导与管控是其主要任务：传导，控规要传导和落实新发展理念、分解落实上位规划的主要目标和强制性要求，以最大限度保护公共利益，维护社会公平；管控，控规主要通过文本、图表与法律规范对用地开发建设提出刚性与弹性管制要求。

为适应规划管理中不断出现的新问题，控规在实践过程中也在不断进行优化调整。如一些城市提出控规分层编制审批办法，建立控制单元—街坊地块分层控制系统，一般以控制单元对规划建成区进行全覆盖；另外，为提升城市品质，突出城市特色，一些城市对新区与旧区、一般区域与特定地区制定差异化管控内容，应用城市织补、城市设计方法使规划管控更有针对性。新时期，随着国土空间规划体系的建立，"坚持以人民为中心的发展思想，从社会全面进步和人的全面发展出发，塑造高品质城乡人居环境，不断提升人民群众的获得感、幸福感、安全感；因地制宜开展规划编制工作，突出地域特点、文化特色、时代特征。""产城融合、社区生活圈、小街区密路网、韧性城市"等新理念需要在详细规划中深化落实。

村庄规划相对城市规划而言发展相对滞后，改革开放之前与初始阶段，村庄建设需求不强，村庄规划的法律地位也不明确。随着改革开放进程的深化，2005年，党的十五届五中全会提出建设社会主义新农村，乡村第一次成为国家发展建设的焦点。2008年《中华人民共和国城乡规划法》的实施，进一步为村庄规划管理提供了法律依据，但其法律地位仍然不高。2012年党的十八大提出建设"美丽乡村"，2017年党的十九大提出"乡村振兴"战略，将乡村发展建设推向了国家战略高度，为我国乡村发展建设带来前所未有的历史机遇，这也对乡村规划提出了更高的要求。在此背景下，近几年编制村庄规划的重点是面向实施的建设型规划——美丽乡村规划，主要任务是落实国家乡村振兴战略。村庄规划主要关注点是强化产业引领、补民生短板、整治村庄环境、提升村容村貌、弘扬特色文化。同时该阶段的村庄规划实践也出现了一些新趋势，如采用"多规合一"工作方法，比以往更具有底线意识，重视生态保护和耕地保护，以及重视"绿水青山"变"金山银山"的价值转换。此外，在工作机制上也积累了大量适用于农村组织架构的工作方法，如"自上而下与自下而上"相结合，实行"开门编规划、驻村编规划"、设立责任规划师制度等。

近年来，我公司承接了大量控制性详细规划与村庄规划项目，很多项目结合新形势、新要求、新理念在规划方法、路径上作出一些新探索，上述的一些趋势变化在成果中均有所体现。我们从中选出3项控规和2项村庄规划精品与同仁分享，相信其中一些好的经验也将对国土空间规划体系之下的详细规划有借鉴意义。

Part Four

第四篇

详细规划传导与管控篇

Detailed Planning

17 成都市郫都区分区详细规划
Detailed Plan of Pidu District, Chengdu

项目信息

项目类型：详细规划
项目地点：成都市
项目规模：438km²
完成时间：2018年10月
获奖情况："2015—2018年度北京公司优秀规划设计"佳作奖
委托单位：成都市郫都区城乡规划和住房建设局

项目主要完成人员

中规划（北京）规划设计有限公司
主管主任工：王新峰
项目负责人：黄珂　苏月
主要参加人：荀春兵　刘超　肖均航　武敏　阎柳衣
成都市规划设计研究院
项目负责人：于儒海
主要参加人：肖竹韵　岳芳宁　柏蔚
执　笔　人：黄珂　苏月

郫都区总体城市设计鸟瞰图
Aerial view of comprehensive urban design of Pidu District

项目简介

2017年11月，成都市委、市政府为配合新一轮城市总体规划修编工作，全面启动"四级规划体系"大会战，创新实践在规划层面"一张蓝图干到底"。分区详细规划是"四级规划体系"的重要组成部分，按照市委、市政府相关要求，规划包括战略发展研究、全域空间格局研究、城市详细规划和总体城市设计等内容。

郫都区地处成都中心城区西北部，生态环境优越，创新产业基础良好，是落实全市"西控、中优"战略的重要地区，是城市建设高品质"二圈层"的重要区段。本次规划牢牢抓住郫都区在成都，乃至西南地区作为"都江堰精华灌区核心区与成都创新三角支点之一"两大核心价值，锚定发展目标，谋划发展路径，解决发展问题。总体空间战略思路为推进创新空间与生态灌区的"融合重构"。规划聚焦创新产业的多类型、多层次的空间需求，强化特色生态与文化对城乡发展的引导作用，明确灌区田园城市的风貌与形态管控等要求，引导郫都区城乡空间的特色塑造与转型发展，对生态型地区创新空间的识别、培育、营造进行了有益探索。

INTRODUCTION

In November 2017, in order to provide support for the new round of urban master plan revision, Chengdu municipal Party committee and municipal government comprehensively launched the formulation work of a "four-level planning system", so as to innovatively practice "one blueprint to the end" at the planning level. As one of the detailed plans for more than ten districts, counties, and new towns in Chengdu, the Detailed Plan of Pidu District is an important part of the "four-level planning system". According to the relevant requirements of the municipal Party committee and the municipal government, the plan includes strategic development research, overall spatial pattern research, detailed urban planning, and comprehensive urban design.

Pidu District is located in the northwest of the central urban area of Chengdu, with a superior ecological environment and a good foundation for innovative industries. It is an important area to implement the city's strategy of "controlling the development in the west and optimizing the development in the middle". It is also an important link in the construction of high-quality "two circles". Under the background of innovation-driven development and charm-led construction, the rise of the new economy and the value promotion of featured resources will bring about the changes in social production organizations and promote the restructuring of urban and rural functions and spatial organizations. Firmly grasping the two core orientations of Pidu District in Chengdu and southwest China as "the core part of Dujiangyan Irrigation Area and one of the fulcrums for Chengdu's innovation triangle", this planning determines development goals and puts forward development paths, aiming to solve the problems in the development process. In order to promote the integration and reconstruction of innovation space and ecological irrigation area, focusing on the multi-type and multi-level requirements of innovative industries, the overall spatial strategy strengthens the guiding role of featured ecological and cultural resources on urban and rural space, and clarifies the control requirements for the style and landscape of the irrigation area, so as to create distinctive urban and rural space and guide the transformation of development of Pidu District. This planning has carried on beneficial explorations on the identification, cultivation, and development of innovation space in ecological regions.

1 规划背景

党的十八大以来，我国生态文明建设全面推进，加快生态保护与特色发展、促进人与自然和谐共生等发展新要求稳步实施。国家创新驱动发展战略得以全面实施，创新发展成为引领高质量发展的第一动力。

在西部大开发战略与成渝城镇群战略的推动下，近些年，成都步入建设国家中心城市的快车道。城市空间不断拓展，"二圈层"各区县迎来从"卫星城"到"中心城区"的新发展机遇。2017年初，新一版《成都市城市总体规划》正式启动修编，提出"五中心一枢纽"的总体建设目标和"东进、南拓、西控、北改、中优"的"十字方针"。新成都总体规划对郫都区提出"国家创新创业示范基地、电子信息基地、国际化生态都市新区"的功能定位，以及相关结构指引与刚性管控要求。为贯彻落实新一版《成都市城市总体规划》要求，2017年11月，成都市委、市政府启动"四级规划体系"大会战，郫都区分区详细规划是"第二层级"分区规划的重要组成部分，要求以"战略引领、刚性管控、品质提升"为己任，全面落实"西控、中优"要求，综合解决郫都区"转型创新"与"特色发展"问题。

规划研究分两个空间层次：①郫都区全域范围，约438km^2，重点任务包括生态保护、城乡发展格局的梳理和创新产业研究、重大基础设施布局等；②郫都城区范围，约90km^2，重点任务为城市布局研究与总体城市设计等。对于规划期限，近期至2025年，远期至2035年。

2 总体思路

规划通过梳理新时代背景与新要求，以郫都区基本特征、优势与地区发展趋势为基础，明确发展路径，锚定发展目标，以目标导向与问题导向双维度提出空间战略举措，指导区域、全域、城市等多层面空间规划，强化各类空间管控底线，梳理生态、产业、旅游、交通、市政基础设施等系统空间布局，开展总体城市设计工作（图1）。

通过研究，规划提炼了郫都区在整个成都市域，甚至是西南地区两大核心价值。

1）都江堰精华灌区核心区。郫都区地处成都上风上水的都江堰精华灌区核心区，"水旱从人，不知饥馑，时无荒年"；具有八河并流、阡陌交错的优良生态本底，是成都最重要的水源地，生态保护责任重大；以川西林盘为代表的特色乡野文化厚重。因此，落实"西控"要求，"保田园、保水源、控规模"成为郫都区核心战略使命。但从目前的发展来看，水源保护压力大，灌区生态受到一定威胁，林盘和水空间价值有待挖掘，城野空间割裂，乡野特色彰显不足。

2）成都创新三角的重要支点。郫都创新发展优势明显，拥有国家级双创基地菁蓉镇，科教资源富集，电子信息产业突出，是全市主要创新资源集聚区和政策投放区，承担着电子信息领域引领创新发展和培育内生动力的战略使命。但现状存在创新人才吸引力不足，创新资源与创新空间不匹配，与成都高新西区产业协作关系薄弱，空间建设板块割裂等问题（图2）。

基于郫都区两大核心价值的梳理，规划认为，在生态文明与高质量发展背景下，郫都区有条件、有能力、有动力实现"特色"与"创新"发展。规划提出"天府水源地、电子信息城"的目标定位。前者体现它的核心特色，后者体现创新发展方向，电子信息产业是它实现创新发展、提升城市能级的重要抓手。以目标定位为指引，从解决保护与发展问题、凸显地区特色价值两个维度，规划提出空间总体战略为"创新空间与精华灌区融合重构"，以"特色"与"创新"为切入点，双管齐下，明确郫都区的两大工作重点：守护千年精华灌区，构建"无界创新"空间体系。

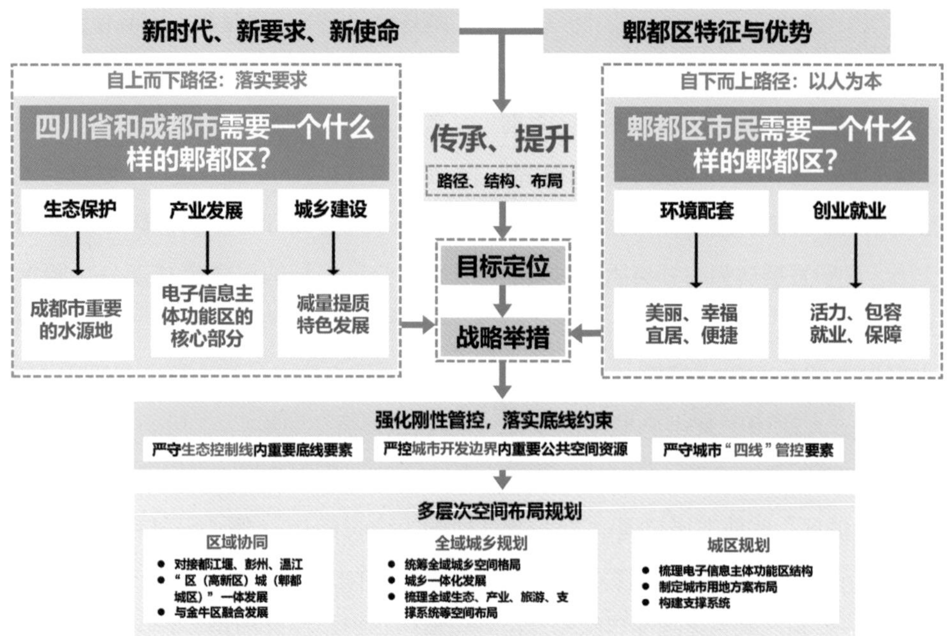

图1　郫都区分区详细规划技术路线

Fig.1　Technical route of the detailed planning of Pidu District

图2　成都“创新三角”

Fig.2　Innovation triangle of Chengdu

3 主要内容

3.1 守护千年精华灌区

（1）“理水”，复兴千年水网

“水空间”是新时期撬动城乡、人文、智慧、生态等功能发展的重要触媒。“水”孕育了整个都江堰精华灌区的人类文明，历史文化的积淀、宜居城乡的建设都因水而生，水系沿线集中了郫都区大部分的优质资源点。应以生态文明建设为指引，让水给城市带来第二次复兴，复兴“水文化”。一是通过严控水源地保护区，划定主要水脉和次要水系的蓝线、绿线，保护水绿资源。同时，以“增、改、拓、疏、通”等手段完善全域水网体系，注重保护和再生乡野地区的毛细水网肌理；发挥“水空间”在生态文明时代的高利用价值，通过水系组织引导城镇空间和特色功能培育，全域构建“水城—水镇—水村”的城乡空间体系。

（2）“养田”，守护古蜀沃土

加强多规协调，定分区、落边界，划定农业保护核心区、精华区和一般区，实施全域空间管控；梳理灌区水系，整理农田和自然植被斑块，利用水旱轮作打造农田湿地，发展现代绿色农业，减少农药和化肥使用，减少农业面源污染；同时，结合现状林盘、田林资源打造小规模、组团式、微田园、生态化的新农业模式，实现农景一体化。并通过理水、整田、护林、改院等系列措施提升天府农耕文明风貌景观，重点推进农宅环境整治，保护与传承川西“依竹增绿，青砖青瓦”的传统乡村民居风貌。将郫都区从“传统灌区”升级到“西部田园综合体示范区”（图3）。

（3）“梳脉”“调气”，筑牢景道风廊

严格保护生态本底，充分发挥生态优势，构建景观与防灾相结合、水网与绿网相融合、保护与利用相契合的生态系统。深化落实《成都市城市总体规划》要求，对接天府绿道规划，打造郫都区三级、12条不同主题特色的区域绿道。依托绿道、水系廊道与旅游大道，构建全域以“二绕生态带、环城生态带、锦江生态带、清水河生态带、江安河生态带”为基础的“五带多廊”的生态景

图3 郫都区主题农业区规划

Fig.3 Planning of themed agricultural area in Pidu District

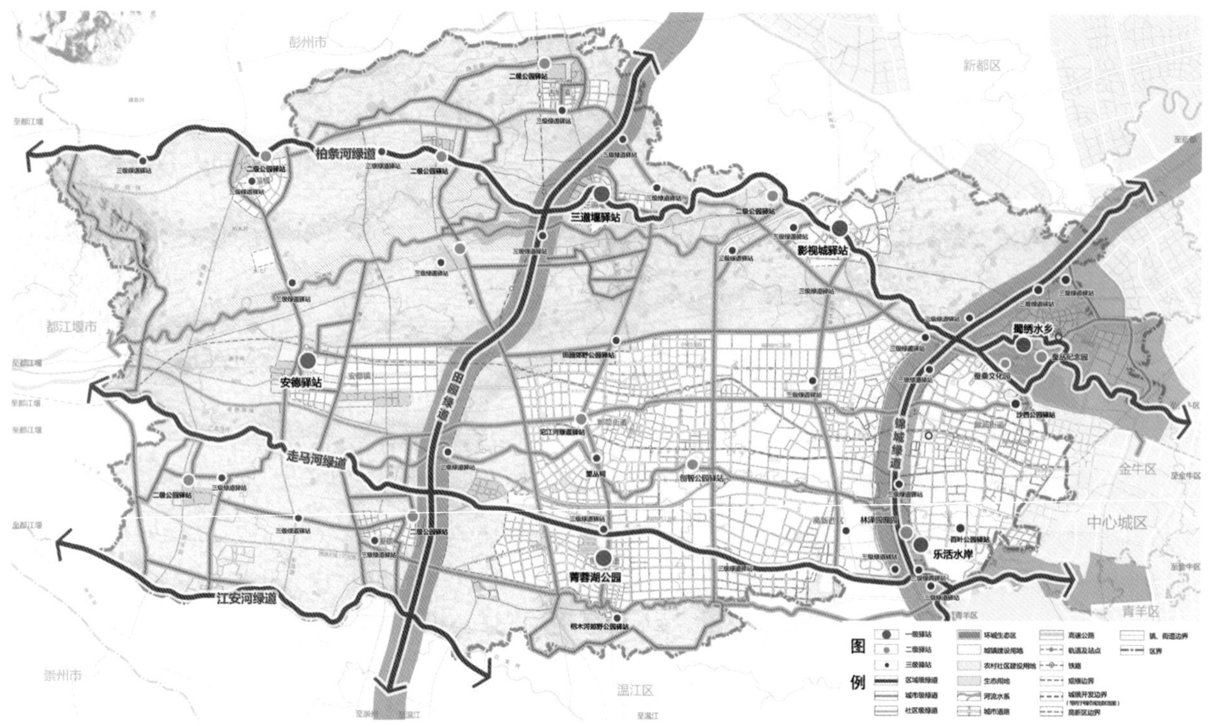

图4 郫都区三级绿道网络

Fig.4 Three-level greenway network in Pidu District

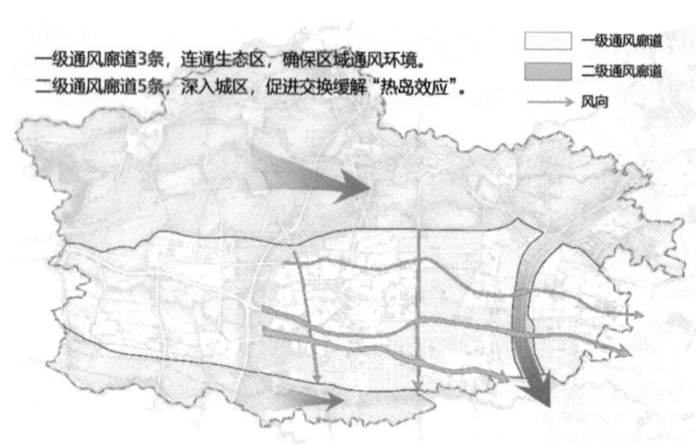

图5 郫都区二级通风廊道

Fig.5 Two-level ventilation corridor in Pidu District

观展示体系。串联生态区、公园、小游园、微绿地等，构建全域五级绿化体系，形成多层次、网络化绿网。

构建"3（主风廊）+5（次风廊）"通风廊道。一级通风廊道3条，连通生态区，确保区域通风环境；利用水网、绿网、路网划定二级通风廊道5条，深入城区，促进交换缓解"热岛效应"。严格管控通风廊道边界，一级通风廊道宽度不小于500m，二级通风廊道宽度不小于50m，基本位于规划城镇建设区（图4、图5）。

（4）"融绿"，营造田园水城

以生态保护格局为基础，挖掘"水空间"的利用价值，重点强化锦江与清水河对全域城镇空间的发展引导作用，锚定"五区、两轴、两带"的全域空间结构，"五区"为五大特色功能片区，"两轴"为红光大道、成都五环路道路发展轴，"两带"即为锦江绿轴特色小镇带与清水河创智活力带，"两带"沿线是全域创新与特色功能的重点投放地区（图6）。

在城市与乡野空间之间构建城乡过渡区，通过多元化的空间肌理，柔化城乡边界，实现绿楔生态入城，城市与自然共融、有机生长，打造"青山绿水抱林盘，山色田园缓入城"的优美画卷。在城乡过渡区内，通过水系与道路引导特色功能差异化分布，形成不同功能主题带，包括创新交流、综合服务、休闲度假、文创体验等主题带，同时可利用特色林盘打造"小规模、组团式、生态化、微田园"田园综合体，形成乡野功能节点（图7）。

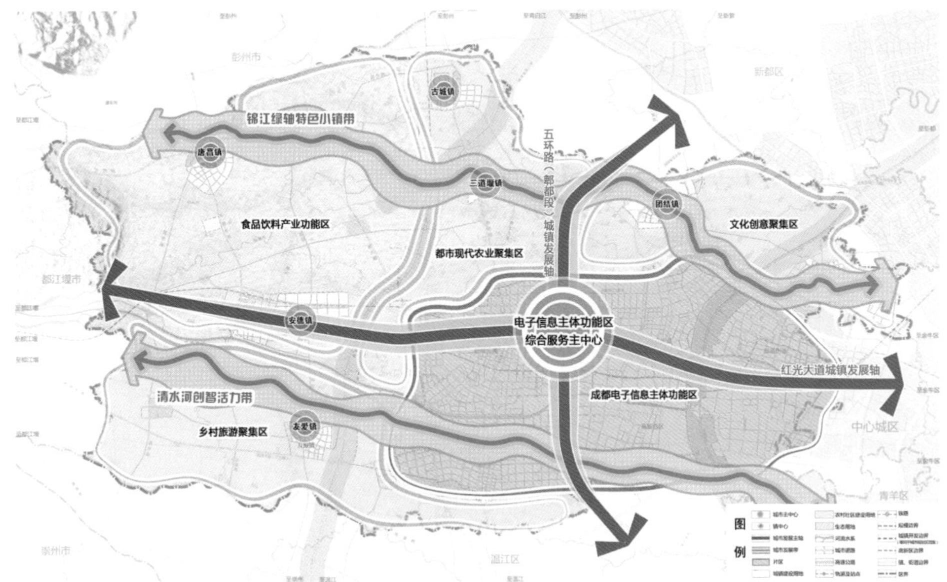

图6　郫都区全域空间发展格局

Fig.6　Overall spatial development pattern of Pidu District

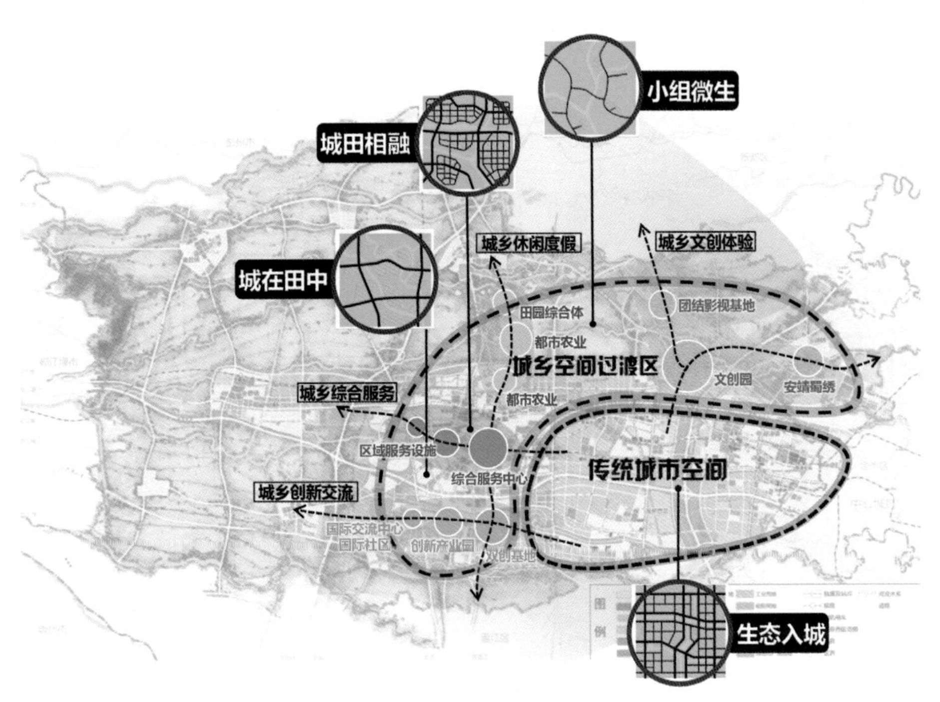

图7　城乡空间过渡区打造策略示意

Fig.7　Strategy of creating urban-rural spatial transitional zone

城市内部通过“水+人文”，强化水系对中心体系的引导作用。规划提出，先“理水”后“营城”，通过重新梳理水系绿廊，优化城市水网系统，引导城市开发和功能布局，强化城市公共空间与水系的联系，塑造主题文化名片，将水系打造成融合城市功能的纽带；“水+智慧”，提升水系作为科研创新空间的纽带作用，将水系引入创新空间内部，滨河开敞空间与内部微环境形成“树”状生态系统，打造若干个“内外兼修”的中微观环境，将创新理念融入城市生产、生活中，打造内通外连的滨水活力环廊，塑造滨水高品质、聚活力、多元交往的空间场所。突出存量时代的宜居魅力城市建设，明确存量空间类型和更新重点区域，“增改”并举，挖掘存量价值，释放空间资源（图8）。

（5）“塑形”，优化水城风貌

规划提出“水润田园蜀都情，先锋时尚国际范”的城市总体风貌定位，打造“水润田园、活力

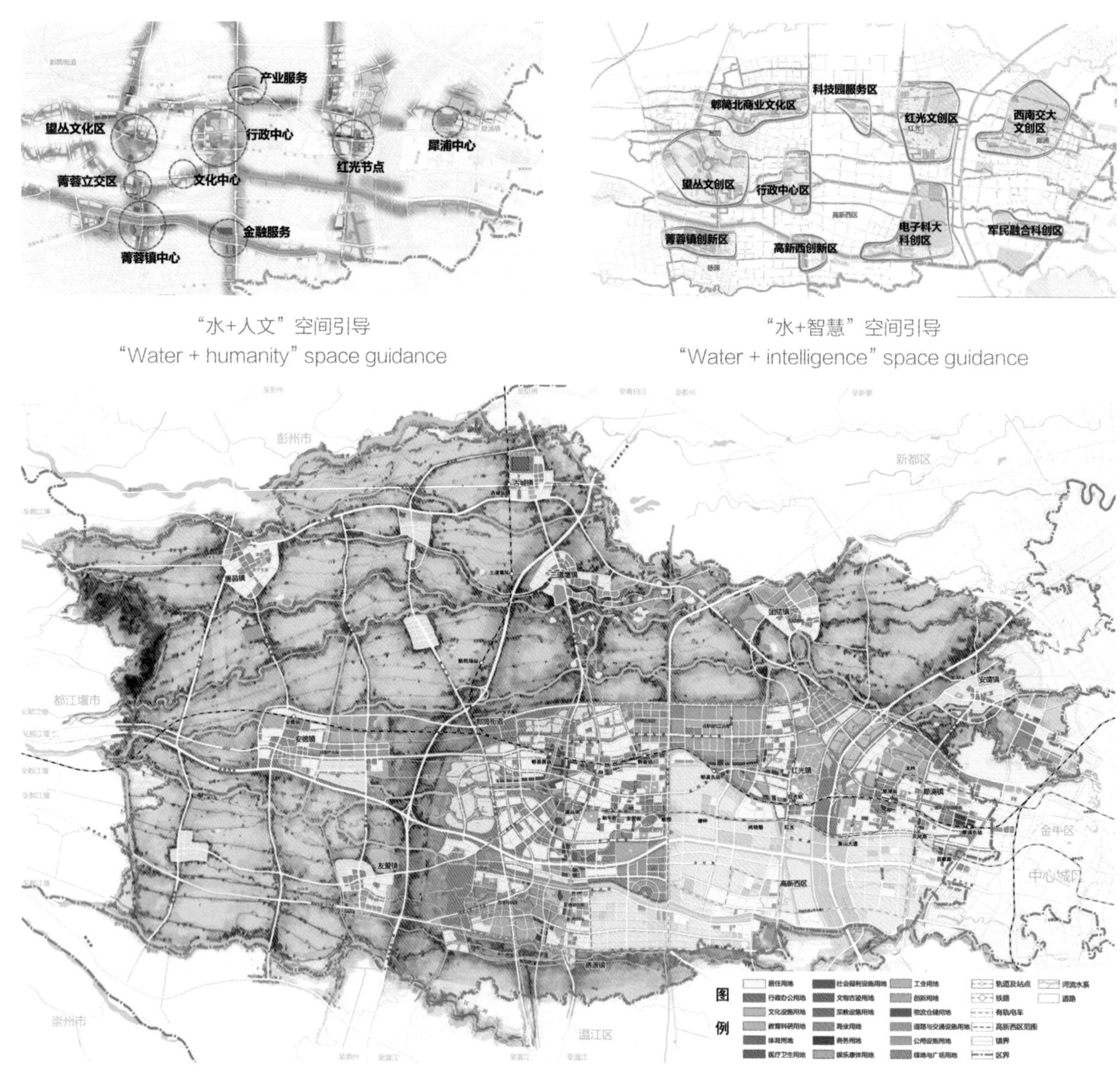

“水+人文”空间引导
“Water + humanity” space guidance

“水+智慧”空间引导
“Water + intelligence” space guidance

图8 “田园水城”空间规划示意
Fig.8 Spatial planning of the “pastoral water city”

时尚”的“田园水城”，强化传统与现代交融呼应的城乡风貌特质。规划提出“一环一核，多廊多组团”的城市景观结构，延续城水相依、廊道密织的现代营城特色，形成“环野抱城、环廊聚心、水绿嵌城”的全域田园景观整体格局。通过“望山、立心、控形、绘城、优径、塑边”六大措施，对各景观要素和系统进行指引与管控。

“望山”即通过GIS模拟分析大尺度的观山条件与人行视角观山视点模拟，识别场地内的观山视域，划定8条眺望龙门山视线通廊范围，控制背景建筑对山体的遮挡，优化天际线形态，通过视觉引导加强城市与自然环境的视觉联系，展现“枕水眺龙门，田色缓入城”。

“立心”即通过多元化开发模式引导多类型公共中心建设，使用不同塑造方式分类引导城市门户建设，突出展现菁蓉镇等多个地标中心、特色门户和景观节点，完善城市的认知系统，增加地域认知，提高城市聚集度，打造品牌形象。

“控形”即三维空间精细化管控。在片区开发容量上限规模不突破的前提下，科学引导空间增容与高质量建设，空间重点向轨道交通站点及周边街坊布局，提高空间资源使用的整体协调性，加强对

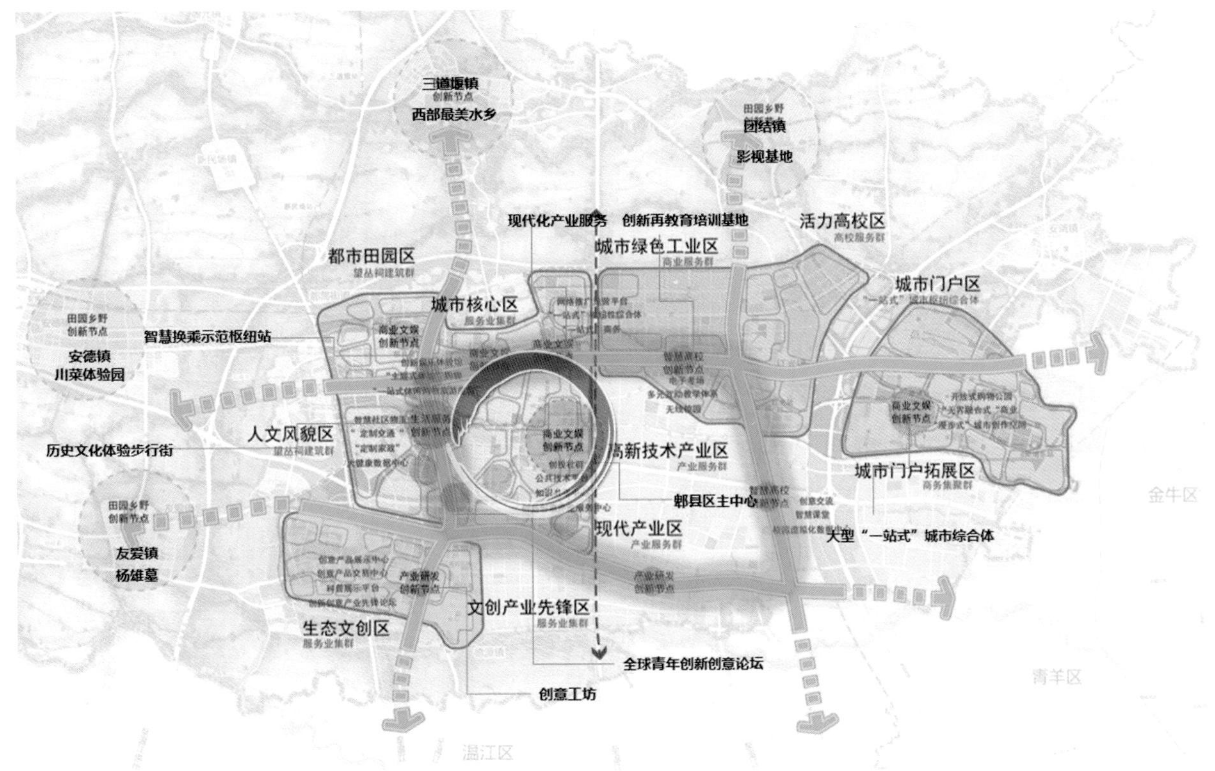

图9 “田园水城”城市景观结构示意
Fig.9 Urban landscape structure of the “pastoral water city”

重点地区的空间形态管控，实现降强度、调分区、优品质。

“绘城”即制定以天府黄（成都黄）为基调色系的城市色彩系统，细化对城市色彩与建筑风貌的引导要求，如对于活力创新空间与创新环境的建筑要增加艳丽、明快颜色的使用比例等。规划结合主要廊道、片区中心及水系轴线，构建了“两廊四带、四片多点”的城市夜景照明体系。

“优径”即建立全域分级道路景观系统。对于城市结构性道路，规划提出了“界面连续度”“道路宽高比”和“街区尺度”等控制要求，提升通过性景观感受；规划构建了连续便捷、高效转换的慢行交通网络，优化亲水空间，丰富驳岸设计，提升对城市体验性景观的感受；结合全域资源分布特征，规划形成水田村落线、历史文化线、时代风采线三类郊野精华路径。

“塑边”即对城市边界地区与生态相接的共享边界，强调景观的自然渗透和边界地区的低密度建设控制，实现城田共融、城田交织、蓝绿共生（图9、图10）。

3.2 构建“无界创新”的空间体系

（1）创新产业体系打造

规划发挥郫都区作为成都创新三角重要支点的优势地位，挖特色、补短板，构建“3+3”创新产业体系。一是构建电子信息、研发设计孵化转化和食品饮料三大产业生态圈，形成三大主导产业。重点对电子信息产业进行了指引，未来应聚焦于创新应用转化和“互联网+”领域，强化校地结合，完善创新生态体系；二是挖掘本土优势，以现代都市农业为引领，发展休闲旅游、文化创意和高端农业三大特色潜力行业，提升城乡魅力，从而形成“3大+3小”的创新产业体系（图11）。

（2）创新空间模式探索

创新空间是本次规划的重点研究内容之一。成都平原地区科创水平、创新路径、自然地理条件、城乡特色与国内其他地区差异较大，基于对郫都区特色本底梳理与创新产业体系分析，规划提出创新

图10 “田园水城”城市设计总平面

Fig.10 General layout of urban design of the“pastoral water city”

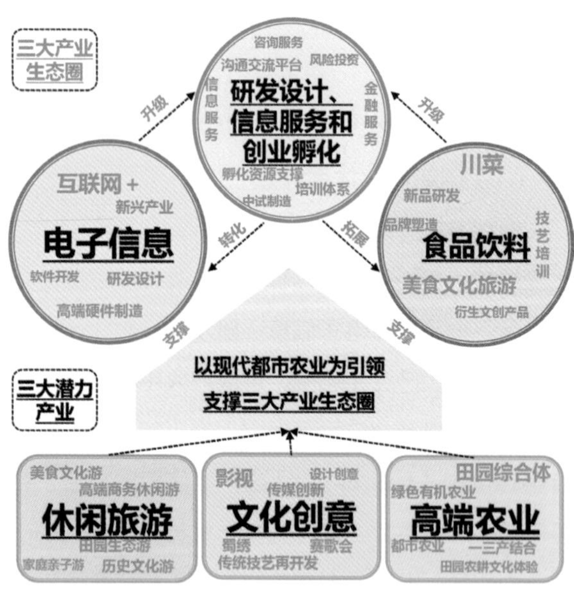

图11 郫都区“3+3”创新产业体系

Fig.11 “3+3” system for innovative industries in Pidu District

空间全域化概念，采用“创新空间+空间创新”的策略，推进特色化、多元化的城乡创新空间打造，实现“硅巷、硅谷、硅乡”三类创新空间模式的空间创新。

“硅谷”指已有的园区型创新空间，包括“创新源”及部分“研发层”空间，重点为郫都区电子信息产业园区以及承担研发、设计、孵化转化的高校及科研机构；“硅巷”指开放的街区型创新空间，通过商业开发或存量改造，成为与城市充分融为一体、成本较低的中小企业和“草根”群体汇集的空间，代表是“研发层”空间菁蓉镇；“硅乡”指外围特色化、绿色化、据点式“专业化节点”，与前两类形成“垂直”与“水平”分工，包括三道堰镇、唐昌镇等特色小镇，以及乡村林盘型创新空间。

郫都区吸引力重心不仅在城镇，还有极富特色广袤的乡野地区。“硅乡”类创新空间的打造，也是本次规划的重点。规划提出打造6个城乡统筹基本单元。每个基本单元形成“特色镇+新型社区+现代化农场”模式。从中识别优质“林盘+农场”，打造支撑“创新孵化”发展的第四代田园综合体。在乡野地区提供环境优美的工作岗位、高品质的特色生活服务，吸引高端人才入住。以集体土地改革试点为契机，整理基本农田和闲置农村建设用地，

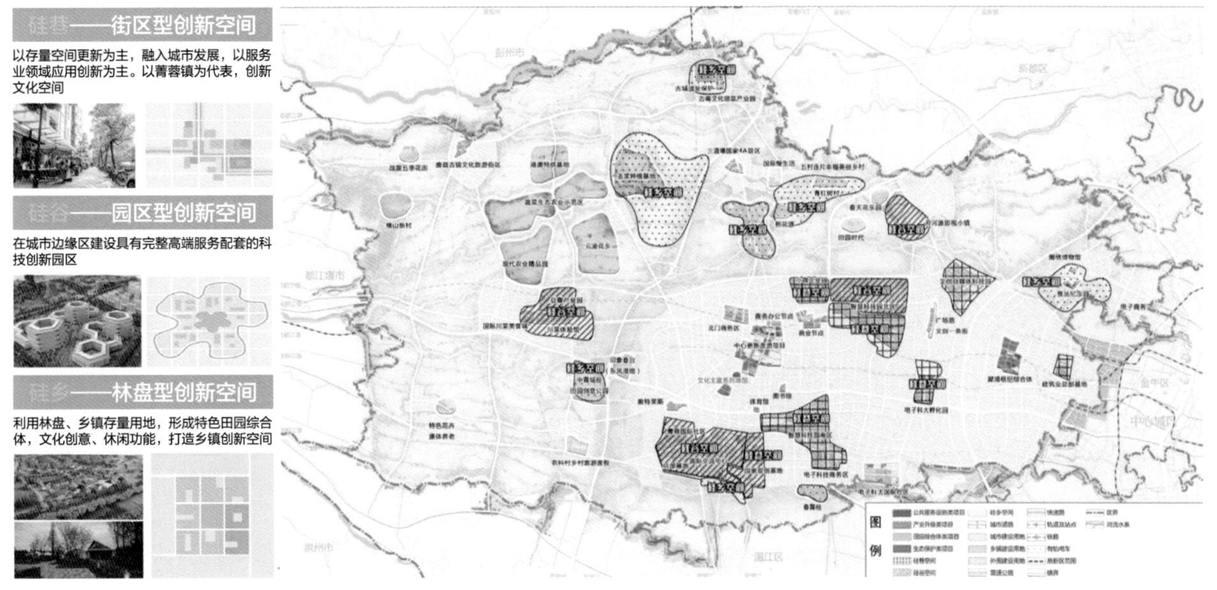

图12 “硅谷+硅巷+硅乡”多元城乡创新空间打造

Fig.12 “Silicon valley + silicon lane + silicon village” diversified urban-rural innovation space

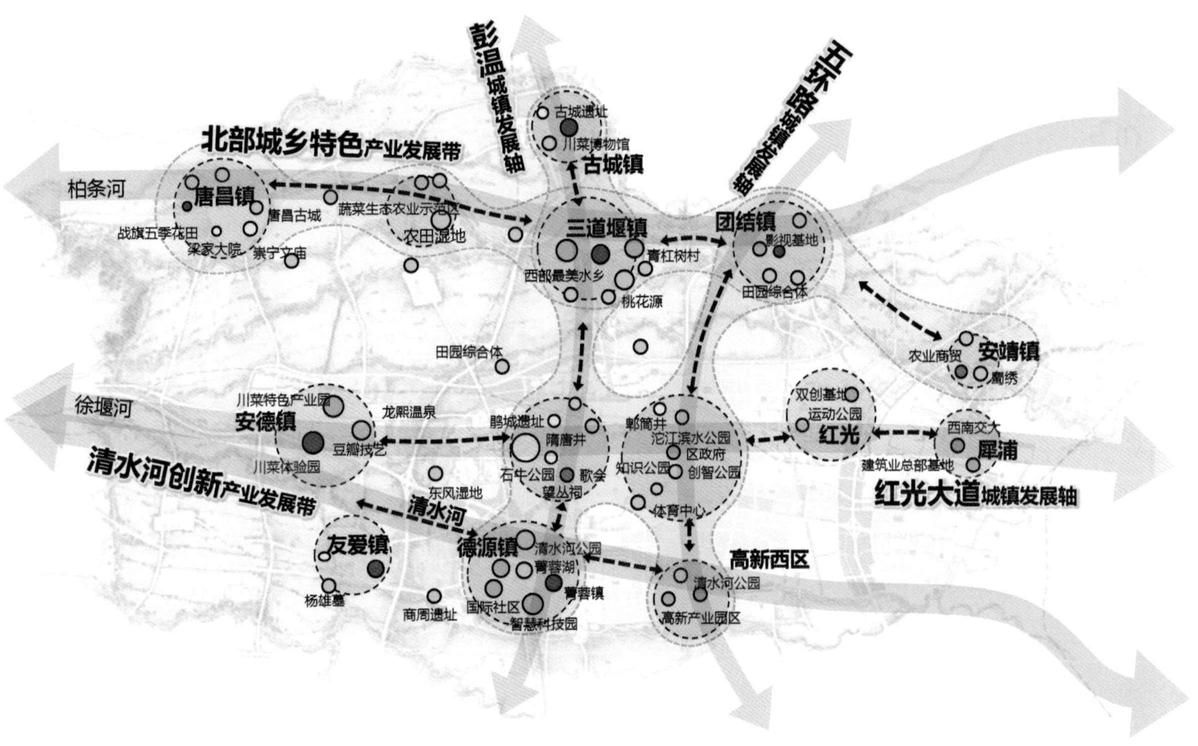

图13 全域“多中心、组团式、网络化”创新空间结构

Fig.13 Overall structure of the “multi-center, clustered, and networked” innovation space

加快土地流转，实现集约化、规模化经营(图12)。

(3)创新空间体系构建

遵循创新空间以“创新源”为核心的细胞分裂式“轴向延展”的扩散规律，规划提出统筹区域，打造成都西北部网络化创新聚落。规划以成都电子科技大学和菁蓉镇为“创新源”，构建城乡创新主次走廊，实现创新功能的轴带延展。规划重点打造“柏条河—毗河”区域活力和清水河创新主走廊，构建起轴向延展的“多中心、组团式、节点联系与设施支撑网络化”创新空间体系，采用特色多元的创新空间模式，推进郫都区创新空间的全域化和多元化发展，实现郫都区的“无界创新”(图13)。

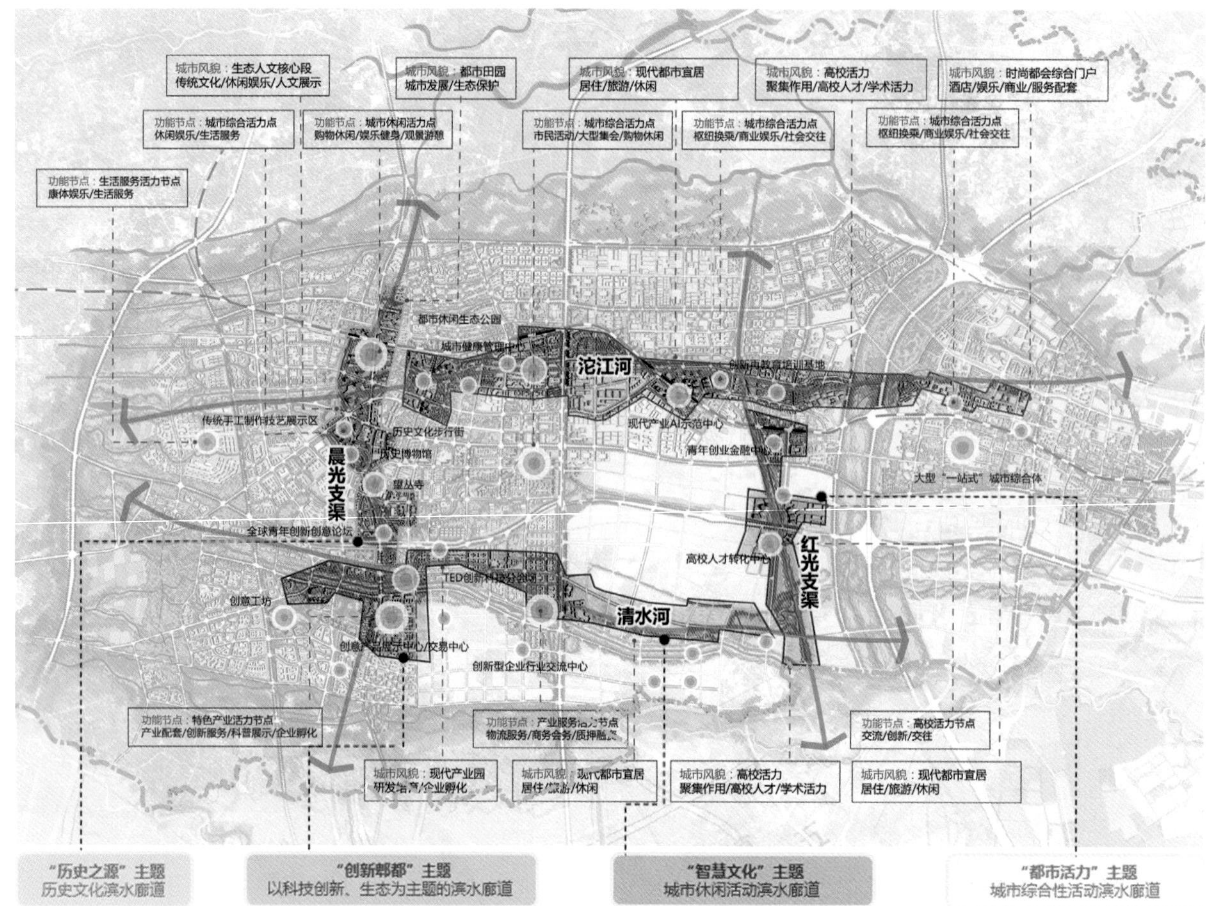

图14　城市“创新活力水环”打造示意

Fig.14　Construction of the “innovative and dynamic water environment” in the city

（4）创新活力水环营造

以区域创新空间体系和城市空间结构为基础，落实“水脉引领”理念，构建城市创新活力水环。城市相关创新业态，包括科研、文创、商务、设计、咨询、娱乐等功能，以水为轴，有机增长，体现“水+”示范意义、创新引领意义及文化传承意义，落实城市功能分区布局要求，打造创新型公共服务设施共享环廊，轴线与环廊串联城市创新节点，将创新理念融入城市的生活与生产。规划将构筑水环的四段水系打造成不同的特色主题，南部清水河为创新主题，北部沱江河为活力主题，西部水系为文化主题，东部水系为文创主题。形成一河一特色，整体提升滨水地区活力。并通过“增”游憩岸线，“优”生活岸线，“减”生产岸线，“保”生态岸线，优化各类岸线配置，打造多元交往空间（图14）。

4 后记

4.1 实施成效

1）郫都区分区详细规划起到了积极的承上启下规划传导作用。“承上”，深化落实《成都市城市总体规划》“西控中优”的发展指引和刚性管控要求，并在同步编制过程中对总体规划形成有效反馈；“启下”，完成“四级”规划体系构建的工作部署，对郫都区重点地区城市设计、修建性详细规划及相关转型规划的编制发挥出重要指导作用。

2）在分区详细规划的指导下，郫都区近些年深入推进灌区保护和水源地保护工作。2018～2019年，全区完成饮用水水源一级、二级保护区内农户1002户、3223人搬迁工作，二级保护区关闭企业40家。同时，持续落实河长制管理工作，深化工业污染防治，多措并举强化水污染防治。完成生态搬迁的同时，一批新的生态农业项目逐步完善。2018～2019年，全区建成1100亩生态涵养湿地、547亩防护林带，引导发展有机农业4250亩，新建防护隔离设施82km，饮用水源一级、二级保护区河道已经全部实现隔离，饮用水源地水质常年保持100%达标。

3）郫都区以分区详细规划为指引，稳步推进多元创新空间打造。2017年，三道堰被列为成都唯一的“互联网小镇”试点，对标“乌镇模式”，将传统文化与互联网科技相结合，推动文化创意、互联网、旅游三大功能的升级延伸和互动融合；2018年，郫都区提出加快形成“园区引领、功能区互动、场景支撑”的“1+6+N”创新产业布局，拓展联动集聚发展新格局。创新产业空间布局主要集中在成都现代工业港、乡村振兴博览园、成都川菜产业园、成都影视城、清水河文化时尚功能区和天府艺博园。其中，四川（郫都）数字经济产业核心区，重点整合成都电子信息产业功能区（郫都）、郫筒街道建成区共约38km^{2}的发展空间，打造数字经济产业园；2018年底，菁蓉镇创客公园（二期）工程全面启动，计划“十四五”期间建成全国顶级“双创”基地。郫都区创新产业发展与创新空间建设开始进入一个新的阶段。

4.2 思考认识

创新是引领地方发展的第一动力，但传统特色是地方的发展之本、生命之根、乡愁所在，是永续发展的核心竞争力。规划需要综合研判文脉、环境、地方特色等因素对创新活动的潜在影响，要结合地方特质，深入、准确地探寻创新发展的路径，留住传统特色的“魂”，升级创新发展的“形”，神形具备才能形成独具魅力的创新发展模式。

创新更是解放思想、创新工作思维的时代要求。在项目中，要勇于打破固有模式和技术框架约束，有针对性地制定研究内容，让规划更有用、更好用、更管用。

18 三亚市中心城区控制性详细规划（修编及整合）

Detailed Regulatory Planning of the Central Urban Area of Sanya（Planning Revision and Integration）

项目信息

项目类型：控制性详细规划

项目地点：海南省三亚市

委托单位：三亚市自然资源和规划局

项目规模：160km^2

完成时间：2019年8月

项目主要完成人员

主 管 所 长：李文军

项目负责人：胡朝勇

主要参加人：郑玉亮　郝凌佳　吴丽欣　张哲琳　陈皇州　毛雨果　余欢　黄泽坤　孙尔诺　陈家豪　崔鹏磊　蔡昇　胡瑜哲　张李纯一　安志远　于泽　杨晗宇　石文华　马俊齐　李静　徐杨杨　周世魁

执　笔　人：郑玉亮　胡朝勇　马俊齐

项目简介

三亚市中心城区是承载自贸区、自贸港建设的核心功能区，是三亚市及大三亚旅游经济发展圈的综合服务主中心，是向东联动海棠湾、向西联动崖州湾发展的核心枢纽，同时也是海南省36个重点规划控制区之一。

基于海南自贸区、自贸港建设的战略需求和海南省规划体系改革的要求，本次规划包括中心城区规划整合和重点片区控制性详细规划两个层面的工作，在规划整合层面，重点对三亚“城市双修”、三亚“多规合一”总体规划、各类专项规划、已批片区控制性详细规划等相关规划进行了系统的研究、梳理，并基于总体规划和海南自贸区、自贸港建设的发展新需求，重新审视三亚中心城区的责任担当，提出了“国际旅游消费中心、全球自贸服务中心、航空邮轮游艇枢纽、区域城市服务中心”的目标愿景，进一步明确三亚中心城区的主要功能和空间布局方案，在规划编制中实现了与若干上位规划、控制性详细规划、专项规划的多规融合。在重点片区控制性详细规划层面，规划在三亚“双修”的基础上，延续城市更新的理念，盘活存量建设空间，提出近期重点建设项目库，保障重大项目优先落位，并将城市设计控导理念贯穿设计实施全过程，通过精细化城市设计导则，强调对地块三维形态的实施管控引导。项目规划成果为三亚中心城区实现“统一发展目标、统一规划蓝图、统一基础数据、统一技术标准、统一信息平台和统一管理机制”的目标提供了有力支撑，提高了规划管理效率，保障了项目实施落地。

INTRODUCTION

Connecting Haitang Bay to the east and Yazhou Bay to the west, the central urban area of Sanya is not only the main comprehensive service center of Sanya City and the Greater Sanya Tourism Economy Development Circle, but also the core functional area of Hainan Free Trade Zone, and one of 36 key planning control areas in Hainan Province as well.

The planning contains two levels: the planning integration of the central urban area and the detailed regulatory planning of key areas. In line with the strategic requirements of building Hainan Free Trade Zone and the requirements of the planning system reform of Hainan, the project team carries out systematic research and design on the central urban area of Sanya. In terms of planning integration, emphasis is placed on studying the “City Betterment and Ecological Restoration” program, master plan based on multi-plan integration, and various sectoral plans of Sanya, as well as the detailed regulatory plan and the status quo of ownership of approved areas. Meanwhile, the role of the central urban area of Sanya is re-examined from the perspectives of implementing new requirements of Sanya’s master planning and improving urban functions. The planning puts forward the goal of building the central urban area of Sanya into “an international tourism and consumption destination, a global free trade service center, an aviation and navigation hub, and a regional city service center”, and further specifies the main functions and spatial layout of the central urban area of Sanya, in which the integration between this plan and a number of upper-level plans, detailed regulatory plans, and sectoral plans is realized. In terms of the detailed regulatory planning of key areas, based on the “City Betterment and Ecological Restoration” program of Sanya, emphasis is placed on following the concept of urban renewal to revitalize the stock construction land, establishing the database for short-term major construction projects, and guaranteeing the preferential implementation of major projects. At the same time, the urban design control concept runs through the entire process from top-level design to implementation, and detailed design guidelines are used to enhance control guidance over the three-dimensional form of land parcels. The planning results provide strong support for realizing the objective of “unified goals, unified planning blueprint, unified basic data, unified technical standards, unified information platform, and unified management mechanism” in the central urban area of Sanya, which not only improves the planning management efficiency but also guarantees the effective implementation of projects.

1 项目背景

2015年6月，海南省被列为省域空间规划改革试点，全省各市县先后完成了城市总体规划（空间类2015—2030年）（“多规合一”）的编制工作。2016年12月海南出台《关于加强城镇规划建设管理工作的实施意见》，进一步要求海南各市县用2年左右时间，依据已经批复的城市总体规划（“多规合一”），完成辖区内城镇开发边界内控制性详细规划修编工作，以及时、有效指导各城镇的开发建设。

2018年4月13日，习近平总书记在海南建省办经济特区30周年大会上发表重要讲话，赋予海南经济特区改革开放新的重大责任和使命，即建设海南自由贸易试验区和中国特色自由贸易港。三亚中心城区是三亚市及大三亚旅游经济发展圈的综合服务主中心，承载着自贸区、自贸港建设的核心功能，亟待根据新的发展要求厘清现状、盘活资源、明确方向。

基于此背景，在三亚市委、市政府的总体部署下，中规院于2018年6月组织开展三亚市中心城区控制性详细规划编制工作，该规划于2019年3月通过由三亚市自然资源和规划局组织的专家评审，2019年8月由三亚市人民政府批复实施。

2 规划思路

本次控制性详细规划的修编与整合统筹考虑中心城区的发展新定位、城市功能业态与空间布局的优化调整，规划思路和重点可以概括为“整合、衔接、提升”3个方面。

2.1 整合

系统梳理中心城区现状已有的“1+29+13”规划，即1个总体规划+29个已编片区控制性详细规划+13个重点专项规划。三亚现有的空间规划体系存在体系庞杂、各职能部门规划间“打架”，部分专项规划设施布局仅为意向性表达，无法具体落地，相同部门编制的规划存在坐标系、用地分类标准不统一，路网宽度、道路断面、管线管径衔接不上、编制范围重叠等矛盾，急需整合协调以上矛盾差异，并以海南省统一技术标准录入GIS信息管控平台。

2.2 衔接

在统一的坐标系和信息平台上统筹衔接《海南省总体规划（空间类2015—2030年）》《三亚城市总体规划（空间类2015—2030年）》对三亚中心城区范围内的生态空间、农林空间、城镇空间提出的管控要求，生态空间重点落实生态保护红线、生态公益林范围内的管控要求，清退生态红线内建设用地，保护绿水青山；农林空间确保不占用永久基本农田；城镇空间重点优化城镇路网，盘活存量建设用地，落实民生项目用地及近期实施的自贸港核心功能用地，满足发展需求。

2.3 提升

落实海南省建设自由贸易港、三亚市建设总部经济及中央商务区、国际旅游消费中心引领区、国际化热带海滨旅游精品城市等城市发展建设新目标，围绕特色产业导入、城市功能体系完善、近期重大项目落位等方面，进一步优化、细化城市功能布局与空间结构，对相应的控制性详细规划单元进行优化调整，开展重点片区的控制性详细规划新编与修编工作（图1）。

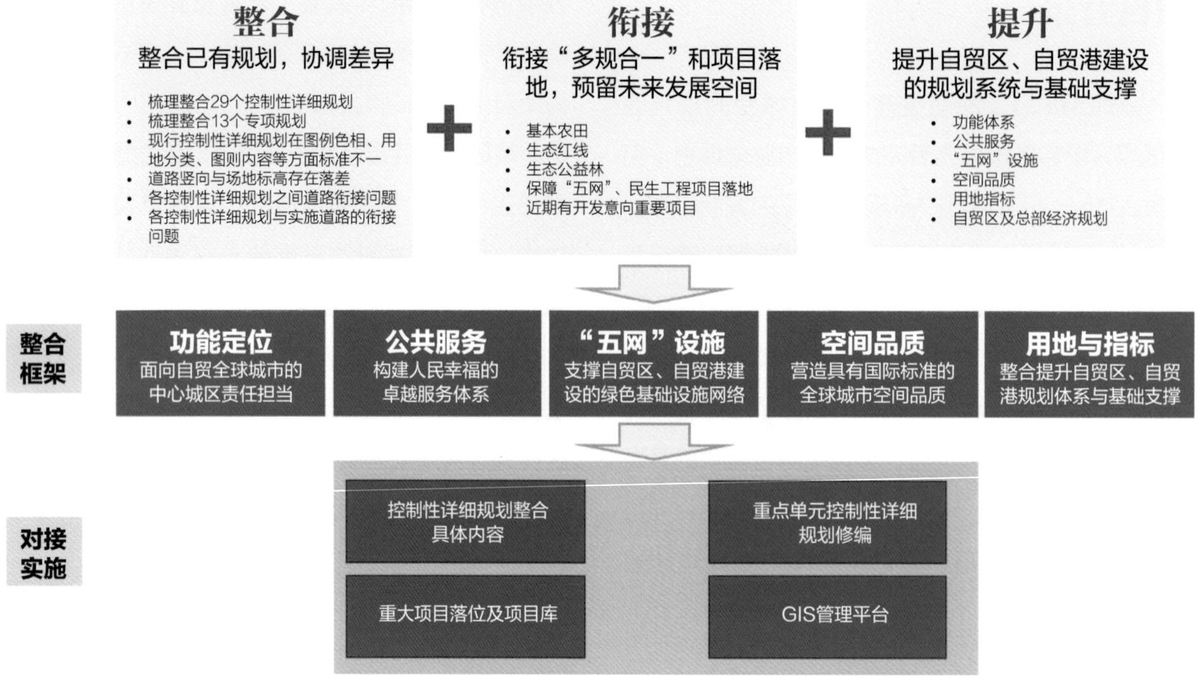

图1 技术路线示意图

Fig.1 Technical route

3 规划重点内容

规划从生态保护、产业发展、空间布局、基础服务、城市风貌、成果入库六方面组织编制工作。

3.1 生态保护

规划夯实生态本底，凸显三亚山水城市总体格局，将生态文明建设贯穿始终，按照“城区就是景区”的理念，编织“山、海、河、城、岸、岛”要素，构建“城在林中、居在绿中、人在景中”的城区优质生态环境。依托中心城区优越的自然生态环境，按照人与自然和谐共生的原则，构建山海环绕、蓝绿交融的绿色生态网络；科学配置城市各类绿地，将绿地系统与城市休闲游憩、生态环境保护和景观营建有机结合，加强“山、海、河”绿色廊道构建，打造全面覆盖的生态空间服务体系。到2030年，建成区绿化覆盖率达45%以上，整体达到国家生态园林城市标准。

3.2 产业发展

规划以自贸服务为重点，立足“三区一中心”中的区域城市服务中心目标，重点发展以旅游为特色的消费型现代服务业，以自贸服务和枢纽服务带动生产型现代服务业的创新发展，构建涵盖海空旅游、体育消费、商业消费、文化旅游、文化艺术交流、文化艺术消费、文化艺术创意、商业服务、金融服务、智慧物流、会展服务、总部经济、临空、临港等在内的现代服务产业体系。结合品牌化旅游消费产业、全球化自贸服务产业、国际化特色枢纽服务产业类型，对标国际案例，预测三亚中心城区到规划期末的产业产值规模，落实产业发展空间（图2）。

3.3 空间布局

规划将生态文明理念贯穿到规划编制始终，严守开发边界内生态保护红线。从全市一盘棋角度系统梳理整合“1+29+13”规划体系内容，按照自由贸易港战略要求，基于中心城区陆海统筹、产城融合、新旧联动的发展策略，构建“一核、一轴、

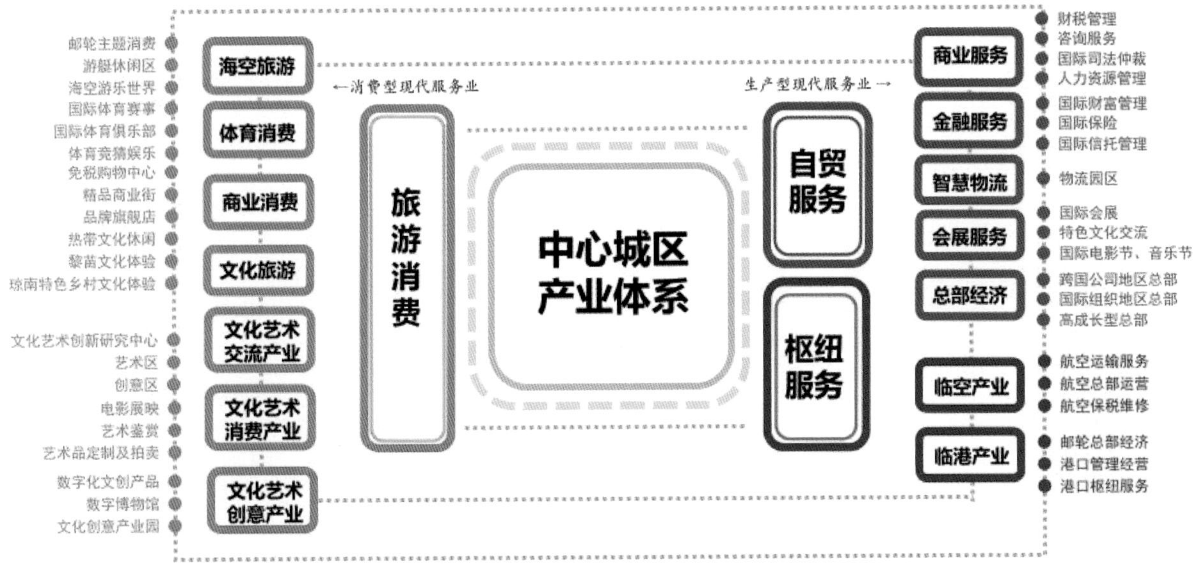

图2　中心城区产业体系图

Fig.2　Industrial system of the central urban area of Sanya

一带、山水廊、多组团”的功能布局结构。规划结合自贸港要求及中心城区的总体定位，建设区域经济最发达、人口最集聚、综合竞争力最强、承载都市圈最核心功能的战略功能区，重点补充四方面的核心功能，即国际旅游消费、全球自贸服务、空港母港枢纽及区域城市服务（图3）。

规划以生态廊道、城市道路划分城市空间单元，共划定54个空间单元，形成10～15分钟生活圈的空间载体，采用“窄路密网”，营造人性化的开放街区。结合既有规划情况，明确需要修编的单元共15个，修编单元作为自贸区、自贸港核心功能的承载区和完善城市公共服务及支撑体系的核心区，主要承担引领国际旅游消费、总部商务、文旅休闲等功能。规划采取“盘活存量、产城融合、新旧联动”的理念统筹新编控制性详细规划单元的功能布局（图4）。

3.4 基础服务

按照国际旅游城市的标准，结合城市居民和游客的需求，在中心城区内统筹相关规划，完善各级、各类公共服务设施，促进公共服务均等化，确保居民在步行15分钟之内即可享受到快捷的生活服务。从服务全市和区域的角度，培育一流的公共服务设施。引进世界级文化娱乐、时尚消费和旅游服务设施，形成多元化的高端服务业集聚区。从改善民生角度，构筑全覆盖、分层级、方便居民就近使用的生活服务设施网络。从完善公共服务体系角度，逐步构建“市级—区级—社区级”三级公共服务设施体系。既要服务本地区，又要服务大量外来人口，满足本地人口与外地人口、常住人口与“候鸟”人口之间的需求差异（图5）。

规划注重区域交通协同，加强机场、高铁、邮轮、高速公路之间的交通联系，打造水陆空立体化交通系统。构建以航空为龙头、高铁与公路为主体、海上航运为重要组成部分的开放性、多元化和一体化对外交通系统。规划重点整合梳理控规与控规之间、控规与专项规划之间在道路红线宽度、设计标高之间存在的矛盾，打通断头路，提升路网密度。规划三亚中心城区路网密度达到8.6km/km^2，构建满足市民和游客两方面公交出行需求的多元化交通体系。

规划坚持“五网”先行，构建安全可靠、绿色低碳、智慧灵活的现代化市政基础设施体系。重点整合片区控规、专项规划之间管径、管线、设施位置、规模的矛盾和差异，打造支撑自贸区、自贸港建设的绿色基础设施网络，全面推进数字城市智慧运营新模式，保障智慧民生服务系统（图6）。

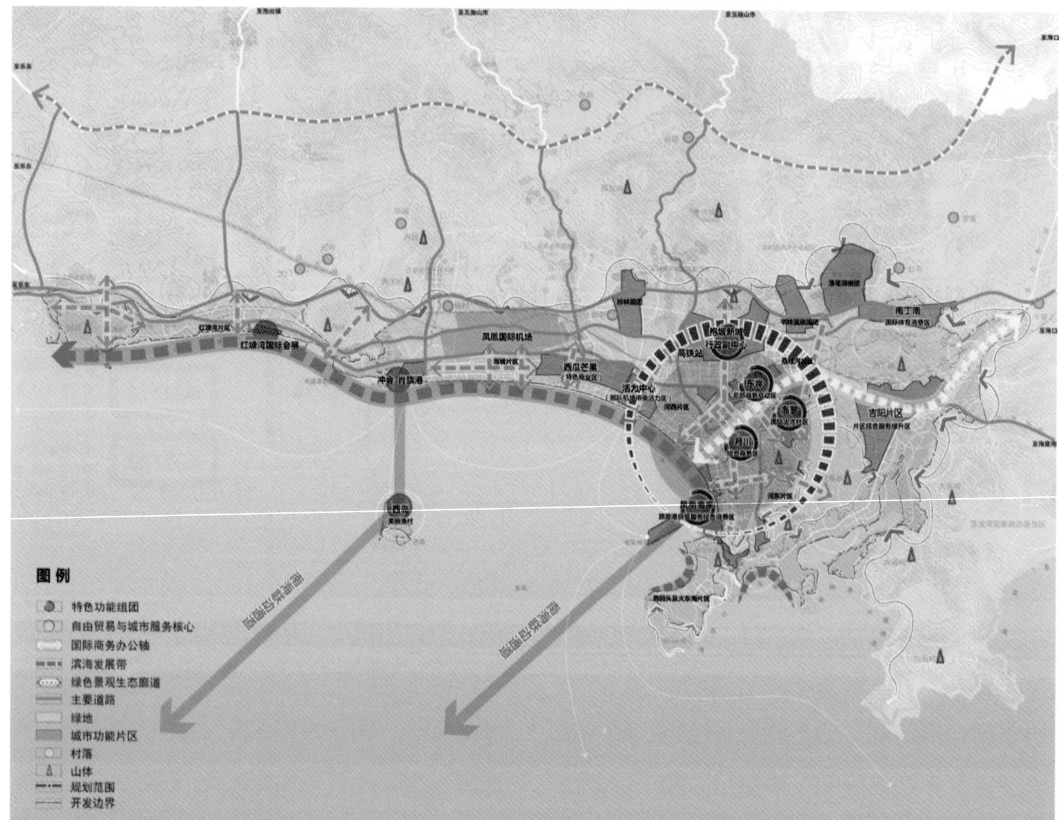

图3 中心城区总体结构示意图
Fig.3 Overall structure of the central urban area of Sanya

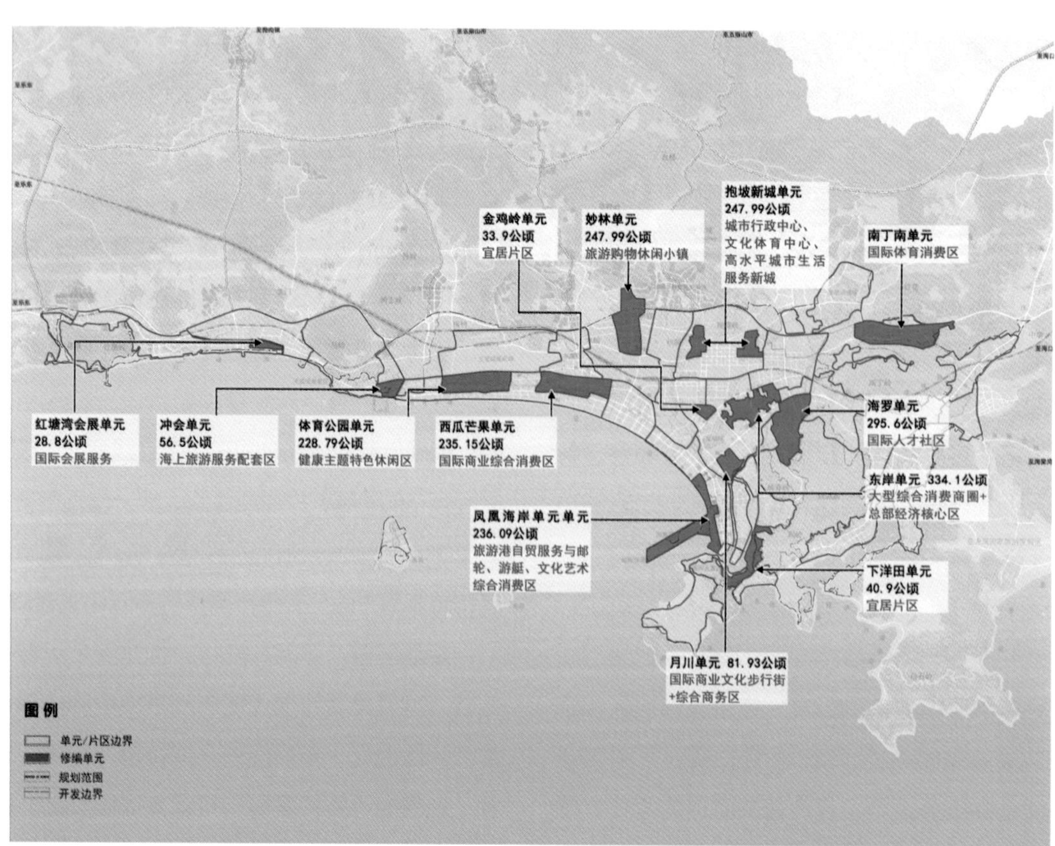

图4 三亚中心城区单元划分示意图
Fig.4 Unit division in the central urban area of Sanya

图5　中心城区公共服务设施布局规划图

Fig.5　Layout plan of public service facilities in the central urban area of Sanya

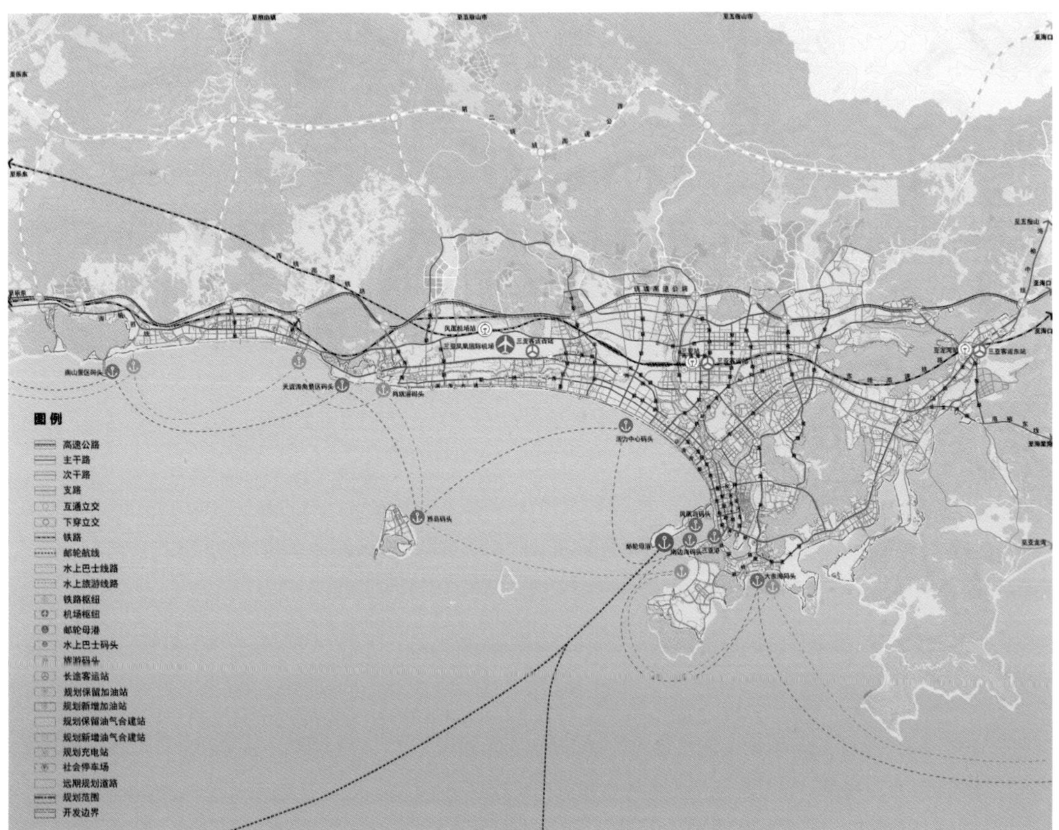

图6　中心城区综合交通系统规划图

Fig.6　Comprehensive transport system plan of the central urban area of Sanya

3.5 城市风貌

三亚是典型的滨海带状组团结构的城市，背山面海，“山、海、河、城”环境景观要素丰富，规划衔接《三亚总体城市设计》的空间形态管控要求，划定中心城区的重点风貌管控区，对山边、海边、河边、城郊过渡地段等敏感地段提出风貌管控与提升要求，构建中心城区门户与标志体系，从人流方向与感知路径提升城市重要节点的景观风貌；控制山水视线廊道，从城市重要眺望点确定重要景观展示面，强化视觉引导，突出城市特色。

在总体高度上，东岸片区迎宾路两侧设置一处地标建筑群，是中心城区的制高点；在月川片区迎宾路南侧设置一处地标建筑群，打造迎宾路国际商务办公轴线的空间标志形象。控制凤凰海岸滨水岸线的建筑高度，与周边现状建筑高度协调，沿迎宾路国际商务办公轴组织城市地标，总体形成滨海一线建筑高度与开发强度适宜、腹地集聚较高层地标建筑组团的空间形态。重视三亚湾滨海天际线的打造，梳理“山、海、河、城”关系，塑造高低错落、起伏有序、景观优美的城市天际线。注重协调新建建筑与现状建筑高度关系，塑造尺度宜人、高品质的城市滨海空间（图7～图9）。

3.6 成果入库

GIS信息系统是对规划数据进行动态管理、分析运用的管理平台。中心城区已编制的规划体系为“1+29+13”，这43个不同类型规划之间存在2253处差异，各类规划之间存在坐标系、边界、指标、用地分类标准、用地权属等诸多差异问题。为减少数据冗余、提高数据使用效率和优化城市规

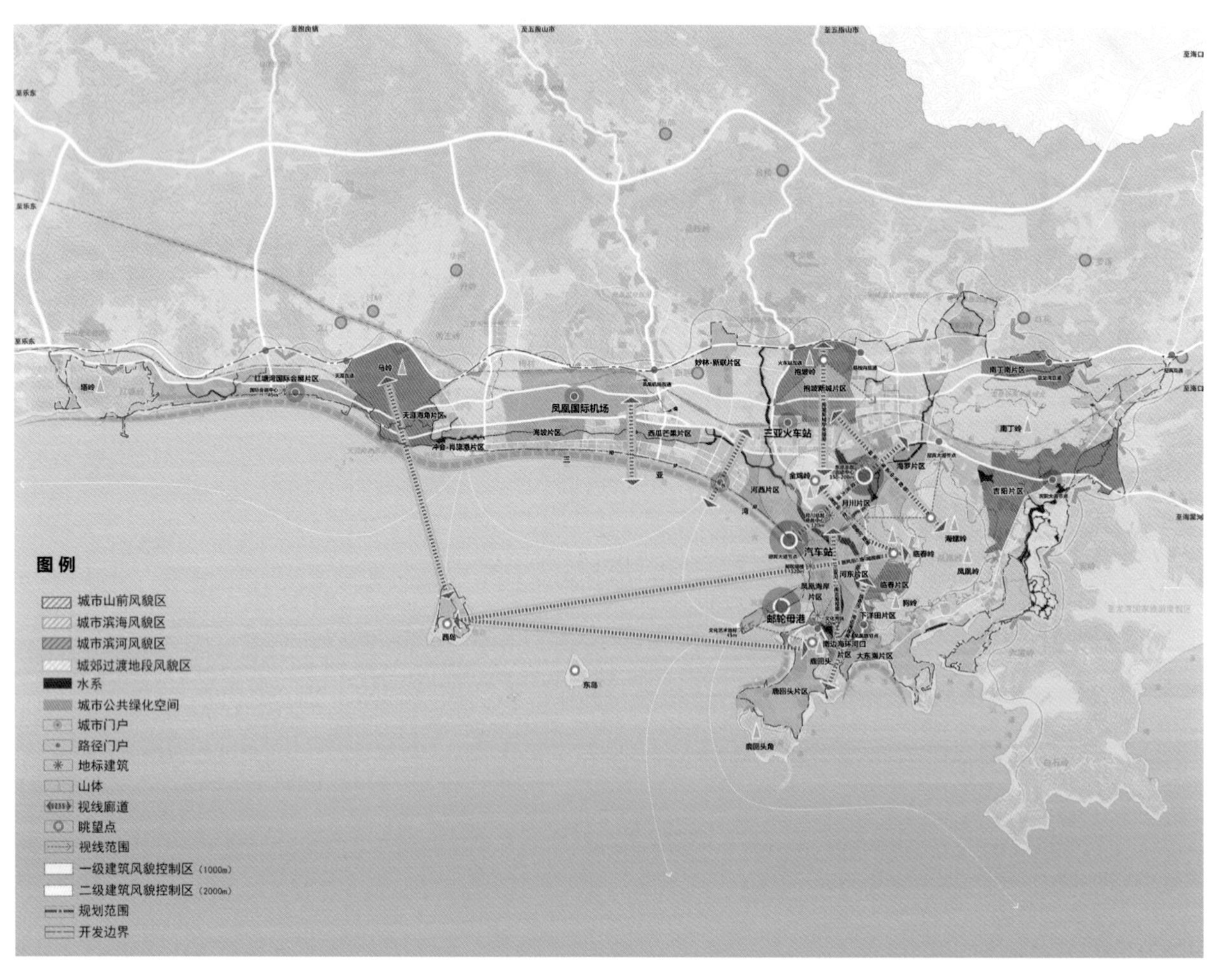

图7　三亚中心城区城市设计指引图
Fig.7　Urban design guideline for the central urban area of Sanya

图8　中心城区城市设计效果图一：从大三亚湾看中心城区
Fig.8　Overall aerial view (1): Overlooking the central urban area from the Greater Sanya Bay

图9　中心城区城市设计效果图二：从腹地看大三亚湾
Fig.9　Overall aerial view (2): Overlooking the Greater Sanya Bay from the inland

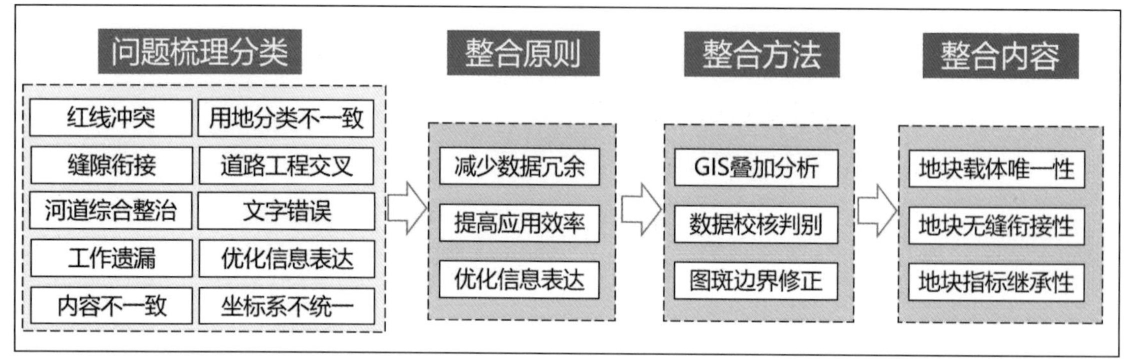

图10 整合的原则、方法和框架图
Fig.10 Principle, method, and framework of integration

划信息表达方式，利用建设用地空间唯一性的特征，在确保地理坐标系统一的情况下，使用GIS叠加分析、数据校核判别、图斑边界无缝修正处理等技术和方法，校核修正地块指标，确保继承的准确性。经过整合的统一标准的控规成果数据信息按《海南省自然资源和规划厅关于落实“机器管规划”规范国土空间规划数据成果的通知》文件要求，录入GIS管理平台，作为规划管理的依据（图10）。

4 项目特点

4.1 全要素整合、全方位落实，确保“一张蓝图”干到底

（1）控规整合在技术层面强化了承上启下的作用；宏观层次突出体系性与协调性，加强与上位规划的全面衔接；微观层次强化功能性和指导性，提高规划实施效能。

本规划既优化、细化了三亚市“多规合一”总体规划的内容，也整合了专项规划和各片区控规的内容，在宏观层面，规划体现了体系性和协调性；在微观层面，整合后的控制性详细规划为开发建设制定了标准与控制要求，建立起一个区别于传统的、各规划之间顺畅衔接的建设管控体系。

（2）在管理层面，制定入库标准成果，实现“一张图”管理。

本次规划编制完成了标准化的数据信息成果，规划成果纳入海南省规划管理信息平台，实现了“一张图”管理，为深入推进“放管服”改革、机器管规划，提高规划主管部门治理水平和服务水平创造了条件。

（3）在行动层面，规划建立了项目库，制定了近期行动计划。

本次规划结合三亚市国民经济和社会发展规划、专项规划及整合后的用地发展诉求，制定了近期重大项目库，进一步提高全市项目实施管理水平。近期项目库共包含教育、医疗、文体、行政办公、社会福利、市政设施、道路交通设施、民生保障及其他项目共九大类、65项。

4.2 全过程服务、全流程跟进，确保规划实施效果

在项目编制完成后，提供规划编制的“售后服务”，有效保障规划实施沿着相对稳定的规划框架进行。为确保规划管控与建筑设计的有效衔接，推动从传统二维图则指标管控向三维空间精细化管控的科学转型，项目编制团队将参与城市设计核心地段的建筑项目预审工作，强化城市设计意图在具体项目实施中的管控作用，保障规划实施效果，确保“一张蓝图干到底”。

5 后记

三亚中心城区是海南省36个重点规划控制区之一，三亚市中心城区控制性详细规划项目是海南宣布探索建设中国特色自由贸易港后，具有探索性和挑战性的规划设计项目。三亚市中心城区规划尺度较大，范围涉及整个三亚市的主城区，面积达160km^2，三亚市政府要求从全市统筹的视角“高标准、高质量”编制规划，对各片区的控制性详细规划进行整合及修编。

在三亚市人民政府、三亚市自然资源和规划局及相关部门单位等的大力支持下，面对多种不同技术标准、利益诉求和价值导向的挑战，编制团队在14个月的时间里顺利完成了这个项目。目前，该规划已经三亚市政府批复实施，部分土地已出让并开工建设，规划的“售后服务”在持续推进当中。

19 博鳌亚洲论坛特别规划区控制性详细规划

Detailed Regulatory Planning for the Special Planning Area of Boao Forum for Asia

项目信息

项目类型：控制性详细规划

项目地点：海南省琼海市

项目规模：约65km^2

完成时间：2019年9月

委托单位：琼海市自然资源和规划局

项目主要完成人员

项 目 指 导：杨保军　尹强　易翔

主 管 所 长：胡耀文

主管主任工：慕野

项目负责人：郭嘉盛　陈欣

主要参加人：胡瑜哲　王兆伟　王琛芳　王炜岑　于良森　薛怡　安志远　吴丽欣　崔鹏磊

执　笔　人：郭嘉盛

龙潭岭“奇甸山庄”城市设计鸟瞰图

Aerial view of urban design for Qidian Villa in Longtan mountain

项目简介

本项目围绕博鳌亚洲论坛年会要求，基于政商对话平台的总体定位，从功能构成、空间布局、景观体系、建设管控等方面研究营造具有鲜明自然、人文特色的论坛特别功能区。在功能构成方面，规划从会议功能、非正式会晤、后勤保障、会后服务4方面研究确定博鳌亚洲论坛特别规划区应具备的9项功能；在空间布局方面，立足营造非正式、舒适、和谐的会议氛围，围绕田园文化内核，重点保护山水形胜格局，凸显地域历史文化特质，以“组景”方式选择功能空间布局位置，以“点睛”方式提升“胜景”的文化价值，以“织网”方式拓展“胜景”场所感；在景观体系构建方面，强化保持和展现小镇的田园风光特色，明确古“乐会八景”新.“博鳌八景”，构建多元复合、令人流连忘返的游览线路，将博鳌整体作为一个包含6个特色公园区在内的“大花园”来统筹建设；在建设管控方面，明确资源利用底线和环境质量指标，在法定图则的基础上增加了城市设计管控图则，进一步在三维立体空间中明确了建设形态的管控要求。

INTRODUCTION

According to the requirements of Boao Forum for Asia (BFA) Annual Conference, the nine functions of the BFA Special Planning Area is determined from the four perspectives of conference, informal meeting, logistical support, and post-conference service. In terms of the spatial layout, emphasis is placed on creating an informal, comfortable, and harmonious atmosphere for meetings, and taking pastoral culture as the core to protect the landscape pattern and highlight the local historic and cultural characteristics, in which the spatial layout is planned by means of “connecting scenic spots”, the cultural value of scenic spots is improved by “highlighting features”, and the experience of scenic spots is expanded through “scenic spot networking”. In terms of the landscape system, emphasis is placed on maintaining and demonstrating the pastoral landscape of the town, identifying the ancient “eight scenic spots of Lehui” and the new “eight scenic spots of Boao”, developing multi-dimensional and enjoyable tourist routes, and building the entire Boao region into a “big garden” that includes six featured parks. Meanwhile, emphasis is also placed on clarifying the bottom line of resource utilization and environmental quality indicators, adding urban design control codes on the basis of statutory codes, and further clarifying the control requirements for construction form in the three-dimensional space.

1 项目背景

1.1 博鳌亚洲论坛

博鳌亚洲论坛是一个非政府、非营利、定期定址的国际组织，已成为亚洲以及各大洲有关国家政府、工商界和学术界领袖就亚洲以及全球重要事务进行对话的高层次平台。在亚洲经济区域合作进程中，博鳌亚洲论坛发挥着越来越大的影响力和推动作用。

博鳌亚洲论坛年会是重要的政商对话平台，宜营造非正式、舒适、和谐的会议氛围。博鳌作为论坛的永久会址，应完善相关功能，保持和展现小镇的田园风光特色，严格控制开发建设，不能破坏自然风貌。

1.2 规划范围

规划区位于琼海市东南部，规划范围为海南省政府确定的“博鳌亚洲论坛特别规划区”范围，其东濒南海，南抵万宁，西至乐城岛，北临博鳌镇墟，总面积6497.92hm^2。

1.3 场地特征

规划区自然本底优越，“二岭分三江，内外成两海”的山水格局是博鳌“田园风光”的独有特征。

“二岭”，即区域内两条主要山系，也是区域林地密集分布区。一为自牛路岭延至规划区域内炉峰山、龙潭岭、田埇岭并向北延伸的区域山系，二为自六连岭延至域内金牛岭的区域山系；“三江”，即在规划区内入海的三条主要的区域河流，分别为万泉河、九曲江和龙滚河，同时包括文曲江、洋水河、塔洋河等万泉河主要支流；“内海”，即三江入海处形成的潟湖内海，包括沙美内海和玉带滩周边的河口区域；“外海”，即区域外海岸线（图1）。

1.4 总体规划思路

本次规划紧紧围绕博鳌“政商对话平台”的发展定位，从功能配置、空间布局、景观体系和建设管控4个方面，针对博鳌当前发展中存在的问题制定规划策略。

图1 区域山水格局
Fig.1 Regional landscape pattern

在功能方面，强化优势、补足短板，进一步夯实和完善博鳌“政商对话平台”的相关功能；在空间布局上，凸显田园文化和地方特质，营造富有特色的非正式、舒适、和谐的会议氛围；在景观体系上，整体打造“大景园”，保持和展现小镇的田园风光特色。

2 定位与功能

本次控制性详细规划确定博鳌的总体定位为：重要的政商对话平台，非正式、舒适、和谐的东方山水田园外交小镇。

在功能构成上，博鳌在年度的论坛承办中积累了丰富的经验，形成了针对正式会议较为成熟的接待设施体系，但作为海南乃至中国的一个对外窗口和知名品牌，随着论坛功能的上下延伸，非正式首脑会晤和休闲商务会谈空间与设施的不足问题凸显，政商对话平台功能亟待提升。本次规划综合政商对话平台的功能需求，从会议功能、非正式会晤、后勤保障、会后服务4个方面研究确定博鳌亚洲论坛特别规划区应具备的9项功能。

2.1 会议服务功能

会议服务是博鳌的核心功能。就设施规模而言，博鳌与其他大型国际会议会场相比，现状高规格会场服务和会议接待能力有待提升。规划对此提出以下3项措施。

一是在东屿岛结合当前设施完善和提升会议服务功能，提升会议会谈功能。按照远期容纳5000~6000参会人员的规模，增加15个中小型会议室，共能容纳1500参会人员。

二是完善会议服务功能。结合已有设施增加宴会厅、礼堂、后勤、安保和礼品空间，以及相应的设备空间。

三是增强新闻发布功能。按照远期容纳4000~5000媒体人员的规模，规划增加新闻中心二期。

2.2 非正式会晤功能

参考国内外知名的非正式会晤空间案例在功能配置、设施规模和空间组织上的经验，规划以组团形式补充高水准的非正式会晤、特色下榻和休闲宴会功能。

增加非正式会晤功能，包括核心非正式会晤空间，以及国家文化展示空间。

补充特色下榻功能。以满足服务15个核心外国领导人团队下榻需求，以及重要政商嘉宾1000人团队住宿需求为目标，增加相应建筑面积的接待设施。

升级休闲宴会功能。结合非正式会晤空间和特色下榻空间的完善，配套本地特色餐饮和世界美食服务。

2.3 后勤服务功能

在规划区外围补充和完善部分后勤服务功能，包括安保远程控制中心、食品总仓等。

2.4 会后休闲服务功能

特色下榻组团结合美丽乡村布局，大型旅游接待设施在规划区外的相邻区域布局。在非论坛期间，吸引各类会议在博鳌召开，发展会议经济，实现会议设施的分时利用，并带动村民就业。

2.5 区域协同功能

针对政商对话平台功能体系中不符合田园风光要求的功能，采取区域协同的方式在相邻片区布局。规划将部分后勤保障功能布局在琼海市中心城区和博鳌机场所在的中原镇，利用规划区西侧的乐城国际医疗旅游先行区为规划区提供综合医疗保障服务，在海滨旅游区布局商务会展、大规模旅游接待功能，与本规划区的功能形成联动互补。

3 空间布局

3.1 规划布局理念

规划即以彰显中华文化自信、秉承中国营造哲学为布局理念。

中国传统文化中，对应正式与非正式场合分别存在“礼制文化”和“田园文化”一对范畴。“礼制文化”注重轴线与中心感，突出空间的秩序性；“田园文化”注重与自然环境的融合，突出空间的趣味性。规划体现“非正式、舒适、和谐”的空间氛围，围绕田园文化内核，通过4项策略凸显“虽由人作，宛自天开”的意境（图2）。

一是凸显地域历史文化特质。博鳌属于古代“乐会县”，今乐城岛上的“乐会故城”即是古时县治所在，保有丰富的历史遗存，规划将乐城岛整体保护提升，作为博鳌文化之根（图3）。

二是以“组景”方式选择功能空间布局位置。中国文化中有评选地方“八景”的传统，结合规划区内的古“乐会八景”，以传承中国传统“胜景”文化为线索，组织功能空间。遵循“赏景不占景”的原则，采取“赏自然、融田园、小尺度、微建设”的方式巧妙布局建筑组团，并在建筑群命名中充分体现本土文化特质。例如，“奇甸山庄”，即得名于明代海南名士邱濬的《南溟奇甸赋》。

三是以“点睛”方式提升“胜景”的文化价值。

图2 “礼制文化”与“田园文化”内核
Fig.2 Connotations of the etiquette culture and the pastoral culture

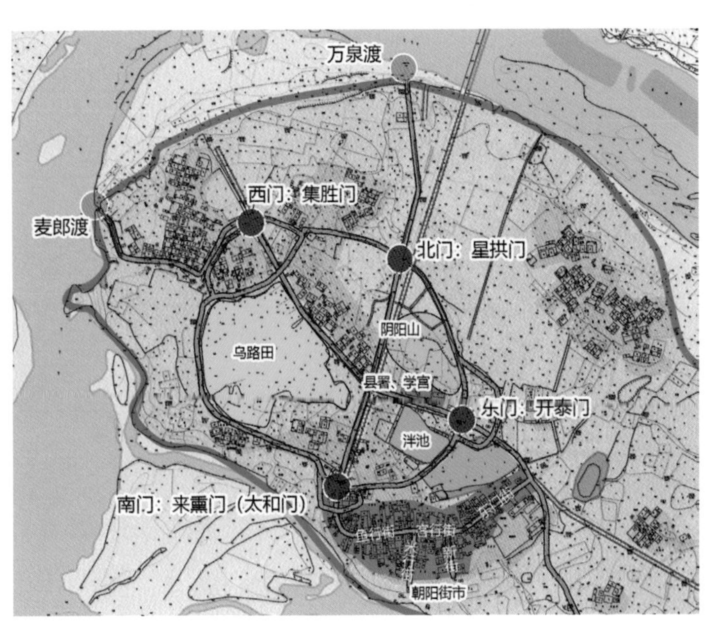

图3 乐会故城遗迹分布图
Fig.3 Distribution of historic sites for the ancient city of Lehui

师法中国传统营造哲学，建筑布局综合考虑“后山如座、前山如案”的山形关系，“流水相邻、绕而不冲”的水势特点，“为屏为障、隐约可见”的林盘特色，“绿野平缓、恬静开阔”的田园风光，“水静鉴影、对望成趣”的悠然意境，提升自然“胜景”的文化价值。

四是以“织网”方式拓展胜景场所感。通过景点之间的视线对望关系，在大的空间尺度上形成园林式的“场所感”（图4）。

图4　城市设计总平面图
Fig.4　General layout of urban design

3.2 空间格局

规划以营造“非正式、舒适、和谐”的氛围为目标构建总体空间格局，彰显“二岭、三江、两海”的“山水相映”，令乐城岛的乐会故城与东屿岛的永久会址古今相承，使蓝绿生态本底与各功能组团虚实相生（图5）。

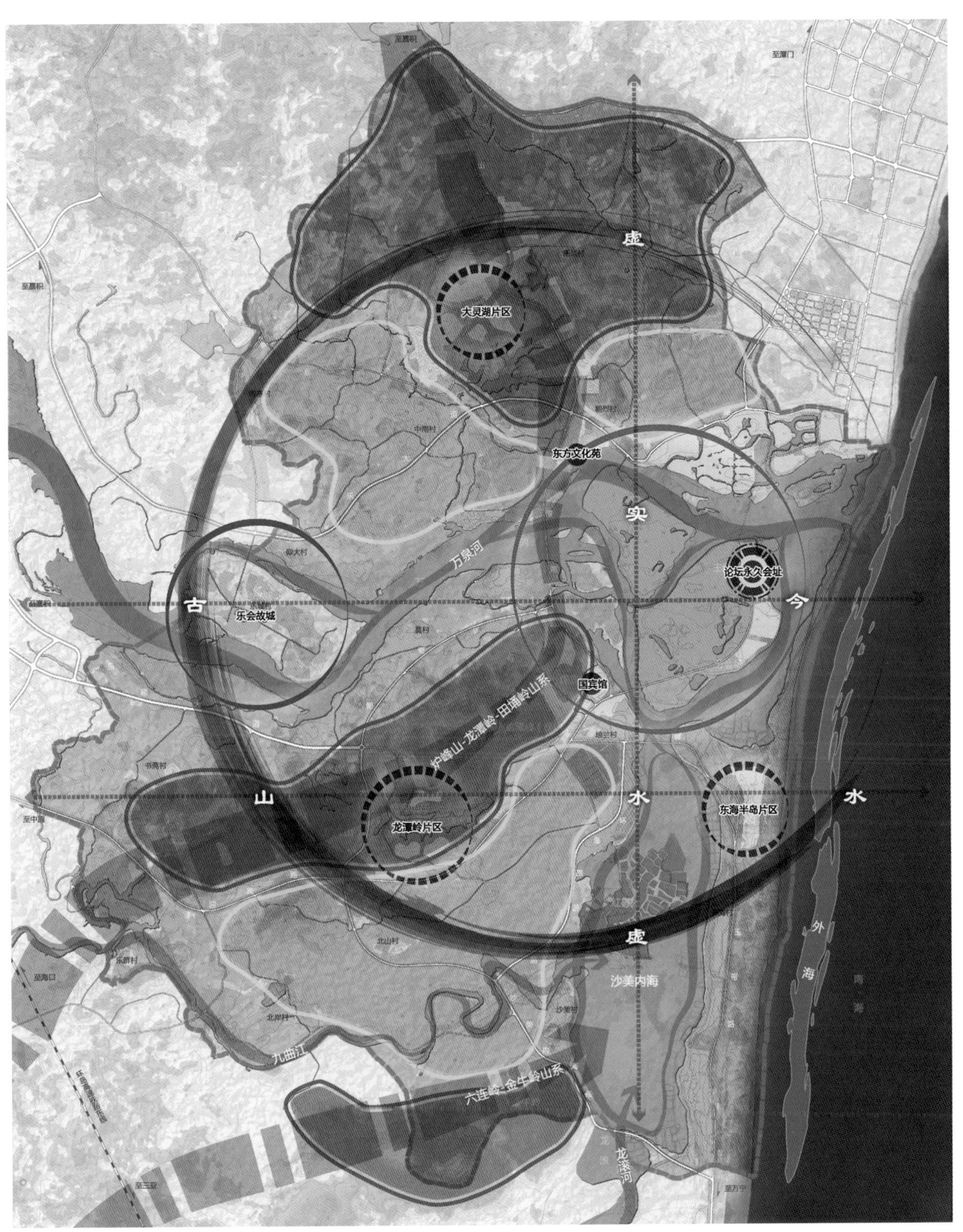

图5 规划空间结构图
Fig.5 Spatial structure plan

3.3 功能布局

规划范围内现状各片区既有规划中，建设用地以旅游、商业、居住用地为主，与论坛核心功能相关的用地较少。为了进一步落实规划区功能定位要求，擦亮博鳌品牌，凸显对外窗口职能，规划在琼海市“多规合一”的“一张蓝图”基础上，在规划范围内进一步核减4.96km^{2}的规划建设用地，核减量约为原规划建设用地总量的43%，并对建设用地功能和布局进行优化调整。

新增的规划功能在空间结构引导下集中在4个片区。

一是核心片区，包括东屿岛及周边区域，也是现状论坛会议功能集中分布的区域。片区内规划预留论坛分会场用地，补充完善会议会谈功能；结合现状龙潭岭国宾馆，提供特色下榻服务；通过提升现状东方文化苑、亚洲风情广场等设施，提供会后休闲服务功能。

二是龙潭岭片区，位于龙潭岭西麓，规划建设“奇甸山庄”，布局核心的非正式休闲会晤功能，配置礼宾、宴会、会晤、下榻和国家文化展示功能。

三是东海半岛片区，位于“内外两海”间的东海半岛端头处，规划建设“泉澜湾”，布局非正式休闲会晤和会后休闲功能。

四是大灵湖片区，包括万泉河北岸大灵水库周边区域，规划打造“灵湖园”，在已出让用地中保留部分建设用地，布局特色下榻、休闲宴会和会后休闲服务功能。

4 景观与旅游体系

规划以展现博鳌优越的自然山水田园本底和深厚的历史文化底蕴为目标，通过点、线、面相结合的景观组织方式，构建处处是景点的全域景观体系。

4.1 胜景体系

恢复提升历史上的古“乐会八景”，包括万泉河入海口的“万泉合派”，大乐大桥西侧的“石莲花墩”，特指圣公石的“圣石捍海”，旧乐会县学宫的“泮沼回澜”，乐城岛东端万泉河交汇处的“双溪交流”，炉峰山北麓的“炉峰生烟”，龙潭岭北麓的“榜山耀日”，以及金牛岭主峰的“金牛偃月”；以延续传统的精神塑造新“博鳌八景”，包括东屿岛论坛永久会址的“东屿来朋”，龙潭岭国宾馆的“龙潭宴宾”，东方文化苑万佛塔的“鳌塔揽胜”，龙潭岭“奇甸山庄”的“奇甸远眺”，东海半岛“泉澜湾”的“泉澜闻浪”，大灵水库“灵湖园”的“灵湖游憩”，培兰洋农业公园的“田洋观稼”，沙美内海红树林湿地公园的“内海泛舟”。

明确古“乐会八景”、新“博鳌八景”和16个重点美丽乡村3大类共32个景点的景观提升要求，在特别规划区内实现“处处是景点”（图6）。

4.2 旅游线路

以“景观高于工程”为原则进行道路设计，结合博鳌自身特点，建立包括景区联系道路、滨海旅游公路、会议期间专用道路、乡村联系道路和景观慢行道路在内的特色路网。同时，构建多元复合、“令人流连忘返”的游览线路。慢行路径和水上游线包含26个休息换乘点和12个游船特色停靠点，统筹考虑在主要景点区域内自行车、机动车和游船的换乘便利。

四条观览线路以鲜明的主题串联起各主要景点的最佳留影位置。其中，以“见证论坛盛会”为主题的中线主要串联现状会议景点，以“寻踪郊野故城”为主题的北线串联了大灵湖和乐城岛，以“逍遥田园山水”为主题的西线串联龙潭岭和培兰洋农业公园，以“慢享玉带两海”为主题的东线主要串联“内外两海”沿岸景点（图7）。

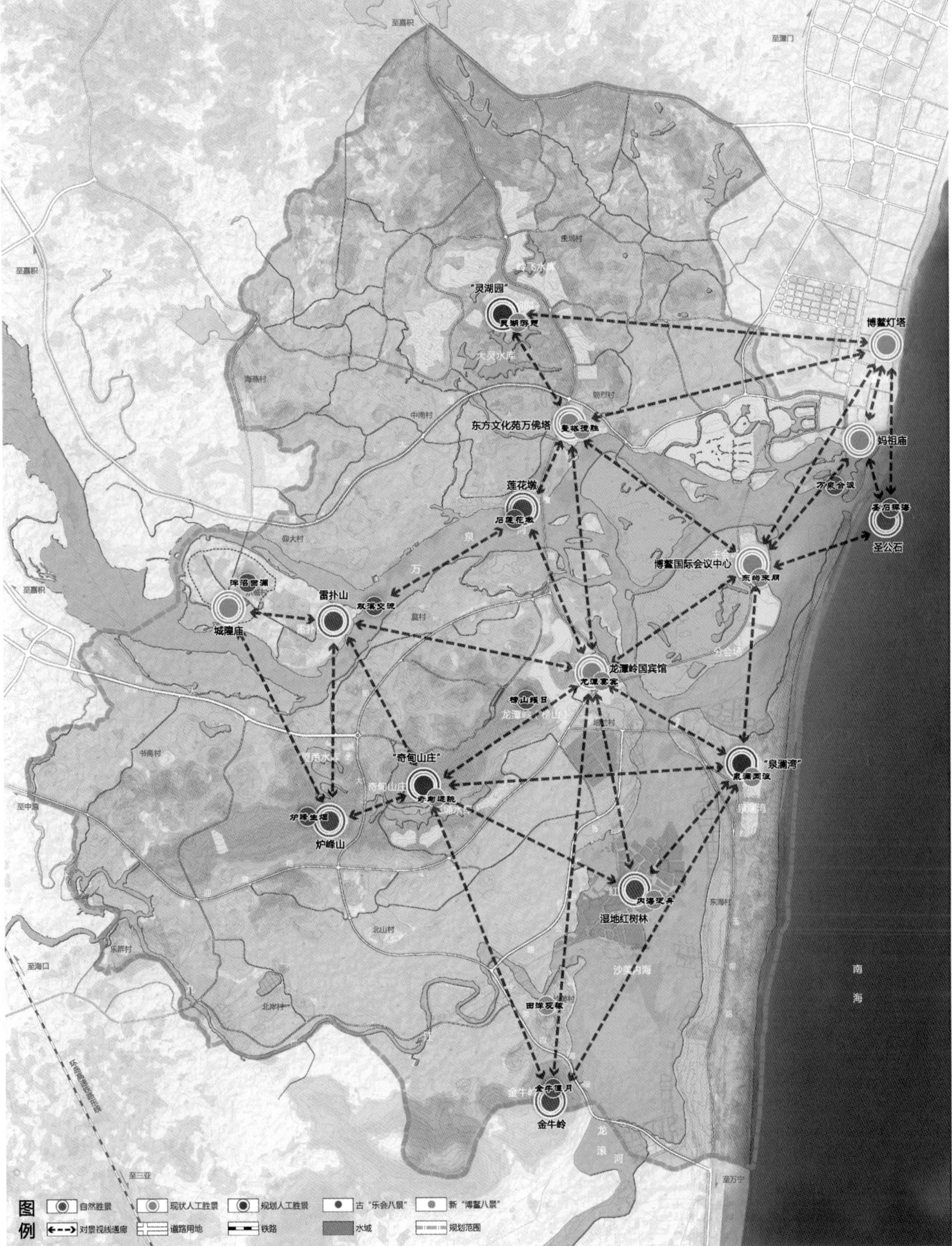

图6 "胜景"系统规划图

Fig.6 Scenic spot system plan

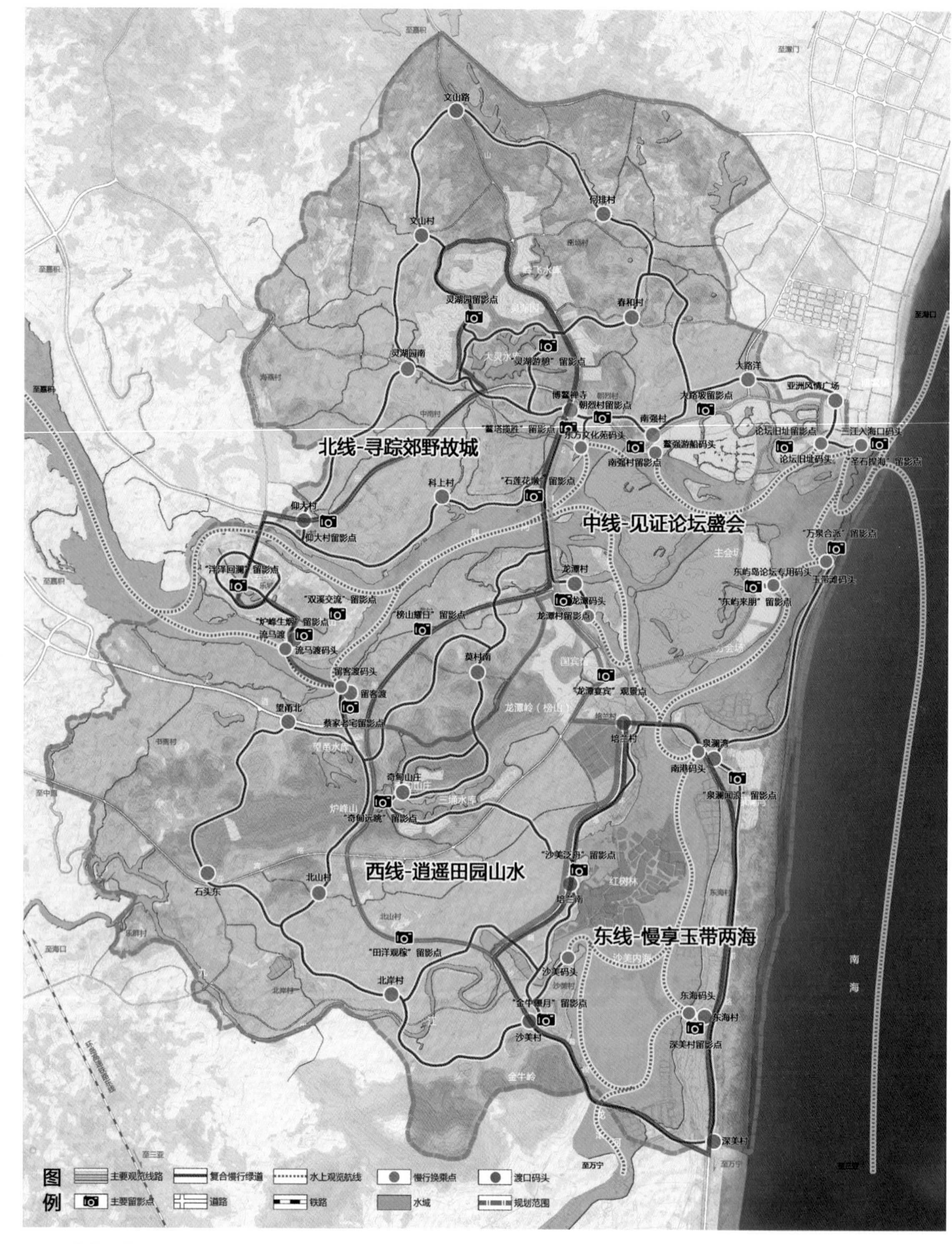

图7 游览路线规划图

Fig.7 Tourist route plan

5 城市设计管控

规划将城市设计的思维方式贯穿于构思、布局和管控的各阶段。在建设管控方面，通过文本、图则管控相结合的方式使规划思路得以贯彻落实。

按照“展现田园风光”的要求，规划严格控制区域天际线，规划区建筑高度普遍控制在12m以内，部分标志性节点建筑控制高度为18m。

针对四个主要的功能片区，规划文本明确空间布局、功能配置、建筑体量、建筑风格、色彩材质、主要对景和重要界面七项控制要求。例如，在龙潭岭片区要求采用园林式、院落式布局和坡屋顶建筑，引导建筑设计采用浅色墙面、深色屋顶和亮色点缀，鼓励采用砖、石、木、竹等本土建筑材料，与琼海地区传统民居相协调等（图8）。

规划在法定图则的基础上增加了城市设计管控图则，在三维立体空间中明确了建设形态的管控要求，并将功能配置和文化要素的管控要求做进一步明确（图9）。

图8　城市设计总体鸟瞰图
Fig.8　General aerial view of urban design

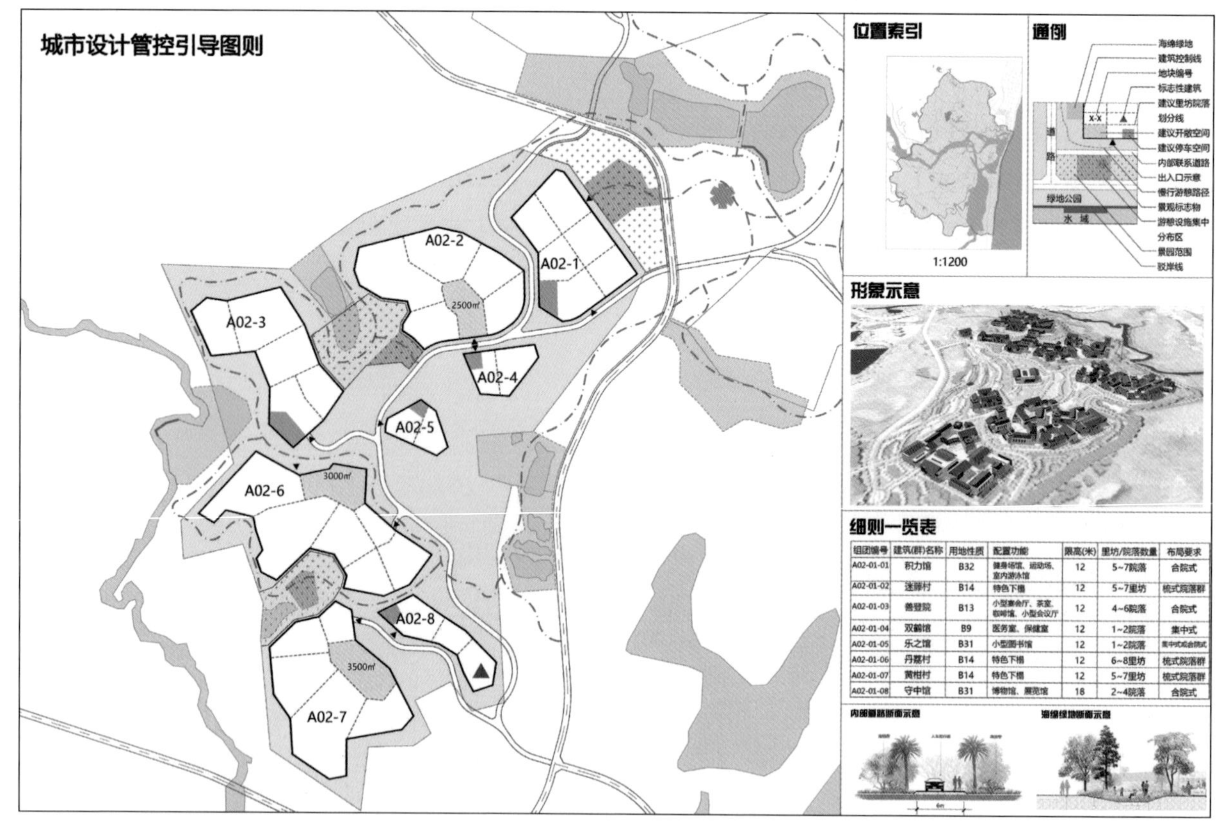

组团编号	建筑(群)名称	用地性质	配置功能	限高(米)	里坊/院落数量	布局要求
A02-01-01	积力馆	B32	健身场馆、运动场、室内游泳馆	12	5~7院落	合院式
A02-01-02	迷藤村	B14	特色下榻	12	5~7里坊	梳式院落群
A02-01-03	善登院	B13	小型宴会厅、茶室、咖啡馆、小型会议厅	12	4~6院落	合院式
A02-01-04	双鹤馆	B9	医务室、保健室	12	1~2院落	集中式
A02-01-05	乐之馆	B31	小型图书馆	12	1~2院落	集中式或合院式
A02-01-06	丹嘉村	B14	特色下榻	12	6~8里坊	梳式院落群
A02-01-07	黄柑村	B14	特色下榻	12	5~7里坊	梳式院落群
A02-01-08	守中馆	B31	博物馆、展览馆	18	2~4院落	合院式

图9 城市设计管控图则

Fig.9 Urban design control codes

6 后记

《博鳌亚洲论坛特别规划区控制性详细规划》于2019年9月获海南省自然资源和规划厅批复，正式实施指导博鳌地区的保护和建设。在规划编制和实施期间，琼海市拆除了对田园风光破坏严重的在建会展中心，并将龙潭岭、大灵湖等片区未建设的居住、商业类建设用地进行功能转换，建成了东屿岛北侧水下隧道和论坛永久会址三期论坛公园。此外，培兰洋农业公园与沙美内海湿地红树林公园均已完成详细的规划设计，进入实施阶段。

作为城市中人们关注和感知的焦点，中国传统文化中一直存在“胜景”这一范畴，由于对“胜景”的营造准确把握了人的认知特性，对提升城市形象和塑造城市印象往往具有事半功倍的效果。在此次博鳌的规划实践中，即以中国文化的思维方式，围绕“胜景”塑造空间，以“胜景”体系为骨骼，对点、线、面景观逐级设计推敲和雕琢，深入挖掘和叠加地域文化意象，从而形成良好的空间意象和风貌意涵。

20 三亚市崖州区南山村美丽乡村建设规划
Beautiful Countryside Construction Planning of Nanshan Village, Yazhou District, Sanya

项目信息

项目类型：乡村规划
项目地点：海南省三亚市
委托单位：三亚市自然资源和规划局

项目主要完成人员

主 管 所 长：孙彤
项目负责人：郝凌佳
主要参加人：郭嘉盛　赵权　王兆伟
执　笔　人：郝凌佳

南山村入口
Entrance of Nanshan Village

项目简介

南山村美丽乡村建设规划是海南省落实乡村振兴战略，建设美丽海南百镇千村工程的首批示范性项目。规划根据南山村紧邻大型景区的区位优势和黎族长寿村的资源特色，提出建设景区式美丽乡村的总体思路，并围绕“借力景区、支撑景区、添彩景区”的核心思路，聚焦“景村融合、景村互补、景村一体、景村协作”四方面规划内容展开规划。整个工作过程采用“村庄底账+民意底图+生态底线”的约束机制和“策划、统筹、协调”一体化的工作模式。并就景区式美丽乡村规划在主题定位、多元平衡与可持续运作等方面提出规划思考。目前，南山村美丽乡村规划已全面进入实施阶段，一期工程已基本完成。

INTRODUCTION

The beautiful countryside construction planning of Nanshan Village is one of the first demonstrative projects in Hainan Province to implement the rural revitalization strategy and build a beautiful Hainan with hundreds of towns and villages. According to the location advantages of Nanshan Village as close to large scenic spots and the resource characteristics of Li Nationality and Changshou Village, the planning puts forward the overall thought of building a scenic spot-featured village. Guided by the core idea of “taking advantage of the scenic spot, providing support to it, and making it more beautiful”, the planning contains the content in the aspects of “merging”, “complementation”, “integration”, and “collaboration” between the village and the scenic spot. The whole working process adopts a management mechanism characterized by “clarifying the village status quo + collecting public opinions + specifying ecological bottom lines” and follows an integrated working mode composed of “planning, balancing, and coordination”. Meanwhile, it puts forward some discussions about the theme orientation, variety and balance, and sustained operation of scenic spot-featured countryside planning. At present, the beautiful countryside planning of Nanshan Village has entered the implementation stage, and the first phase of the project has basically been completed.

1 项目背景

伴随乡村振兴战略的持续推进，建设"看得见山、望得见水、记得住乡愁"的美丽乡村，成为各地脱贫攻坚、实现美丽中国梦的重要抓手。《海南省美丽乡村建设指导意见（2014—2020年）》《海南省美丽乡村建设五年行动计划（2016—2030年）》等行动方案，提出在全省建设"百镇千村"，南山村作为首批打造的五星级美丽乡村，在全省起到了引领示范作用。

南山村位于三亚市崖州区东南侧，南山岭北麓，紧邻年接待游客量超过600万人次的南山文化旅游区和大小洞天景区。南山村共有10个自然村，其中，南山一组、二组人口最为集中、村庄自然本底好、区位条件最佳，是本次美丽乡村规划打造的精品村，两个自然村共有320户、1200人，建设用地面积约23.96hm^2（图1）。

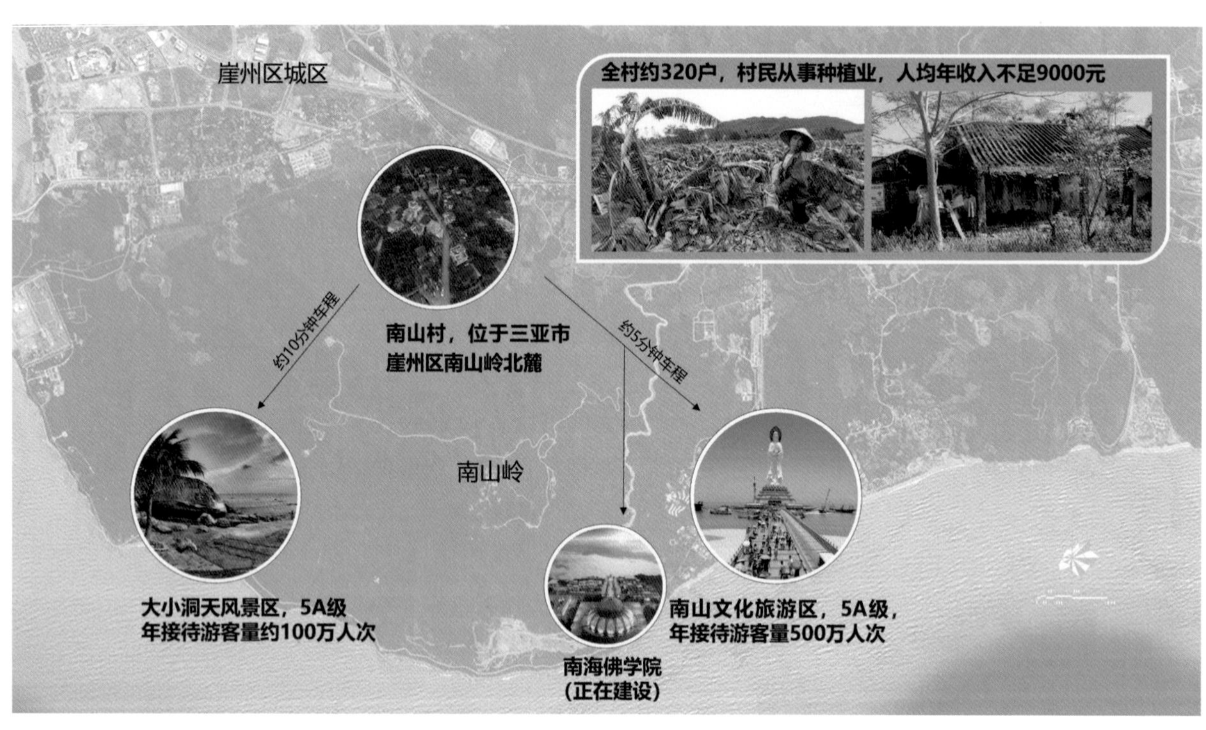

图1 南山村与周边景区的区位关系示意

Fig.1 Location relationship between Nanshan Village and surrounding scenic spots

2 现状问题

然而，南山村没有享受到旅游发展带来的红利，村民从事原始农业种植，人均年收入不足9000元。

其核心问题是，景区与村庄发展的不平衡。

一是，大型景区与周边村庄发展联动不足。南山村周边除了有著名的5A级景区南山文化旅游区和大小洞天景区，还有正在修建的南海佛学院，旅游资源丰富，日均游客量可达1.7万~2万人次。但现有核心景区主要停留在门票型经济，旅客游玩时间短、旅游配套设施不够，尤其表现在缺乏停车场和住宿难，这也间接导致游客前来游玩时间不超过两小时，各景点间犹如一个个孤岛，缺乏相互联动和对周边的带动效应。并且由于土地权属和建设模式不同，造成二者在交通联系和观览路径等方面没有联系。

二是，村庄独特的民俗文化资源发掘不足，与

图2　南山村健康长寿的黎族村落特质示意
Fig.2　Characteristics of healthy and longevous Li people in Nanshan Village

旅游结合不充分。南山村是典型的黎族乡村，村民99%以上均为黎族，虽然汉化明显，但村内仍有会吹弹黎族传统乐器的老人，有擅长黎织的妇女，部分家庭保有黎族传统节日的民俗。我国著名的棉纺织家黄道婆，便曾在这里与黎族同胞共同生活了30年。村内民居建筑虽多为现代洋楼风格，但在墙面、檐口、花园等细部仍保有当地民居特色和民族风情。此外，南山村背靠三亚南山，古称“鳌山”，山体本身便是长寿的象征。南山顶上生长着数万株“小花龙血树”，树龄久远，又被称为“长寿树”“不老松”。南山脚下的南山村家家户户栽植“长寿松”，有10位百岁以上的老人。调研中，已有慕名而来的旅游者来村里参观拍照。然而，这些珍贵的民俗资源和国家非物质文化遗产价值挖掘不足，没有与全域旅游有机结合（图2）。

3 规划思路

以现状问题为切入点，坚持城乡融合发展；以大型景区为依托，坚持人与自然和谐共生；以村庄特色为抓手，坚持因地制宜、循序渐进；以农业增效、农民增收、农村增美为目标，推动全域旅游示范省和“美丽海南百镇千村工程”建设，规划提出将南山村建设成为“景区式美丽乡村”。

围绕“景区式美丽乡村”，规划设计的重点在于，如何依托景区发展，将原本属于景区的唯一目的性旅游资源引入村庄，激活村庄。具体概括为以下规划设计要点：①借力景区——明确发展定位。分析村庄与景区交通条件、客流方向等，判断村庄依托景区发展的优劣势。②支撑景区——补齐产业短板。对风景名胜区的发展现状进行判断，找寻其在功能配套、旅游服务、观览项目方面与市场需求不匹配之处，根据村庄自身的文化传统、空间特色和景观资源，有针对性地对景区现存不足之处进行补充，以此成为村庄对游客的吸引点。③添彩景区——打造空间特色。深入挖掘村庄内在空间环境、景观植被、文化要素、生活习惯等特色，结合地域文化与建筑风格，打造具有景区特征的空间景观节点，注重游客观览性体验（图3）。

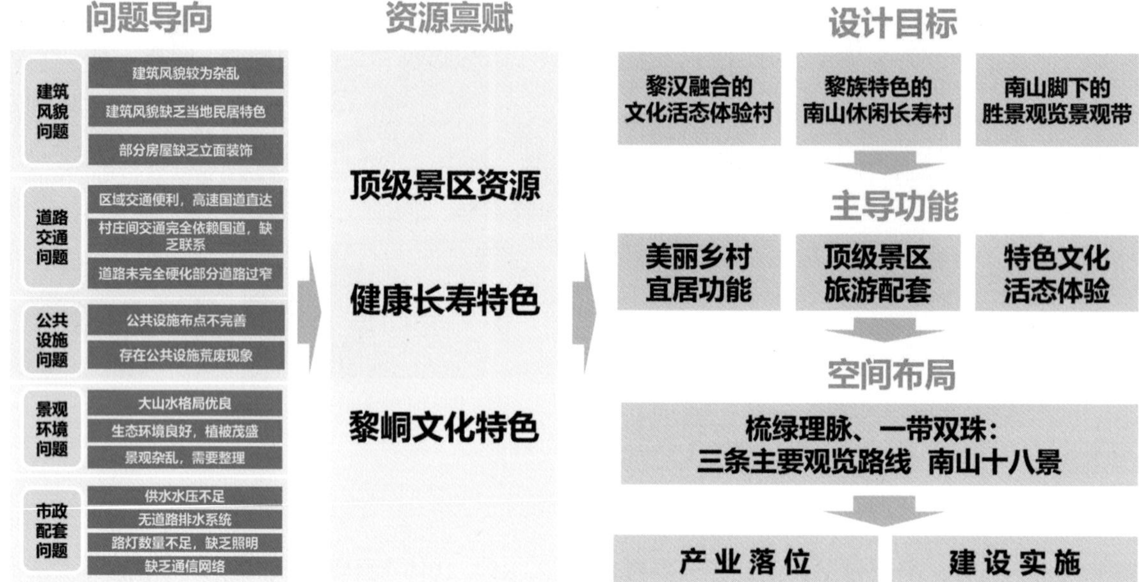

图3 规划思路示意图
Fig.3 Planning ideas

4 规划内容

规划紧扣“将南山村建设成为黎峒文化活态体验区、南山健康旅游供给区、景区式美丽乡村示范区”的总体愿景，通过“借力景区、支撑景区、添彩景区”的核心思路，提出“景村融合、景村一体、景村互补、景村协作”四大规划内容。

4.1 “景村融合”，展现“福寿南山麓，安乐黎人村”的主题形象

结合南山村顶级景区的乡村、黎峒特质的乡村和健康长寿的乡村三大特征，南山村规划打造“福寿南山麓，安乐黎人村”的主题，凸显南山脚下安养、健康的黎族村落形象。通过产业导入、空间环境整治、基础设施提升等手段，打造为景区式美丽乡村示范、南山健康旅游第三极和黎峒文化活态体验区。

南山村将成为南山文化旅游区和大小洞天景区间的一个旅游驿站，集中了黎族特色的健康餐饮、养生民宿和特色文化体验项目，留足生态停车场地，补齐两大景区在旅游配套方面的不足。目标吸引前往南山旅游游客的10%入住过夜，与南山文化旅游区、大小洞天景区共同打造南山片区的一站式旅游目的地（图4）。

4.2 “景村一体”，打造“三条观览主线+南山村十八景”的空间特色

“交通为骨，景村串联”。打通现状山脚土路连通村庄与景区，作为景村二通道。改变原国道至景区的单一交通流线，形成国道—村庄—景观路—景区的动态交通环，目前景村二通道已基本建成。

“节点为核，引客入村”。于路口和村庄交汇处设置门户标识、生态停车场、旅游服务设施等，形成村口标识—特色村道—文化体验—旅游服务—停车换乘—山脚观览的空间进程。目前，村庄主次入口空间节点已施工完成，将原单一前往核心景区的游览人群引入村庄。

“文化为脉，游十八景”。人走得进来，还要留得下来。打造“福寿南山坊、乐影人婆娑、众聚南山缘、叠罗黎人屋、黄婆思布业、寥寥炊烟宅、水塘天映色、椰林蜜语道”等展示地域文化特征和

质朴乡村风貌的“南山村十八景”，构建3条观览路径全面衔接周边旅游资源。借力景区、支撑景区、添彩景区，建设“南山大景区”（图5）。

“挖掘特色，落位空间”。为挖掘和弘扬村庄特色文化，规划将黎族文化资源、旅游品牌线路与美丽乡村建设相结合，实现“文化本体、空间载体和运营主体”的全链条设计。一是弘扬黎族非物质文化遗产，将黎族舞乐、黎族织锦与地域文化艺术

图4　村庄鸟瞰图

Fig.4　Aerial view of the village

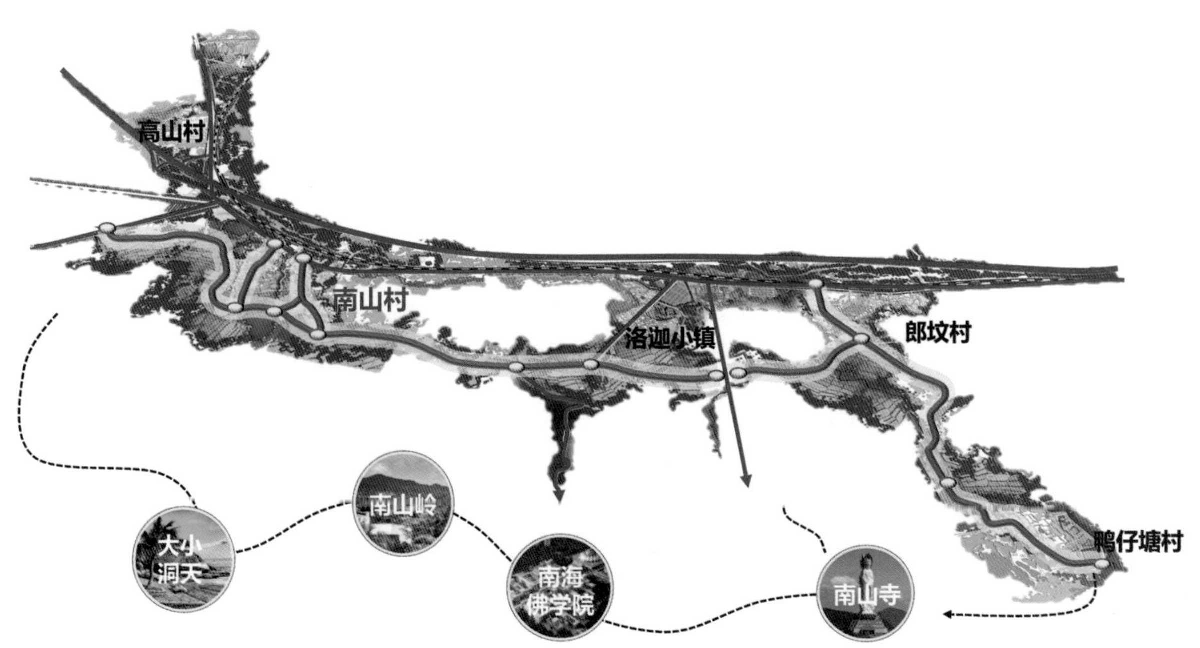

图5　景村一体空间特色示意图

Fig.5　Feature of scenic spot-village integrated space

表演题材融合，落位“黎乐坊”“品黎轩”“黄道婆故居”等空间节点；二是挖掘特色民俗资源，将黎族养生餐、养生药草等农家制品旅游产品化；三是尊重村民意愿，将村舍改造与特色民宿品牌经营相结合，打造黎家民宿示范区。

4.3 “景村互补”，构建“旅游配套+黎族文化+特色种植”的产业体系

结合现有景区在旅游服务配套方面的缺陷和黎族村落自身的文化、种植生产特色，引导南山村发展与景区互补的旅游配套、黎族文化和特色种植产业。

在旅游配套方面，通过与村民沟通，规划将引入与周边核心景区互补的旅游配套产业，具体包括民宿、餐饮、旅游咨询、观光服务和停车配套等，经营形式可为村民自发经营、村集体统一经营或吸引投资经营（图6）。

在黎族文化方面，一是结合黎族特色的舞乐传统和纺织习惯，引入当地非物质文化遗产项目，如崖州民歌、黎族三月三等节日，结合特定舞乐广场、黎织坊、陶艺坊等特色空间，发扬以少数民族为特色的文化旅游；二是结合黎族特色养生和村庄长寿特征，发展长寿文化产业，具体包括黎族养生饮食、养生药草、养生酒、养生文化纪念品和长寿老人日常生活体验。

在特色种植方面，引导南山村发展九品莲花、黄花梨、长寿松等乡土珍贵树种的种植，注重庭院经济发展。

4.4 “景村协作”，实现“智慧旅游+全域旅游”复合驱动的运营管理

未来南山村的运营管理模式将由南山村村委会与南山文化旅游区管委会合力推进。通过“互联网+”平台，用“智慧”打造最温馨的旅游目的地，建立全域旅游标准化服务体系，推进全域旅游服务设施建设，着力打好南山旅游服务品牌；加强OTA营

图6　景村互补产业空间落位示意图

Fig.6　Industrial space layout characterized by scenic spot-village complementation

销、建立媒体宣传渠道、建立南山村自媒体营销平台，对南山村旅游景区、旅游企业、养生民宿、特色餐食、黎族文化活动等进行品牌传播与产品的线上宣传和线下特色活动，并进行线上门票销售。同时，通过景村协作、联合管理的模式，真正做到南山片区资源分配一体化、交通调度一体化、空间发展一体化、景村联动一体化，如采用“南山一卡通”的形式，将景区资源、乡村资源、旅游配套资源相互整合，互利共赢，使南山村景区式美丽乡村的运营真正做到可持续发展。

5 工作机制

为实现南山村的可持续发展，改变美丽乡村建设中“政府建设”与“村民意愿”脱节、“规划设计”与“建设实施”脱节的问题模式，规划坚持“村庄底账+民意底图+生态底线”的约束机制和“策划、统筹、协调”一体化的工作模式。

5.1 “村庄底账+民意底图+生态底线”的约束机制

通过统计101户危房、旧房，提出不同类别民居整改方案，摸清“村庄底账”，对标美丽乡村建设标准，补齐公共服务设施短板；绘制“民意底图”，以每家一份调查问卷取民意，深入访谈20余户家庭，组织召开多次村民代表大会。将有意愿开办民宿、农家乐的128户家庭，会黎族乐器或黎织的15户家庭及有长寿老人并愿意接待游客的42户家庭标记于图，作为重要因素纳入方案布局。严守“生态底线”，重视生产、生活垃圾的收集和转运；运用生态滤床及湿地有效处理生活污水，力保村庄的“绿水青山”。

5.2 “策划、统筹、协调”一体化的工作模式

为确保规划落地的实施效果，自工作开展之初，通过对接政府、村民和旅游运营主体，建立了“策划、统筹、协调”一体化的工作模式。一是使村庄产业发展规划与景区运营公司充分沟通，政府主导、市场主体，真正做到“景村一体”，体现“策划”一体化；二是通过统筹规划、建筑、景观和市政多专业，统筹施工图设计，解决施工问题，确保规划方案的高质量实施，体现“统筹”一体化；通过跨部门协调政府立项、审批和许可，协调村委会和景区，力争南山村从规划图纸到五星级美丽乡村的精细化建设，体现“协调”一体化。

6 规划思考

规划全面实施以来，首期建设项目已基本竣工：市政管线工程全面实施，家家户户通水、通电；村道以主题性黎族特色砌筑整治一新；“惠民工程”南山小学、村委会、文化室的立面整治即将竣工；“黎乐坊”成为村民活动与聚会的“舞台”，并已举办全市的特色文化节庆。在设计指引下，“品黎轩”在施工中特别保护了场地内的参天古树，形成新旧共融的特色景观；村民们在整治翻修后的民居庭院开办民宿，已有游客驻足体验。

村集体股份主体、政府和企业合作运营的长期惠民机制已初具雏形。已有企业与村委会、区政府签订《南山村旅游合作意向书》，依据规划方案，对村庄进行保护性运营（图7、图8）。

南山村的振兴打开了“政府环境投入、村民就业融入、旅游品牌注入”的新局面，推动了三亚乡村旅游供给侧结构性改革的特色实践，反思南山村景区式美丽乡村的规划设计工作，可以总结以下思考。

图7　兼顾村民活动与文化展演的“黎乐坊”舞台
Fig.7　“Lile Fang” stage for villagers’ activities and cultural performances

图8　与村内老树共融的“品黎轩”建成实景
Fig.8　Scene of “Pinli Xuan” that co-exists and integrates with old trees in the village

6.1 景区式美丽乡村规划要在主题定位和空间塑造上与主景区错位发展

虽然景区式美丽乡村因其临近景区、可以利用自身优势弥补景区功能的不足而获得发展机遇，但村庄发展的主题和定位绝不是景区的“附件”，在空间塑造上更应该深挖当地特质，打造自身特色，与主景区错位发展。南山村所邻南山景区是著名的佛教圣地，规划之初，当地领导希望延续佛教文化，打造一个以佛教休闲为主题的美丽乡村。然而，南山村自身并没有任何佛教元素和基础，反而是黎族特色长寿村的特质非常明确，规划坚持“福寿南山麓，安乐黎人村”这一黎族特色的休闲长寿村主题定位，南山村也成为体现三亚当地民族风情和生活特质的南山景区第三极，成为南山一站式旅游目的地的重要组成部分。

6.2 景区式美丽乡村规划需平衡旅游服务与村民生活的关系

作为景区的功能补充，民宿、农家乐、停车场、旅游咨询等成为景区式美丽乡村的重要功能，民宿、农家乐办得好不好，人气旺不旺，往往成为我们评价美丽乡村成功与否的关键。但是，必须正视的是，村民作为村庄的主人，他们的生活、生产和收入能否通过美丽乡村建设真正得到提高。南山村的规划中，首先对村庄的道路交通、村庄环境、市政设施、公共服务设施进行整体提升，保障了村民的生活环境；并结合当地气候特征和农业条件，建议村民种植九品莲花、黄花梨、槟榔、长寿松等既有景观价值又有一定经济价值的作物；同时，完整保护了村庄周边的农田、果园，鼓励村民利用游客资源发展观光农业，一定程度上平衡旅游服务和村民的生产、生活。

6.3 景区式美丽乡村的可持续发展需要政府、村集体、企业的共同运作

美丽乡村脱离了村庄、村民，便失去了其最宝贵的价值。现在不少成功的美丽乡村，因为大量游客带来商机，“新村民”纷纷涌入，他们通过租用村民住宅经营民宿、农家乐的方式，使原住村民离开村庄，美丽乡村往往只剩了一个“壳”。南山村也面临这样的两难，规划之初便有企业找上门，希望可以借着美丽乡村建设契机，整村开发。经过与地方政府、村委会及企业多方沟通，为了南山村的可持续发展，采取政府开展村庄基础设施、市政管网、公共服务的改造提升工程，由村委会和景区管委会共同进行后期的管理，同时对村中演艺活动、文化活动等招商引资，形成政府、村民、企业的多元运作模式。

7 后记

南山村的规划建设距今已有近5年时光，这期间，全国美丽乡村建设浪潮迭起，我们也通过不断实践和反思，对美丽乡村建设有了进一步认识。反观南山村，如果在关注规划建设之余，能够将规划思路和理念与村规民约相结合，进一步形成《南山村村庄管理手册》《村居改造手册》等，构建一套制度体系，为村民及外来经营者更好地管理、维护、使用村庄提供支撑，南山村的未来将更好。

21 北京市顺义区大孙各庄镇吴雄寺村村庄规划

Plan of Wuxiongsi Village in Dasungezhuang Town, Shunyi District, Beijing

项目信息

项目类型：详细规划

项目地点：北京市顺义区大孙各庄镇

项目规模：251.70hm^2

完成时间：2018年12月

获奖情况：2019年度北京市优秀城乡规划二等奖

委托单位：北京市顺义区大孙各庄镇人民政府

项目主要完成人员

主要参加人：苏海威　叶成康　陈曦　魏祥莉　段斯铁萌　胡章　杜井龙　赵建节　吴倩　西晓爽　马淼　刘进男　李君　纪赛月　李一宁

执　笔　人：陈曦　魏祥莉　苏海威　叶成康

项目简介

为深入贯彻党的十九大精神，落实乡村振兴战略，北京市于2018年启动“北京市美丽乡村建设三年专项行动”，到2020年实现美丽乡村全覆盖。2018年北京市规划和启动创建1000个左右的美丽乡村，顺义区计划完成144个村的村庄规划编制工作，吴雄寺村村庄规划于2018年规划编制完成。

本次规划全面落实北京总体规划“实施用地减量、打造美丽乡村”的新目标，全面提升村庄人居环境，实现农村产业兴旺、生态宜居、乡风文明、治理有效、生活富裕的总要求。本次规划建立以“四清单”技术方法为核心的规划平台，形成了以村民为中心、协商式、过程式的规划模式和区、镇、村三级联动协作的网格化管理工作机制。全面体现村庄发展需求，充分吸收各级管理部门的相关要求，探索共谋、共管、共评、共享、多主体参与的设计下乡形式和驻村式规划的服务方式，赢得村民和各级政府部门的信任与支持。项目组充分利用航拍、GIS等多种技术方法，进行多轮实地调研和踏勘，通过驻村调研、逐户走访、乡贤座谈、部门会谈等多种方式，全面掌握村庄信息，摸清“底账”，在广泛征求村庄百姓建设发展诉求的基础上，明确吴雄寺村规划定位，在生态、生活、生产三个方面提出相应的规划和建设策略，实现“绿色低碳田园美、生态宜居村庄美、健康舒适生活美、和谐淳朴人文美”的目标。

INTRODUCTION

To put the spirit of 19th National Congress of the Communist Party of China into full action and implement the rural revitalization strategy, Beijing municipal government launched the “Three-Year Special Action for Beautiful Countryside Construction in Beijing” in 2018, aiming at building beautiful countryside across all the administrative area by 2020. In 2018, Beijing municipal government initiated the planning and construction of about 1,000 beautiful villages, wherein, Shunyi District scheduled to complete the planning of 144 villages. The planning of Wuxiongsi Village was completed in the same year.

This planning aims to meet the requirements of reducing the amount of construction land and building beautiful countryside in the urban master plan of Beijing, and focuses on comprehensively improving the living environment in villages, so as to achieve industrial prosperity, high livability, good civilization and effective governance in rural areas and make villages live a rich life. In this planning, a planning platform with the “four-checklist” technical method as the core is set up, a villager-centered planning model with focus on negotiation and process is established, and a networked management mechanism that ensures the three-level cooperation and collaboration among districts, towns, and villages is built. By fully demonstrating the development needs of villages and considering relevant requirements of departments at all levels, this planning explores a localized design mode characterized by co-planning, co-management, co-evaluation, sharing, and multi-party participation, as well as the service approach of village-resident planning, which has won the trust and support of villagers and local authorities. By making full use of diverse technical approaches such as aerial photography and GIS, the project team has carried out several rounds of field surveys, and obtained a full picture of the village via village-resident investigation, door-to-door visit, and interviews with influential villagers, department meetings, etc. Based on the current situation of the village as well as extensively collected development demands of villagers, the team determines the planning orientation of Wuxiongsi Village, and puts forward corresponding planning and construction strategies from the three perspectives of ecology, life, and production, with the aim to building a village that is green and low-carbon, ecological and livable, healthy and comfortable, as well as harmonious and humanistic.

1 项目背景

2017年10月，党的十九大提出实施乡村振兴战略，明确坚持农业农村优先发展，按照产业兴旺、生态宜居、乡风文明、治理有效、生活富裕的总要求，建立健全城乡融合发展体制机制和政策体系加快推进农业农村现代化。

《北京城市总体规划（2016—2035年）》提出"实施用地减量、打造美丽乡村"的新目标，以"美丽乡村建设"为抓手，着力疏解非首都功能，全面提升农村人居环境。通过村庄规划加强农村环境综合治理，促进生态环境保护，加强资源的集约节约统筹利用，有效推动北京乡村地区健康和可持续发展。建设绿色低碳田园美、生态宜居村庄美、健康舒适生活美、和谐淳朴人文美的美丽乡村和幸福家园。

新一轮北京美丽乡村建设要做到规划先行，充分落实各级部门、百姓、村庄发展的真实需求，进驻村庄，关注和解决民生问题，以规划为依据，以实施方案为行动指导，统筹安排，开展村庄规划工作。

吴雄寺村位于顺义区大孙各庄镇东部，紧邻平谷，村域面积251.70hm^2，常住人口1457人。吴雄寺村村庄规划于2018年5月启动，12月规划编制完成（图1）。

图1　吴雄寺村航拍图
Fig.1　Aerial photo of Wuxiongsi Village

2 规划思路

1）做协商式的规划。规划强调协商式、互动式的规划方式，以百姓需求为出发点，保障村庄、村民作为实施主体，保障老百姓的话语权，充分尊重自下而上的意见，同时满足各级政府的要求、落实上位规划，自下而上与自上而下相结合，重点关注和解决民生问题，形成以村民为中心、协商式、过程式的规划模式。

2）做接地气的规划。通过驻村生活、多方参与，包括对区级部门、镇级部门、村委会、村民及相关企业等的入户访谈、问卷调查、村民代表会议等多种形式，充分掌握村庄风土人情、资源禀赋和各方需求，做接地气的村庄规划，真正做到村庄规划与村庄发展诉求相一致。

3）做可实施的规划。规划以实施落地为导向，非简单的空间设计，通过制定具体的行动与实施项目清单，以便为后续的实施方案制定方向，做可用、可实施的规划。

3 规划主要内容和特点

3.1 设计下乡，建立以“四清单”技术方法为核心的规划平台，实现多主体间的决策共谋、发展共建、建设共管的协商式规划

针对以往村庄规划工作出现的水土不服、缺乏可操作性、百姓不理解、规划脱离农村实际情况、难以落地、缺乏协商机制等问题，创新采用“四清单”的技术方法引领整个规划主线，建立有效的政府部门和实施主体之间的纽带，承上启下，统筹整个美丽乡村规划工作，形成高效易懂的工作机制。既对政府有关部门做到保障规划工作的质量，又能切实反映村庄的不同诉求，切实保障村庄、村民作为实施主体，做到多主体参与、多方协同做规划，从而赢得村民和各级政府部门的信任与支持。

在整个村庄规划编制阶段，从前期现场踏勘和初步方案阶段，充分听取百姓诉求，向村民沟通讲解村庄规划是什么、上级部门的要求是什么、可解决村庄的问题是什么、百姓迫切需求是什么；在方案深化阶段，与村委会一起就村民关心的问题逐个排查并提出解决方案，深化到每个地块、每家每户；在方案成果阶段，召开村代表大会，向村民讲解村庄规划解决了吴雄寺村什么问题、未来村庄怎么建、建成什么样。通过全过程的沟通，充分保障老百姓话语权和项目实施落地（图2）。

（1）从现状问题出发，摸清“底账”，形成问题清单

本次村庄规划强调协商、互动式的规划方式，通过驻村生活、多方参与、多轮实地踏勘，

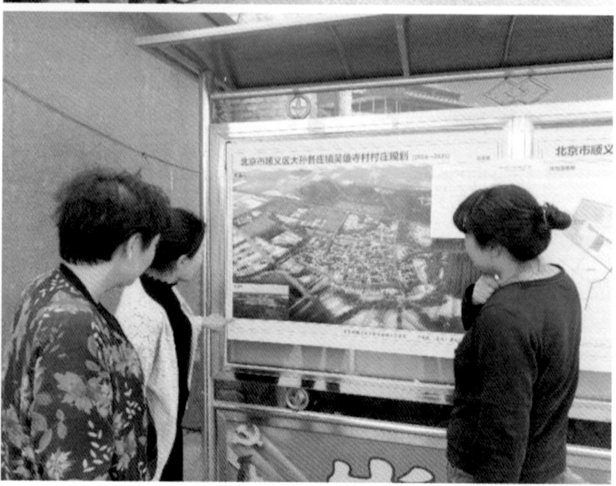

图2 村庄规划编制过程中与村民沟通现场

Fig.2 Communication with villagers in the formulation process of village planning

包括对区、镇、村委、村民及相关企业等的入户访谈、问卷调查、村民代表会议等多种形式，先后6轮超过50人次进驻吴雄寺村，与村干部、村民充分沟通，对村庄概况、现状用地、建筑风貌、基础设施、村庄文化、生态景观、村庄产业等多个方面进行深度调研，摸清“底账”，从生活、生态、生产三方面形成反映真实需求的问题清单（图3、图4）。

（2）落实上位规划要求，结合村庄发展目标，剖析问题，形成任务清单

结合吴雄寺村“打造以休闲养老产业、浅山工业遗址公园体验为主体的慢生活休闲新村”的规划目标，通过对问题清单的解读，落实顺义分区规划、村庄规划导则要求和政府管控要求，明确规划任务，做到既满足美丽乡村规划及政府相关要求，又充分考虑村庄村民意见，从而确定任务清单（图5）。

多次踏勘

第一轮村庄用地、村庄环境

第二轮村庄建筑、乡村文化、村庄产业

第三轮村庄风貌、市政设施

第四轮具体项目落地

特色访谈

专题访谈：文化、产业

入户访谈：村庄问题、村庄发展

问卷调查

共发放调查问卷100份，问卷主要涉及村民家庭基本情况、生产生活状况、建设意愿等方面

图3 采用多种技术方法进行现场踏勘

Fig.3 Site surveys by use of a variety of technical approaches

村名	现状问题		
	生活	生态	生产
吴雄寺村（特大型村庄）	（1）村委会建筑质量较差，品质有待提高 （2）缺少养老和幼儿设施 （3）娱乐休闲、文化活动等设施缺乏 （4）村内车辆较多，缺少停车场 （5）市政基础设施不齐全，污水管线老旧、管径较细，污水处理厂处理能力不足 （6）村内雨水沟渠不足，雨大时无法快速排出 （7）村庄缺少路灯等照明设施 （8）村容风貌较为一般，无特色	（1）村内坑塘出现被垃圾填埋情况 （2）村内小片闲置地或临街空地被村民占用种菜 （3）村庄北部浅山区域被工矿破坏较为严重 （4）浅山区域矿坑存在垃圾填埋情况	（1）缺少第三产业提升村民经济收益 （2）现状第二产业经营缺失，村庄主要是租地收益 （3）第一产业种植农作物较为粗放，经济收益较差 （4）大量农田已经进行平原造林，用地性质发生变化 （5）部分现状用地和土地利用规划存在冲突 （6）村庄老龄化严重，青壮年大都外出打工

图4 吴雄寺村“四清单”式规划——问题清单

Fig.4 “Four-checklist” planning of Wuxiongsi Village: question list

（3）以规划内容为依据，近远结合，形成项目清单

以任务清单为基础，在明确乡村定位与建设任务的基础上，进行规划方案编制工作，并将其分解为实施方案建设要求，按照近远期时序，形成项目清单与图示，清单对应内容，图示对应空间，简明扼要、清晰易懂，既能有效与村民沟通，又能引导后期落地实施（图6）。

（4）提炼以项目清单为基础、以实施为目的，形成产品清单

对建设项目进行提炼，选取以景观资源为主、为未来产业转型提供基础、满足村庄产业发展引导策略的典型项目，在生产生活、生态环境、公共服务等方面形成针对村庄可实施的产品项目，建立产品清单。

本次村庄规划利用“四清单”的技术方法，并

村名	建设任务		
	生活	生态	生产
吴雄寺村（特大型村庄）	（1）合理确定村庄建设用地和非建设用地范围与规模 （2）整治街道，拆除违章建筑 （3）改善村庄环境 （4）配套完善的生活设施，达到镇区统一标准 （5）考虑各类灾害影响，明确保障标准和措施 （6）鼓励公众参与	（1）尊重和保护村域原有的山水格局和自然景观 （2）坚持村庄建设活动与自然环境有机融合 （3）明确生态用地的布局和规模 （4）提出生态建设的建议和措施	（1）产业用地“减量提质”，拆建比1：0.20 （2）明确永久性基本农田范围、面积和管制措施 （3）根据村庄自身条件，发展合适的“宜农、宜绿”产业，引导发展休闲农业和乡村旅游，提高居民收入

图5 吴雄寺村“四清单”式规划——任务清单
Fig.5 “Four-checklist” planning of Wuxiongsi Village: task list

村名	项目	建设任务		
		生活	生态	生产
吴雄寺村（特大型村庄）	村内建议项目	（1）村委会改造升级，重点加强建筑品质提升，改善现状无法保温、制凉等不良状况，并且加强风貌提升，综合整治反映村庄良好形象，形成村庄内综合型文体中心 （2）老村委会南侧废弃公园改造作为养老院和幼儿园，作为村庄养老和幼儿上学设施 （3）原游泳池现已填平，未来作为小型足球场建设 （4）利用现状空地建设4处村庄停车场 （5）基础设施改造，污水处理厂、污水管综合整治，燃气管线接进村内，燃气到户 （6）村庄路灯改造，LED路灯或太阳能路灯，加强照明	（1）北部山体区域利用现状矿坑进行垃圾填埋，整理后进行绿化种植	（1）利用现状农田大棚作为休闲农业采摘 （2）村北现状产业用地（空置，现在出租用于大型车辆停车）未来植入产业功能 （3）村民自家建设农家乐、民宿旅游 （4）利用村庄西侧搬迁后奶牛场，结合周边农田，建设高端星级养老院
	系统补充项目	（7）现状活动场地改造提升，增加绿化，形成遮阴，整体改善活动环境 （8）生活垃圾收集设施(垃圾桶)卫生条件进一步提高 （9）利用村庄道路、周边景观、活动设施以及小游园等串联形成村庄慢行系统，增加村民休闲和旅游活力 （10）综合整治村庄风貌，增强旅游吸引力（加强绿化、建筑风格统一，环境卫生提高等） （11）村口区域加强景观处理，形成入口形象	（2）北侧山体加强绿化种植，恢复和提高山坡的植被覆盖率，利用山体形成特色工业遗址公园 （3）村庄南侧林地整治，增加休闲设施，形成慢行系统 （4）加强村庄周边林地、农田、池塘等与村庄关系，形成景观渗透，相互融合 （5）村庄周边坑塘进行景观化处理，利用现状村南沟渠，形成水系，提升整体环境和雨水收集能力 （6）农林地进行生态化、景观化发展	（5）利用现状优质农田和果林，发展田园养生产业

图6 吴雄寺村“四清单”式规划——项目清单
Fig.6 “Four-checklist” planning of Wuxiongsi Village: project list

村名	产品清单		
	生活	生态	生产
吴雄寺村（特大型村庄）	（1）乡村综合体（老年活动中心、会议室、电影放映厅、老年食堂） （2）乡村客厅 （3）高端养老院 （4）幼儿园 （5）足球场 （6）停车场	（1）工业遗址修复公园 （2）矿坑修复公园 （3）浅山游憩漫道 （4）结合坑塘，建设休闲游憩空间	（1）采摘民宿 （2）全生态田园养生园

图7　吴雄寺村“四清单”式规划——产品清单
Fig.7　“Four-checklist” planning of Wuxiongsi Village: product list

借助无人机航拍形成的全景地图，以及多种形式的踏勘，为现状梳理、规划编制提供依据，也为村民参与规划提供了直观表格和图示。并以现状三维图—规划三维效果图的对比方式，方便村民了解村庄规划，为规划的开展提供准确的建议和可落地的需求，真正做到因地制宜做规划（图7）。

3.2 以城乡统筹为引领、“五美”为策略，推进村庄田园化、景观化建设

坚持生态优先，实现城乡功能优势互补，合理统筹镇区与田园综合体的公共服务布局，加强田园综合体特色构建，形成“山水成园、绿林成片、田园成环、绿道成网”的镇域田园化新格局，充分体现新时代农村特色风貌。

本次规划基于对全镇域的认识，在乡村特色构建方面提出差异化发展策略，将村庄按自然环境分为滨水型、田园型、环林型、邻山型4个类型村庄，并提出相应发展策略。

吴雄寺村北部处于浅山地区，山林环绕村庄，地形丰富；南部林田交织，田园景观突出，兼具邻山型村庄和田园型村庄的特点。规划以吴雄寺村为对象，提出兼具邻山型和田园型村庄的规划对策。

针对吴雄寺村的自身特点，本次规划提出村庄景观化、田园化五大策略指引，包括亮山理水，展天境之美；营林整田，塑地境之美；塑形引绿，还乡境之美；筑园锦道，营人境之美；修文融旅，串文境之美（图8）。

（1）梳理村庄水环境，展天境之美

通过清理坑塘水面垃圾“变废为宝”，修复坑塘生态环境，同时构建村庄海绵系统，利用现状坑塘和已有沟渠相互连通，完善自然排水系统，形成水系统循环景观带；坑塘处作为扩大节点，增加亲水设施，同时改变雨水快排、直排的传统做法，在停车场、广场、人行道等处采取透水铺装，村庄宅边绿地结合周边道路、沟渠等合理确定竖向高程，采用雨水花园、下凹式绿地、微型湿地等形式，增强蓄水防涝能力，削减面源污染。

（2）优化生态空间，展现地境之美

识别村域内林田资源，协调耕地与林地、耕地与建设用地、林地与建设用地之间的矛盾，在上位规划的基础上合理划定和控制村庄建设用地、水域、农林用地、其他非建设用地的范围与规模，通过基本农田等“五线”的划定，明确管控内容，优化生态空间，展现地境之美。

（3）加强风貌引导，展乡境之美

加强村庄特色风貌管控、形态引导，按照“修缮、改建、翻建（新建）”3种类型对农房建设进行分类指导，在整体风貌、高度控制等方面进行引导，并针对建筑高度、建筑风貌、建筑形态、建筑细节等提出管控要求，建设具有北方特色的村庄风貌，体现乡境之美（图9）。

（4）构建慢道体系，展人境之美

串联村域内的“山、水、林、田”文旅园资源，形成风景道、田间道、山边道、河畔道，其中山上风景道与区域游憩系统连接，同时串联村庄内

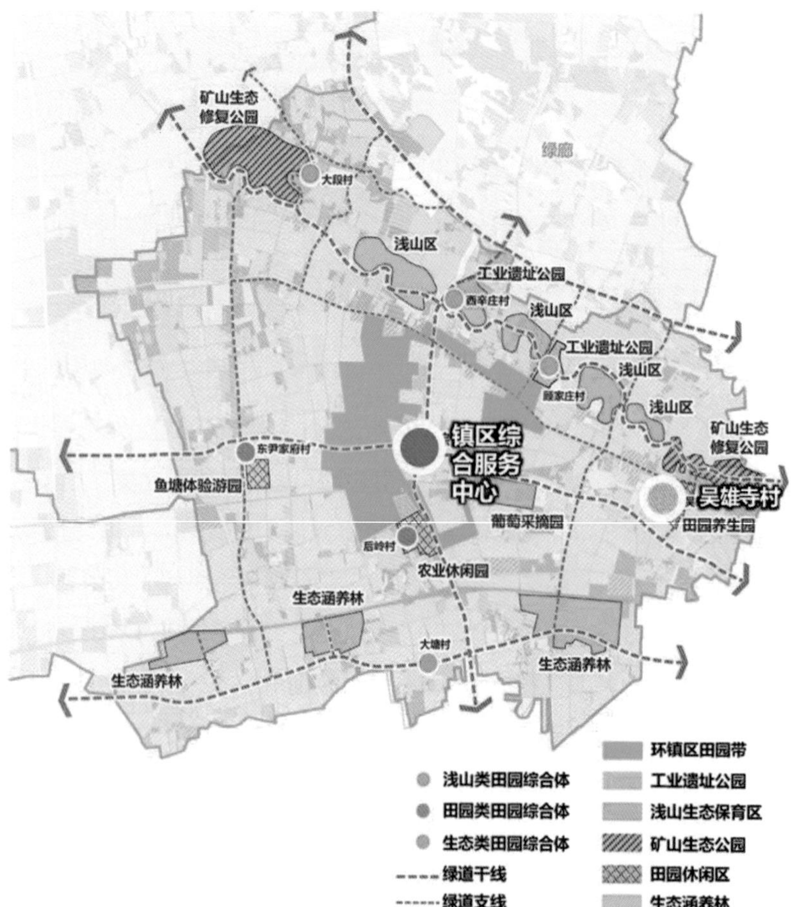

图8 大孙各庄镇城乡统筹田园策略规划图
Fig.8 Urban-rural integrated landscape plan of Dasungezhuang Town

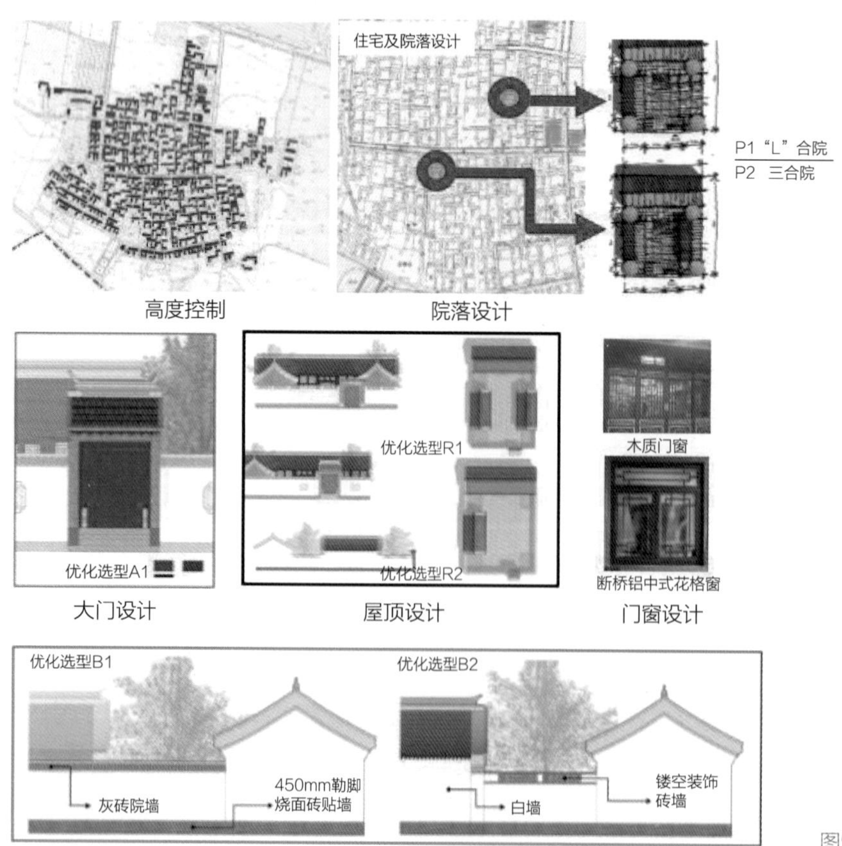

图9 村庄风貌指引
Fig.9 Village landscape guideline

休闲康养设施、工业遗址公园、矿山修复公园，融入二十里长山慢道体系，使村庄内的设施服务于浅山区域的旅游休闲系统。村内打造“慢街素院”，完善道路景观环境，加强街巷环境整治，拆除违章建筑、美化街道、优化道路断面，打造宜人步行环境。加强村内步道和村庄北部浅山游憩步道的联系，构建满足村民休闲活动的村内、村外慢道游憩系统，营造人境之美（图10、图11）。

（5）繁荣村庄文化，展文境之美

结合部分矿地利用的工业景观价值，科学评估工业遗产，保留部分村域内具有特殊价值的水泥厂工业建筑及矿山生产旧址，推广工业遗址公园建设、废旧厂区再利用等，并对矿山进行生态修复和环境整治，改善村庄环境，使工业遗产与生态绿地交织在一起，增加遗址公园观赏性。“退二进三”，体现特殊时期的工业文化，融入特色旅游，体现文境之美。

3.3 开展“疏解、整治、促提升”三大行动，补民生短板，改善村庄人居环境

（1）“疏解行动”：疏解腾退低效产业用地、矿山用地及工矿企业

落实顺义分区规划减量任务，摸清村庄现状用地规模，统筹安排集体产业用地。按照“拆5建1”的减量标准，实施减量，清退“小、散、污”的水泥厂和配套建材企业，采矿用地全部清退。同时，按照吴雄寺村的发展诉求、资源条件和全镇产业发展的统筹布局，在村域内统筹布局旅游文化服务中心、休闲康养、工业遗产公园等设施用地指标。通过减量提质，“腾笼换鸟”补充绿色发展的功能和产业（图12）。

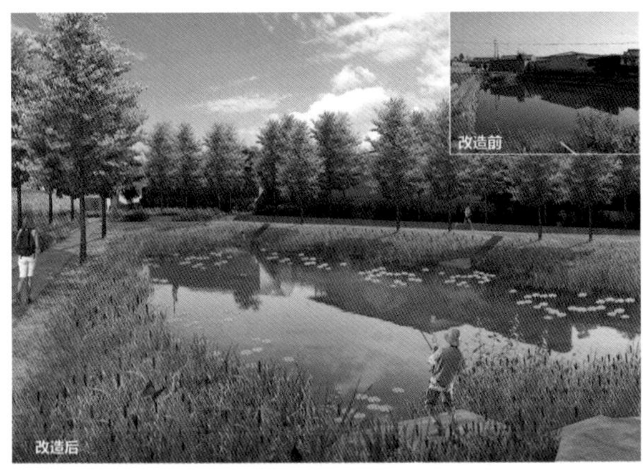

图10 吴雄寺村坑塘生态恢复现状与规划对比
Fig.10 Comparison on the status quo and planning of a pond after ecological restoration in Wuxiongsi Village

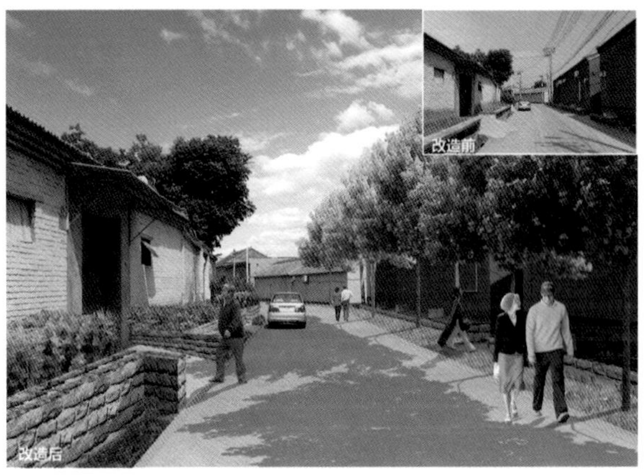

图11 吴雄寺村街道美化现状与规划对比
Fig.11 Comparison on the status quo and planning of a street after street beautification in Wuxiongsi Village

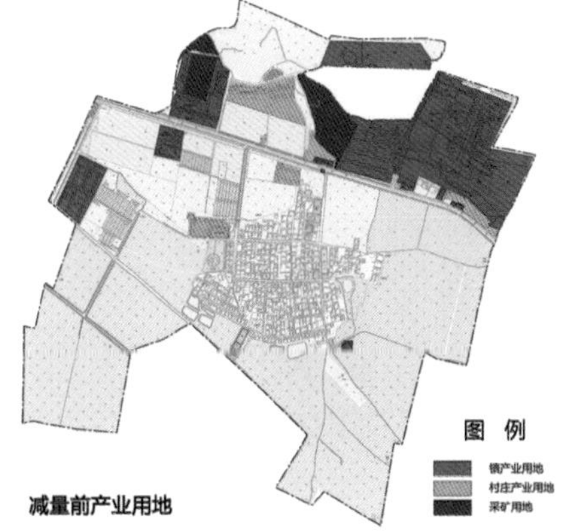

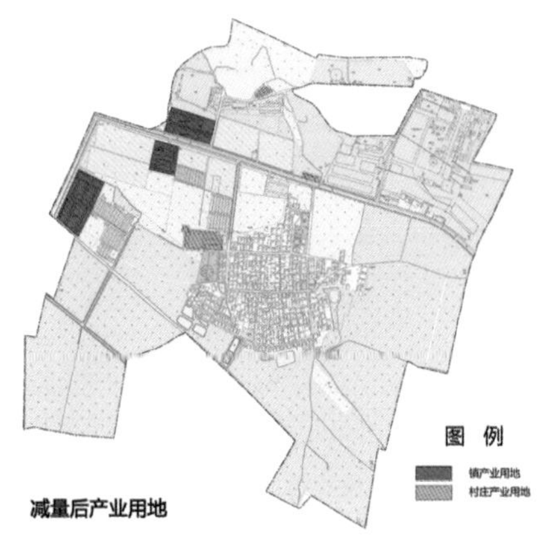

图12 吴雄寺村减量前后产业用地情况对比
Fig.12 Comparison of Industrial land status of Wuxiongsi Village before and after reduction

（2）“整治行动”：整治村庄环境，补民生短板，提升村庄环境品质

针对吴雄寺村公共服务设施不足、基础设施缺失等问题提出规划策略，补足民生短板，提升村庄环境品质。

大孙各庄镇依托“一般村—中心村—镇区”镇村体系结构，构建“5分钟—10分钟—15分钟”三级公共服务圈层，分圈层、分类别解决公共服务需求。吴雄寺村作为大孙各庄镇中心村，在满足自身对公共服务设施的需求外，还要建设辐射周边村庄的公共服务设施。除完成村庄级公共服务设施布局，针对自身及周边村庄需求，布局幼儿园、养老院、残疾人托养所（温馨家园）、旅游服务中心、综合活动中心等设施。

完善村庄道路交通建设，优化道路断面，增设停车场，构建“三横三纵”的路网系统。提升村庄基础设施服务水平，进行给水工程、污水工程、雨水工程、电力工程、电信工程、燃气工程六网规划，保障民生。

（3）“提升行动”：加快农业转型升级，推动生态资源转变为生态产品，壮大乡村产业

推进农业发展模式创新升级，推动村庄一、二、三产融合发展，促进农民增收。以吴雄寺村作为中心村，联合周边村庄，整合农地资源，集中连片发展，形成规模效应。探索“龙头企业+中介组织+农业研发中心+农民合作社（联营公司）+联合农户”“农民合作社+家庭农场”等新型农业组织形式模式，实现土地整合和农产品加工一体化、高效化、规范化经营。利用大孙各庄镇智慧物流的产业基础和智慧供应链条，完善生产、运输、销售产业链条发展，形成从农业科研、农业种植、产品加工、物流仓储、运输、互联网销售的全流程产业体系。通过矿山修复和工矿企业转型发展，推进建设工业遗址公园，发展文化、生态旅游项目。吴雄寺村最终形成“植、研、产、运、游”为一体的特色产业链条，打造“智慧物流+都市农业+新零售”的发展新模式（图13）。

结合村庄用地减量，优化生态环境、加强村庄环境整治，整体保留村域内原有的自然格局和景观要素，坚持人与自然和谐共生，村庄建设活动与自然环境有机融合。腾退采矿用地和部分工矿企业，推进村庄北部浅山区域矿山生态修复，实施景观化策略，恢复浅山及低山丘陵区生境，宜林则林、宜耕则耕、宜景则景、宜耕则耕。依托现状矿坑和腾

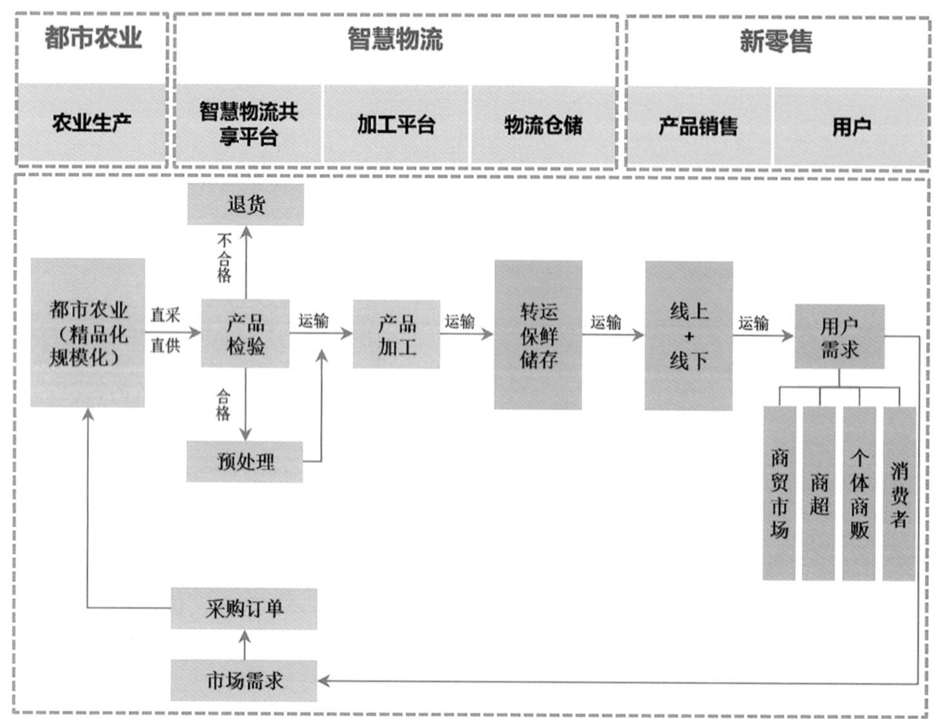

图13　吴雄寺村及周边村庄产业链构建示意图
Fig.13　Industrial chain between Wuxiongsi Village and the surrounding villages

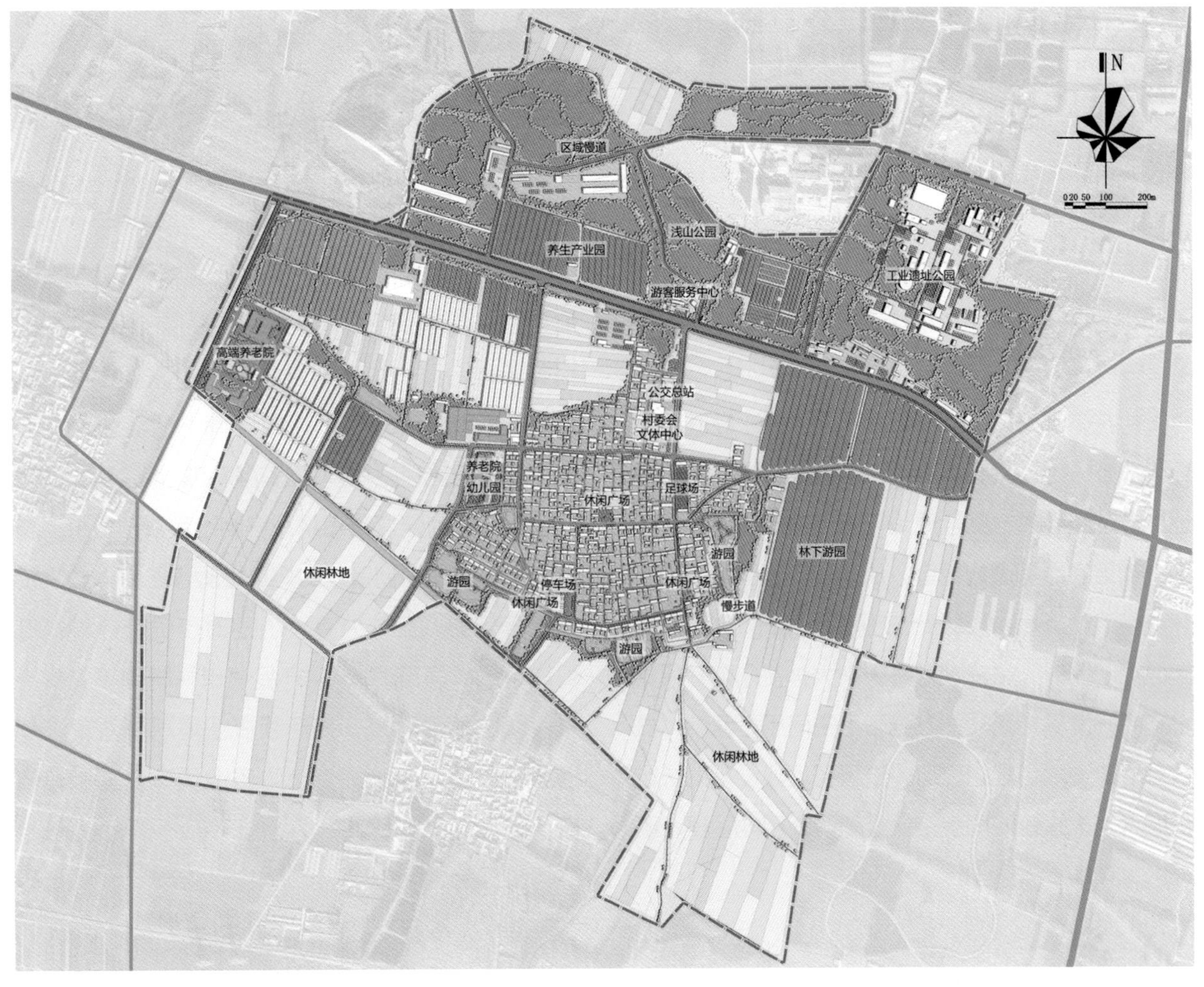

图14 吴雄寺村村庄规划平面图
Fig.14 General layout of Wuxiongsi Village planning

退工矿建设工业遗址公园、矿山修复公园，盘活存量，植入文化和旅游新元素，打造集娱乐、文化、休闲、观光、教育于一体的体验型公园。积极融入大孙各庄镇二十里长山郊野公园，建设成大孙各庄镇二十里长山的重要文化旅游节点，形成大孙各庄镇新名片，带动周边村庄整体发展，促进生态旅游发展（图14）。

4 后记

4.1 凝聚社会共识，满足多主体诉求

2018年9月，吴雄寺村村庄规划相继通过镇领导、村领导、村民等多方的认可，菜单式的沟通方式在村庄规划过程中动态征集了百姓需求，落实了上位规划要求及各级政府任务诉求，形成了可实施的规划成果，规划数据翔实、成果完善，创造性地落实了本轮村庄规划的需求。同时，吴雄寺村村庄规划获得了2019年北京市优秀城乡规划村镇规划类二等奖，得到了社会的广泛认可。

4.2 “四清单”的技术方案，有效引导下一步“美丽乡村建设”实施整治

因地制宜，结合吴雄寺村村民的急迫需求，通过“项目清单”“产品清单”明确下一步村庄建设重点工作，制订了翔实的实施方案。在整治农村环

境、村庄绿化美化和生态建设、公共空间提升、户厕提升和垃圾治理、基础设施及公共服务设施提升等方面确定了专项整治提升项目、改造内容和牵头单位，确定提出具体细致的实施建议，有效指导村庄规划的近期实施。

4.3 承上启下，为后续镇域国土空间规划奠定基础

村庄的规划基础最薄弱、资料基础最匮乏，通过本次村庄规划，对村庄的基础测绘、人口用地、产业经济、农房建设、设施配套、人居环境、项目意愿等进行摸查，从无到有全面掌握村庄“底账”，为后续镇域国土空间规划提供全面的基础数据。同时，村庄规划是未来大孙各庄镇开展国土空间开发保护活动、实施国土空间用途管制、核发乡村建设项目规划许可、进行各项建设等的法定依据，为未来镇域国土空间规划明晰用地管理、明确发展方向奠定基础。

4.4 为责任规划师后续的指导服务工作提供有效抓手和目标

本轮乡村规划要求坚决杜绝“翻烧饼”“拉拉链”现象，强调规划师驻村编规划，按照“统筹编规划、开门编规划、驻村编规划”原则，并建立相关工作台账，村庄规划在编制中深入农村，从调研—编制—成果不同阶段，都与村民协商、沟通，帮助居民提升对规划的了解和认识，也掌握了社情民意，为建立村庄规划编制过程管理提供了有效支撑，驻村规划管理的相关经验也已纳入顺义街镇责任规划师工作方案中。同时，吴雄寺村村庄规划中的“项目清单”“产品清单”明确了吴雄寺村后续的建设重点，为后续责任规划师对建设项目或公共空间改造提供技术咨询和审查提供有效抓手。

5 规划工作的后续与思考

村庄规划在详细规划中属于托底性规划，对上要落实顺义区、大孙各庄镇的刚性指标要求和发展要求，对下需要满足村庄百姓的诉求。本次规划建立了“四清单”技术方法，有效地成为政府各部门和实施主体之间的沟通平台，承上启下实现区、镇、村三级联动，使乡村规划化繁为简，重点突出，提高规划效率。实践证明，该方法面对点多面广的村庄规划编制是一个很有效的工作方法。

本次村庄规划充分利用航拍、GIS、影像等多种技术手段，通过多种形式的现场踏勘，切实、有效地摸清村庄“底账”，明确村庄在生态环境、空间品质、产业发展等方面的切实需求和问题，从而为后续规划设计和规划实施方案制订提供坚实的基础，真正做到村庄规划可用、可落地、可实施。

本次村庄规划通过“五美”策略和“疏解、整治、促提升”三大行动，加强生态环境建设、弘扬特色文化、引导村庄风貌、改善人居环境、指引产业发展，为吴雄寺村打造“以休闲养老产业、浅山工业遗址公园体验为主体的慢生活休闲新村”的目标提供了可实施路径，为吴雄寺村村民构建美丽宜居家园，实现山美、水美、村美、人富、民富的愿望奠定了基础，使老百姓有获得感和幸福感。